Folgen und Funktionen

Mathematische Texte

Herausgegeben von
Prof. Dr. Norbert Knoche
Universität Essen
und
Prof. Dr. Harald Scheid
Bergische Universität Gesamthochschule Wuppertal

Harald Scheid

Folgen und Funktionen

Einführung in die Analysis

Spektrum Akademischer Verlag Heidelberg · Berlin · Oxford

Die Deutsche Bibliothek – CIP-Einheitsaufnahme

Scheid, Harald:
Folgen und Funktionen : Einführung in die Analysis / Harald Scheid. – Heidelberg ;
Berlin ; Oxford : Spektrum, Akad. Verl., 1997
  (Mathematische Texte)
  ISBN 3-8274-0188-7

© 1997 Spektrum Akademischer Verlag GmbH   Heidelberg · Berlin · Oxford

Alle Rechte, insbesondere die der Übersetzung in fremde Sprachen, sind vorbehalten.
Kein Teil des Buches darf ohne schriftliche Genehmigung des Verlages photokopiert
oder in irgendeiner anderen Form reproduziert oder in eine von Maschinen verwendbare
Sprache übertragen oder übersetzt werden.

Einbandgestaltung: Kurt Bitsch, Birkenau
Druck und Verarbeitung: Franz Spiegel Buch, Ulm

Vorwort

Es läßt sich trefflich darüber streiten, ob ein Zugang zu den Grundbegriffen der Differential- und Integralrechnung, also ein Zugang zur Analysis, eine umfangreiche Betrachtung von Folgen und Reihen reeller Zahlen beinhalten sollte. Den Befürwortern ist in den letzten Jahrzehnten ein mächtiger Bundesgenosse erwachsen, nämlich der Computer. Denn in Rechnerprogrammen spielen oft Rekursionen, also rekursive Beziehungen zwischen den Gliedern einer Folge, eine große Rolle. Die Problematik der Konvergenz einer Folge hat dabei ihre Entsprechung in der Frage nach sinnvollen Abbruchkriterien beim Durchlaufen von Schleifen. Aber auch ohne den Bundesgenossen Computer sind m. E. die Befürworter eines Einstiegs in die Analysis mit der Behandlung von Folgen argumentativ im Vorteil. Lediglich ein einziges Argument möchte ich hierzu anführen: In der Regel beginnt das Studium der Mathematik mit Vorlesungen zur Analysis und zur Linearen Algebra, beides Themen, denen man sich just in den Jahren zuvor in der Schule gewidmet hat. Natürlich wird an der Universität alles „viel exakter" und „viel tiefer" und „viel breiter" gemacht, aber könnte man es nicht auch „sehr viel anders" machen? Sollte man einfach den Feldweg, der in der Schule angelegt wurde, zu einer Autobahn ausbauen, oder sollte man doch vielleicht besser eine neue Trasse ziehen? Obwohl die Motivation der Studierenden schon durch die Wahl des Studienfachs sichergestellt sein sollte, scheint es mir nicht verwerflich, diese Motivation noch zu steigern, indem man deutlich erkennbar neues Gelände betritt. Dieses neue Gelände sollte natürlich hinreichend viele Schluchten und Gipfel enthalten, welche nach zentralen Begriffsbildungen und Methoden verlangen.

Aus der Schule bekannte Begriffe wie etwa der Begriff der Funktion (Abbildung) werden im vorliegenden Buch schon benutzt, ehe sie in späteren Abschnitten problematisiert werden. Es werden also vom Leser gewisse Grundkenntnisse der Mathematik erwartet. Es wird z. B. *nicht* erklärt, was $A \cap B \neq \emptyset$ oder $|x| \geq 7$ bedeutet; an diese Symbolik sollte man sich schon früher gewöhnt haben. Häufig wird ja die Absicht kundgetan, zu Beginn des Mathematikstudiums einen vollständig neuen Einstieg in die Mathematik zu geben und dabei auf inhaltliche Vorkenntnisse der Studenten nicht angewiesen zu sein; außer einer gewissen Fähigkeit zum formalen Argumentieren und zum Hantieren mit Formeln sei nichts aus der Schule mitzubringen. Diese Absicht wird natürlich nie realisiert, ich möchte sie daher erst gar nicht aussprechen.

Obwohl im vorliegenden Buch einerseits versucht wird, die historische Entwicklung der betrachteten Gegenstände zumindest sporadisch einzuflechten, wird andererseits doch auch versucht, die Begriffe in ein zeitgemäßes Gewand zu kleiden. Beispielsweise wird die nur historisch zu verstehende Unterscheidung zwischen *Folgen* und *Reihen* durch die Einführung von Summen- und Differenzenoperatoren ins rechte Licht gerückt. Ferner werden in hierfür geeigneten Zusammenhängen algebraische Sprech- und Denkweisen benutzt, welche ja nicht selten ihre Wurzeln in der Analysis haben. Den einfachsten Begriffen der Algebra wird man in der Schule begegnet sein oder parallel zur Analysis in einer Vorlesung zur Linearen Algebra kennenlernen.

Das Standardwerk über Folgen und Reihen ist auch heute noch [Knopp 1921]. Ich stehe sicher nicht alleine mit meiner Meinung, daß dieses Buch eines der schönsten Mathematikbücher unserer Zeit ist. Und ich gestehe, daß ich als Student in diesem Buch (4. Auflage aus dem Jahr 1947) erst richtig den Reiz der Mathematik kennengelernt habe. Weitere Werke zur Analysis, zur Geschichte und zur Didaktik der Analysis sowie Schulbücher, aus denen Anregungen genommen wurden, sind im Literaturverzeichnis am Ende des Buchs angegeben.

Der Text richtet sich vorwiegend — aber nicht ausschließlich — an Studierende des Lehramts der Sekundarstufe I. In diesem Studiengang stellt die Analysis in der Regel eine Lehreinheit dar, auf der nicht sehr viel weiter aufgebaut wird, welche also ihre Rechtfertigung in sich selbst finden sollte. Aber auch Studierende des Lehramts der Sekundarstufe II und im Diplomstudiengang können hier Themen finden, deren Behandlung in den üblichen Kursvorlesungen oft etwas vernachlässigt wird.

Einen breiten Raum nehmen die Anwendungen der Analysis in der Geometrie ein. In diesem Zusammenhang werden im abschließenden Kapitel IV auch Funktionen von zwei Variablen untersucht.

Wuppertal, im Juni 1996   Harald Scheid

Inhaltsverzeichnis

I Folgen reeller Zahlen

I.0 Einleitung   9
I.1 Grundlegende Begriffe   18
I.2 Das Prinzip der vollständigen Induktion   24
I.3 Arithmetische, geometrische und harmonische Folgen   29
I.4 Arithmetische Folgen höherer Ordnung   34
I.5 Konvergente Folgen   41
I.6 Die reellen Zahlen   51
I.7 Abzählen von unendlichen Mengen   60
I.8 Potenzen mit reellen Exponenten   65
I.9 Unendliche Reihen   68
I.10 Die Eulersche Zahl   73
I.11 Unendliche Produkte   75

II Differential- und Integralrechnung

II.0 Einleitung   79
II.1 Stetige Funktionen   79
II.2 Die Ableitung einer Funktion   91
II.3 Die Mittelwertsätze der Differentialrechnung   100
II.4 Iterationsverfahren   105
II.5 Stammfunktionen und Flächeninhalte   111
II.6 Das Riemannsche Integral   118
II.7 Näherungsverfahren zur Integration 125
II.7 Uneigentliche Integrale   128

III Potenzreihen

III.0 Einleitung   133
III.1 Konvergenz von Potenzreihen   134
III.2 Taylor-Entwicklung   143
III.3 Numerische Berechnungen   149
III.4 Weitere Reihenentwicklungen   154

IV Anwendungen der Analysis in der Geometrie

IV.0 Einleitung   163

IV.1 Anwendungen der Integralrechnung   163

IV.2 Kurvendiskussion   171

IV.3 Implizite Differentiation   177

IV.4 Parameterdarstellung von Kurven; Polarkoordinaten   185

IV.5 Evoluten und Evolventen   193

IV.6 Kurven und Flächen im Raum   197

Lösungshinweise zu den Aufgaben   201

Literatur   216

Index   217

I Folgen reeller Zahlen

I.0 Einleitung

Leonardo von Pisa[1], der auch Fibonacci genannt wurde, hat im Jahr 1225 ein Buch mit dem Titel *liber quadratorum* veröffentlicht, in welchem allerlei interessante Beziehungen zwischen Quadratzahlen untersucht werden. Dabei berechnet er eine Quadratzahl n^2 nicht durch Multiplizieren als „n mal n", sondern in der Form

$$1 + 3 + 5 + 7 + \ldots + (2n-1) = n^2.$$

Er nutzt also aus, daß man die n^{te} Quadratzahl Q_n aus der $(n-1)^{\text{ten}}$ Quadratzahl Q_{n-1} durch Addition der ungeraden Zahl $2n-1$ gewinnt:

(1) $$Q_n = Q_{n-1} + (2n-1).$$

Das folgt natürlich sofort aus der binomischen Formel. Auf diese Art kann man sehr schnell eine Tafel der Quadratzahlen gewinnen, ohne komplizierte Multiplikationen durchführen zu müssen:

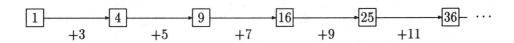

Formel (1) beschreibt eine *Rekursion* für die Berechnung der Folge 1, 4, 9, 16, 25, 36, ... der Quadratzahlen: Kennt man das $(n-1)^{\text{te}}$ Glied dieser Folge, so kann man nach (1) das n^{te} Glied berechnen.

Berühmter als der *liber quadratorum* ist Fibonaccis *liber abbaci* aus dem Jahr 1202. Dies ist wohl das großartigste Mathematikbuch des Mittelalters[2]. Die beiden folgenden Aufgaben stammen aus diesem Buch, sie spielen dort allerdings keine wesentliche Rolle. In beiden Aufgaben handelt es sich darum, die Glieder einer Folge rekursiv zu bestimmen.

---

[1] etwa 1170–1240; Fibonacci = „Sohn des Bonaccio"
[2] vgl. hierzu [Lüneburg 1992]

In der ersten Aufgabe geht es um eine Frage, die in ähnlicher Form schon im *Rechenbuch des Ahmes*[3] gestellt wird: 7 Alte (*vetule*) gehen nach Rom. Jede hat 7 Maultiere, jedes Maultier trägt 7 Säcke, in jedem Sack befinden sich 7 Brote, jedes Brot hat 7 Messer und jedes Messer 7 Scheiden. Gesucht ist die Gesamtzahl an Alten, Maultieren usw. Man kann nun die Summe

$$7 + 7^2 + 7^3 + 7^4 + 7^5 + 7^6 \quad (= 137\,256)$$

direkt berechnen, wie es auch Fibonacci zunächst tut. Man kann aber auch diese Summe (mit Fibonacci) folgendermaßen bestimmen, wobei man von rechts nach links rechnet:

$$7(1 + 7(1 + 7(1 + 7(1 + 7(1 + 7))))).$$

Man rechnet also wie folgt:[4]

$$
\begin{aligned}
a_0 &:= 1 \\
a_1 &:= 7a_0 + 1 = 7 \cdot 1 + 1 = 8 \\
a_2 &:= 7a_1 + 1 = 7 \cdot 8 + 1 = 57 \\
a_3 &:= 7a_2 + 1 = 7 \cdot 57 + 1 = 400 \\
a_4 &:= 7a_3 + 1 = 7 \cdot 400 + 1 = 2801 \\
a_5 &:= 7a_4 + 1 = 7 \cdot 2801 + 1 = 19\,608
\end{aligned}
$$

und schließlich

$$a_6 := 7a_5 = 7 \cdot 19\,608 = 137\,256.$$

Die ersten Glieder dieser Folge berechnet man nach der Rekursionsvorschrift

(2) $$a_n := 7a_{n-1} + 1,$$

wobei man als Startwert $a_0 = 1$ setzt.

Die zweite Aufgabe ist die berühmte Kaninchenaufgabe von Fibonacci: Wie viele Kaninchenpaare stammen am Ende eines Jahres von einem Kaninchenpaar ab, wenn jedes Paar, beginnend am Ende des zweiten Lebensmonats, jeden Monat ein neues Paar gebiert? Bezeichnen wir zu Ehren Fibonaccis mit F_n die Anzahl der Kaninchenpaare nach n Monaten, so ist $F_0 = F_1 = 1$ und

(3) $$F_n = F_{n-1} + F_{n-2}.$$

für $n = 2, 3, \ldots$. Die Rekursion (3) mit den genannten Startwerten beschreibt die Folge der *Fibonacci-Zahlen*. Hier benötigt man zur Berechnung eines Folgenglieds die beiden vorangehenden Folgenglieder. Den Anfang der Folge schreiben wir in einer Tabelle auf:

n	0	1	2	3	4	5	6	7	8	9	10	11	12	13
F_n	1	1	2	3	5	8	13	21	34	55	89	144	233	377

---

[3] *Papyrus Rhind*, um 1650 v. Chr.
[4] Das Symbol := lese man als „ist definiert als".

I.0 Einleitung

Fibonacci gibt als Lösung 377 an, weil er voraussetzt, daß das ursprünglich vorhandene Paar schon am Ende des ersten Monats ein neues Paar gebiert.

Um das Wachstum der Fibonacci-Folge beurteilen zu können, betrachten wir die Quotienten
$$a_n := \frac{F_{n+1}}{F_n}.$$

Es ist für $n \geq 1$
$$a_n = \frac{F_n + F_{n-1}}{F_n} = 1 + \frac{F_{n-1}}{F_n} = 1 + \frac{1}{\frac{F_n}{F_{n-1}}},$$

also $a_0 = 1$ und

(4) $$a_n = 1 + \frac{1}{a_{n-1}}$$

für $n \geq 1$. Wir werden später sehen, daß sich diese Zahlen immer mehr der Zahl $\frac{1}{2}(1 + \sqrt{5})$ nähern, welche als Verhältnis des Goldenen Schnitts eine große Rolle in der Kunst spielt.

In der bekannten *Wurzelschnecke* wird mit Hilfe des Satzes von Pythagoras die Folge $\sqrt{1}, \sqrt{2}, \sqrt{3}, \sqrt{4}, \sqrt{5}, \ldots$ konstruiert (Fig. 1). Auch hier liegt eine Rekursion vor; diese könnte man folgendermaßen arithmetisch beschreiben: $a_1 := 1$ und

(5) $$a_n := \sqrt{a_{n-1}^2 + 1}$$

für $n \geq 2$. Selbstverständlich ist $a_n = \sqrt{n}$, die Glieder dieser Folge lassen sich also „explizit" in Abhängigkeit vom Folgenindex n angeben.

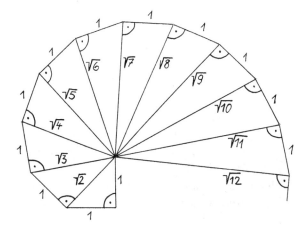

Fig. 1

Bekanntlich ist $\sqrt{2}$ keine rationale Zahl, d.h., es existiert keine Bruchzahl $\frac{a}{b}$ (a, b natürliche Zahlen) mit $\sqrt{2} = \frac{a}{b}$. Nun kann man aber versuchen, $\sqrt{2}$ möglichst gut durch Bruchzahlen anzunähern. Wegen $(\sqrt{2}+1)(\sqrt{2}-1) = 1$ ist

$$\sqrt{2} = 1 + (\sqrt{2}-1) = 1 + \frac{1}{\sqrt{2}+1} = 1 + \frac{1}{2+(\sqrt{2}-1)}$$

$$= 1 + \cfrac{1}{2+\cfrac{1}{2+(\sqrt{2}-1)}} = 1 + \cfrac{1}{2+\cfrac{1}{2+\cfrac{1}{2+(\sqrt{2}-1)}}}$$

usw. Die Folge

$$a_0 := 1$$
$$a_1 := 1 + \frac{1}{2} = \frac{3}{2}$$
$$a_2 := 1 + \cfrac{1}{2+\cfrac{1}{2}} = \frac{7}{5}$$
$$a_3 := 1 + \cfrac{1}{2+\cfrac{1}{2+\cfrac{1}{2}}} = \frac{17}{12}$$
$$a_4 := 1 + \cfrac{1}{2+\cfrac{1}{2+\cfrac{1}{2+\cfrac{1}{2}}}} = \frac{41}{29}$$
$$a_5 := 1 + \cfrac{1}{2+\cfrac{1}{2+\cfrac{1}{2+\cfrac{1}{2+\cfrac{1}{2}}}}} = \frac{99}{70}$$

usw. schachtelt die Zahl $\sqrt{2}$ ein:

$$1 < \frac{7}{5} < \frac{41}{29} < \ldots \sqrt{2} \ldots < \frac{99}{70} < \frac{17}{12} < \frac{3}{2}.$$

Der Abstand der Folgenglieder zu $\sqrt{2}$ kann beliebig klein gemacht werden, wenn man nur in der Folge hinreichend weit geht. Die Rekursionsvorschrift für diese Folge lautet $a_0 := 1$ und

(6) $$a_n := 1 + \frac{1}{1 + a_{n-1}}$$

I.0 Einleitung

für $n = 1, 2, 3, \ldots$. Die Zahl $\sqrt{2}$ läßt sich auch durch zwei Folgen von abbrechenden Dezimalzahlen einschachteln, welche aber mühsam zu bestimmen sind:

$$b_0 < b_1 < b_2 < b_3 < \ldots \sqrt{2} \ldots < c_3 < c_2 < c_1 < c_0$$

mit $b_0 = 1$, $c_0 = 2$ und

$$b_n^2 < 2 < (b_n + 10^{-n})^2, \quad (c_n - 10^{-n})^2 < 2 < c_n^2,$$

wobei b_n, c_n Dezimalzahlen mit n Nachkommastellen sein sollen.

Dieses Beispiel läßt schon erkennen, wie man irrationale Zahlen durch Folgen rationaler Zahlen bestimmen kann. Weitaus komplizierter liegt der Fall bei der Kreiszahl π. Im alten Ägypten benutzte man hierfür den Näherungswert

$$\left(\frac{16}{9}\right)^2 = \frac{256}{81} \approx 3,1605$$

und kümmerte sich nicht um die Frage einer Verbesserung dieses Wertes. Archimedes[5] hat wesentlich bessere Näherungswerte für π bestimmt:

$$3\frac{10}{71} = 3\frac{284\frac{1}{4}}{2018\frac{7}{40}} < 3\frac{284\frac{1}{4}}{2017\frac{1}{4}} < \pi < 3\frac{667\frac{1}{2}}{4673\frac{1}{2}} < 3\frac{667\frac{1}{2}}{4672\frac{1}{2}} = 3\frac{1}{7}.$$

Er hat diese gefunden, indem er einen Kreis durch ein regelmäßiges Polygon mit möglichst vielen Ecken ausgeschöpft hat. Weniger Mühe macht die Approximation von π durch die Glieder der Folge $a_0, a_1, a_2, \ldots$ mit $a_0 := \dfrac{16}{5} - \dfrac{4}{239}$ und

(7) $$a_n = a_{n-1} + \frac{(-1)^{n-1} \cdot 4}{2n-1}\left(\frac{4}{5^{2n-1}} - \frac{1}{239^{2n-1}}\right)$$

für $n = 1, 2, 3, \ldots$. Aber wie kommt man auf diese Formel? Eine Antwort darauf werden wir in Abschnitt III.3 finden.

Bei der Berechnung des Volumens von Körpern ist man oft auf die Approximation durch Folgen angewiesen, selbst wenn der Körper durch ebene Flächenstücke begrenzt wird. Wir behandeln als Beispiel den einfachen Fall einer geraden quadratischen Pyramide. In der Schule lernt man die Volumenformel

$$V = \frac{1}{3} G h,$$

wobei G der Inhalt der Grundfläche und h die Höhe der Pyramide ist. Diese Formel kann man aber nicht, wie die analoge Flächeninhaltsformel

$$A = \frac{1}{2} g h$$

---

[5] Archimedes von Syrakus, um 287–212 v. Chr.

für Dreiecke mit der Grundseite g und der Höhe h, durch Zerschneiden eines Prismas in volumengleiche Teile erhalten; sie läßt sich vielmehr nur mit *infinitesimalen Methoden* gewinnen: Wir schließen die Pyramide zwischen einen umbeschriebenen und einen einbeschriebenen Treppenkörper ein, wie es Fig. 2 als Schnittbild darstellt.

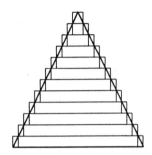
Fig. 2

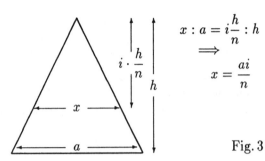
Fig. 3

Die Höhe der n Treppenstufen ist jeweils $\frac{h}{n}$, wenn h die Höhe der Pyramide ist. Der Quader, der die i^{te} Treppenstufe (von oben gezählt) des umbeschriebenen Treppenkörpers bildet, hat das Volumen

$$V_i = \left(\frac{ai}{n}\right)^2 \cdot \frac{h}{n},$$

wenn a die Grundseitenlänge der Pyramide ist (vgl. Fig. 3). Für das Volumen V der Pyramide gilt

$$V_1 + V_2 + \ldots + V_{n-1} < V < V_1 + V_2 + \ldots + V_n.$$

Nun ist
$$V_1 + V_2 + \ldots + V_n = \frac{a^2 h}{n^3}(1^2 + 2^2 + \ldots + n^2).$$

Weiter unten werden wir für die Summe der ersten n Quadratzahlen die Formel

$$1^2 + 2^2 + \ldots + n^2 = \frac{n(n+1)(2n+1)}{6}$$

gewinnen. Damit ergibt sich

$$V_1 + V_2 + \ldots + V_n = \frac{a^2 h}{6} \cdot \frac{(n+1)(2n+1)}{n^2}$$

und somit

$$\frac{a^2 h}{6} \cdot \frac{(n+1)(2n+1)}{n^2} - \frac{a^2 h}{n} < V < \frac{a^2 h}{6} \cdot \frac{(n+1)(2n+1)}{n^2}.$$

I.0 Einleitung

Nun denken wir uns die Zahl n über jede Größe hinaus wachsend, so daß die Treppenkörper immer besser die Pyramide annähern. Dann nähern sich die Zahlen
$$\frac{(n+1)(2n+1)}{n^2} = \frac{2n^2+3n+1}{n^2} = 2 + \frac{3}{n} + \frac{1}{n^2}$$
immer mehr der Zahl 2, während sich $\frac{1}{n}$ der Zahl 0 nähert. Daraus ergibt sich
$$V = \frac{a^2 h}{6} \cdot 2 = \frac{1}{3} a^2 h.$$

Wir haben hier *Grenzwerte* von Folgen betrachtet; mit diesem Begriff werden wir uns in Abschnitt I.5 ausführlich befassen.

Bei obiger Berechnung des Pyramidenvolumens haben wir eine Folge betrachtet, deren n^{tes} Glied s_n die Summe der ersten n Quadratzahlen ist, also $s_0 := 0$ und

(8) $$s_n = s_{n-1} + n^2$$

bzw.
$$s_n = 1^2 + 2^2 + 3^2 + \ldots + n^2$$

für $n \in \mathbb{N}$. Hierfür wollen wir einen Term finden, in welchem die Berechnung von s_n etwas leichter fällt als mit (8). Auf arabische Gelehrte des Mittelalters geht folgende Überlegung zurück (Fig. 4):

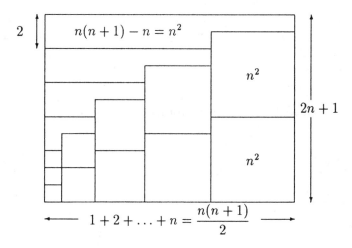

Fig. 4

Offensichtlich gilt
$$3 s_n = \frac{n(n+1)}{2} \cdot (2n+1),$$
also
$$s_n = \frac{n(n+1)(2n+1)}{6}.$$

Wir haben dabei die altbekannte Summenformel

$$1 + 2 + 3 + \ldots + n = \frac{n(n+1)}{2}$$

benutzt, welche man sich nochmals an Fig. 5 vergegenwärtigen kann.

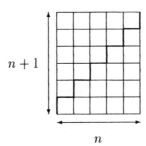

Fig. 5

Auf andere und vor allem systematischere Herleitungen solcher Summenformeln gehen wir in Abschnitt I.4 ein.

Zahlenfolgen spielen auch in der Zins- und Rentenrechnung eine Rolle. Wir denken uns ein Land, in welchem die folgenden idealen Verhältnisse herrschen: Es gibt keine Inflation, und der Zinssatz ist für alle Zeiten auf 5% p.a. festgeschrieben. Herr Methusalem möchte n Jahre lang jährlich eine Rente von $a = 100\,000$ Talern beziehen, die erste Rentenzahlung soll heute erfolgen. Welchen Geldbetrag K_n muß er dann heute anlegen? Die Rentenzahlung nach i Jahren hat heute den Wert $a \cdot 1{,}05^{-i}$, denn i-malige Verzinsung bedeutet Multiplikation mit dem Faktor $1{,}05^i$. Es muß also gelten

$$K_n = a + au + au^2 + \ldots + au^{n-1},$$

wobei zur Abkürzung $u := 1{,}05^{-1}$ gesetzt worden ist. Es muß

$$s_n := 1 + u + u^2 + \ldots + u^{n-1}$$

berechnet werden. Hier ist es hilfreich, daß diese Folge durch $s_1 := 1$ und

(9) $$s_n := s_{n-1} + u^{n-1}$$

oder auch durch $s_1 := 1$ und

(10) $$s_n := u s_{n-1} + 1$$

rekursiv definiert werden kann. Es ist nach (9) und (10)

$$\begin{aligned}(1-u)s_n &= 1 + u s_{n-1} - u s_n \\ &= 1 - u(s_n - s_{n-1}) \\ &= 1 - u \cdot u^{n-1} = 1 - u^n,\end{aligned}$$

I.0 Einleitung

also
$$s_n = \frac{1-u^n}{1-u}.$$

Da Herr Methusalem damit rechnet, sehr alt zu werden, setzt er für n eine sehr große Zahl ein. Er stellt fest, daß dann u^n sehr klein gegenüber 1 ist, so daß man diese Zahl vernachlässigen kann. Er bestimmt daher das anzulegende Kapital zu

$$K = a \cdot \frac{1}{1-u} = 100\,000 \cdot \frac{1}{1-1{,}05^{-1}} = 2\,100\,000 \text{ (Taler)}.$$

Bei dieser Überlegung haben wir mit einer Summe mit unendlich vielen Summanden argumentiert, wir haben nämlich Herrn Methusalem die Rechnung

$$1 + u + u^2 + u^3 + \ldots = \frac{1}{1-u}$$

unterstellt. Man darf dies nicht mehr eine „Summe" nennen, die üblichen Bezeichnungen werden wir später kennenlernen. Es sollte sich aber niemand darüber wundern, daß sich unendlich viele Zahlen zu einem endlichen Ergebnis aufsummieren können, wie das folgende Beispiel zeigt: Moritz hat eine Tafel Schokolade und beschließt, jeden Tag die Hälfte davon bzw. vom verbliebenen Rest aufzuessen. Fig. 6 zeigt, daß sich hier unendlich viele positive (selbstverständlich immer kleiner werdende) Zahlen zu 1 aufsummieren.[6]

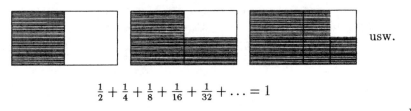

$$\tfrac{1}{2} + \tfrac{1}{4} + \tfrac{1}{8} + \tfrac{1}{16} + \tfrac{1}{32} + \ldots = 1$$

Fig. 6

Folgen spielen auch eine Rolle beim näherungsweisen Lösen von Gleichungen. Um etwa die Gleichung

$$x = \cos x$$

zu lösen, gibt man dem Computer eine erste Näherungslösung x_0 ein (etwa $x_0 = \frac{1}{2}$) und läßt ihn dann eine Folge $x_1, x_2, x_3, \ldots$ aus

(11) $$x_n := \cos x_{n-1}$$

berechnen. Diese Folge bricht nicht ab; daher muß man im Coputerprogramm angeben, wann die Rechnung beendet werden soll. Man kann beispielsweise festlegen, daß die Rechnung beendet sein soll, wenn die Differenz zweier aufeinanderfolgender Glieder der Folge kleiner als 10^{-6} ist. Die Frage, ob dann mit dem

---

[6]Die technischen Probleme, mit denen Moritz nach einigen Tagen zu kämpfen hat, sollen unberücksichtigt bleiben.

letzten berechneten Glied der Folge eine „hinreichend gute" Lösung der Gleichung gewonnen ist, untersucht man im Rahmen der Analysis. Dort interessiert man sich nämlich für die Frage, ob die Folge überhaupt einem „Grenzwert" zustrebt. Diese Frage kann der Computer nicht beantworten: Für die durch $x_1 := 1$ und

(12) $$x_n := x_{n-1} + \frac{1}{n}$$

definierte Folge liefert der Computer bei k-stelligem Rechnen nach $2 \cdot 10^k$ Schritten immer den gleichen Wert, obwohl man beweisen kann, daß die Glieder dieser Folge unbeschränkt wachsen.

Mit diesen Beispielen ist nun vielleicht hinreichend deutlich, daß die Untersuchung von Zahlenfolgen und ihren Eigenschaften ein interessantes und zentrales Thema der Mathematik bildet.

I.1 Grundlegende Begriffe

Wir setzen voraus, daß es der Leser versteht, mit reellen Zahlen umzugehen. Daß der Begriff der reellen Zahl durchaus Probleme birgt, werden wir erst in Abschnitt I.6 genauer untersuchen. Die Menge der reellen Zahlen bezeichnen wir, wie üblich, mit $\mathbb{R}$. Die darin enthaltene Menge der rationalen Zahlen (Quotienten aus ganzen Zahlen) bezeichnet man üblicherweise mit $\mathbb{Q}$. Diese enthält die Menge $\mathbb{Z}$ der ganzen Zahlen $\{0, 1, -1, 2, -2, \ldots\}$ und diese wiederum die Menge $\mathbb{N}$ der natürlichen Zahlen $\{1, 2, 3, \ldots\}$. Die Menge $\mathbb{N} \cup \{0\} = \{0, 1, 2, 3, \ldots\}$ bezeichnen wir mit $\mathbb{N}_0$.

Eine Abbildung, die jeder Zahl aus $\mathbb{N}$ oder $\mathbb{N}_0$ eine reelle Zahl zuordnet, nennt man eine *Folge* reeller Zahlen. Man schreibt

$$n \mapsto a_n,$$

wenn der Zahl n aus $\mathbb{N}$ oder aus $\mathbb{N}_0$ die reelle Zahl a_n zugeordnet ist. Wir wollen die Folge dann kurz in der Form

$$\langle a_n \rangle_\mathbb{N} \quad \text{bzw.} \quad \langle a_n \rangle_{\mathbb{N}_0}$$

schreiben, bzw. noch kürzer in der Form $\langle a_n \rangle$, wenn klar oder irrelevant ist, ob der Index n ab 0 oder ab 1 läuft. Eine Beschreibung der Folge durch Angabe der ersten Glieder, also

$$a_1, a_2, a_3, \ldots \quad \text{bzw.} \quad a_0, a_1, a_2, a_3, \ldots$$

ist natürlich nur möglich, wenn klar oder ohne Bedeutung ist, wie es bei den Pünktchen „weitergeht". Die Menge aller Folgen reeller Zahlen wollen wir je nach Anfangsindex mit $\mathcal{F}$ oder mit $\mathcal{F}_0$ bezeichnen.

I.1 Grundlegende Begriffe

Beispiele:

$\langle n^2 \rangle_{\mathbb{N}}$ ist die Folge der Quadratzahlen $1, 4, 9, 16, \ldots$.

$\left\langle \dfrac{1}{n} \right\rangle_{\mathbb{N}}$ ist die Folge der Kehrwerte der natürlichen Zahlen $1, \dfrac{1}{2}, \dfrac{1}{3}, \dfrac{1}{4}, \ldots$.

$\langle 2^n \rangle_{\mathbb{N}_0}$ ist die Folge der 2er-Potenzen $1, 2, 4, 8, \ldots$.

Die Folgen $\langle a_n \rangle_{\mathbb{N}}$ und $\langle a_{n+1} \rangle_{\mathbb{N}_0}$ muß man nicht unterscheiden, beide beginnen mit $a_1, a_2, \ldots$. Ebenso muß man $\langle a_n \rangle_{\mathbb{N}_0}$ und $\langle a_{n-1} \rangle_{\mathbb{N}}$ nicht unterscheiden, beide beginnen mit $a_0, a_1, \ldots$. Es ist also kein Problem, bei einer Folge vom Anfangsindex 0 zum Anfangsindex 1 überzugehen und umgekehrt. In allgemeinen Zusammenhängen werden wir aber meistens Folgen mit dem Anfangsindex 0 betrachten, also Folgen aus $\mathcal{F}_0$.

Besonders übersichtlich sind Folgen $\langle a_n \rangle$, für welche die Glieder a_n explizit durch einen Term mit der Variablen n gegeben sind, etwa

$$a_n := \frac{(n+1)(2n+1)}{n^2} \quad (n \in \mathbb{N}).$$

Sehr oft sind Folgen aber *rekursiv definiert*, d.h., ein Glied der Folge wird mit Hilfe der vorangehenden Glieder berechnet, wenn man das erste Glied oder die ersten Glieder kennt. Ein Beispiel hierfür ist die Folge $\langle a_n \rangle$ mit $a_0 := 1$, $a_1 := 2$, $a_2 := 5$ und

$$a_n := a_{n-1} + 2a_{n-2} + 3a_{n-3} \quad (n \geq 3).$$

Diese Folge beginnt mit $1, 2, 5, 12, 28, 67, \ldots$. Viele wichtige Folgen können weder durch einen Term noch durch ein Rekursion definiert werden, z. B. die Folge $\langle a_n \rangle$ mit

$$a_n := n^{\text{te}} \text{ Primzahl} \quad (n \in \mathbb{N}).$$

Aus gegebenen Folgen kann man durch Addition und Multiplikation neue Folgen gewinnen; dazu definiert man die Addition und die Multiplikation für Folgen einfach „gliedweise":

$$\langle a_n \rangle + \langle b_n \rangle := \langle a_n + b_n \rangle,$$
$$\langle a_n \rangle \cdot \langle b_n \rangle := \langle a_n \cdot b_n \rangle.$$

Wir erhalten auf diese Weise eine algebraische Struktur $(\mathcal{F}_0, +, \cdot)$, welche ein *Ring* ist, d.h., in welcher folgende Gesetze gelten:

(A$_1$) Assoziativgesetz der Addition: Für alle $\langle a_n \rangle, \langle b_n \rangle, \langle c_n \rangle \in \mathcal{F}_0$ ist

$$(\langle a_n \rangle + \langle b_n \rangle) + \langle c_n \rangle = \langle a_n \rangle + (\langle b_n \rangle + \langle c_n \rangle).$$

(A$_2$) Kommutativgesetz der Addition: Für alle $\langle a_n \rangle, \langle b_n \rangle \in \mathcal{F}_0$ ist

$$\langle a_n \rangle + \langle b_n \rangle = \langle b_n \rangle + \langle a_n \rangle.$$

(A$_3$) Existenz eines neutralen Elements der Addition (Nullelement):
Mit der Folge $\langle 0 \rangle$ ($= 0, 0, 0, \ldots$) gilt für alle $\langle a_n \rangle \in \mathcal{F}_0$
$$\langle a_n \rangle + \langle 0 \rangle = \langle a_n \rangle.$$

(A$_4$) Invertierbarkeit bezüglich der Addition: Für alle $\langle a_n \rangle \in \mathcal{F}_0$ gilt
$$\langle a_n \rangle + \langle -a_n \rangle = \langle 0 \rangle.$$

(M$_1$) Assoziativgesetz der Multiplikation: Für alle $\langle a_n \rangle, \langle b_n \rangle, \langle c_n \rangle \in \mathcal{F}_0$ ist
$$(\langle a_n \rangle \cdot \langle b_n \rangle) \cdot \langle c_n \rangle = \langle a_n \rangle \cdot (\langle b_n \rangle \cdot \langle c_n \rangle).$$

(D) Distributivgesetze: Für alle $\langle a_n \rangle, \langle b_n \rangle, \langle c_n \rangle \in \mathcal{F}_0$ ist
$$\begin{aligned} \langle a_n \rangle \cdot (\langle b_n \rangle + \langle c_n \rangle) &= \langle a_n \rangle \cdot \langle b_n \rangle + \langle a_n \rangle \cdot \langle c_n \rangle, \\ (\langle a_n \rangle + \langle b_n \rangle) \cdot \langle c_n \rangle &= \langle a_n \rangle \cdot \langle c_n \rangle + \langle b_n \rangle \cdot \langle c_n \rangle. \end{aligned}$$

Da außerdem das Kommutativgesetz der Multiplikation gilt und ein neutrales Element bezüglich der Multiplikation existiert, handelt es sich hier um einen *kommutativen Ring mit Einselement*:

(M$_2$) Kommutativgesetz der Multiplikation: Für alle $\langle a_n \rangle, \langle b_n \rangle \in \mathcal{F}_0$ ist
$$\langle a_n \rangle \cdot \langle b_n \rangle = \langle b_n \rangle \cdot \langle a_n \rangle.$$

(M$_3$) Existenz eines neutralen Elements der Multiplikation (Einselement):
Mit der Folge $\langle 1 \rangle$ ($= 1, 1, 1, \ldots$) gilt für alle $\langle a_n \rangle \in \mathcal{F}_0$
$$\langle a_n \rangle \cdot \langle 1 \rangle = \langle a_n \rangle.$$

In einem kommutativen Ring genügt es natürlich, eine der beiden Formen des Distributivgesetzes (D) anzugeben.

Der Beweis, daß $(\mathcal{F}_0, +, \cdot)$ (und selbstverständlich auch $(\mathcal{F}, +, \cdot)$) ein kommutativer Ring mit Einselement ist, ergibt sich unmittelbar aus den Regeln für das Rechnen mit reellen Zahlen. Man kann mit Folgen also weitgehend wie mit reellen Zahlen rechnen, es gibt aber auch einige Unterschiede:

Das Produkt zweier Folgen kann $\langle 0 \rangle$ ergeben, ohne daß eine der beiden Folgen die Folge $\langle 0 \rangle$ ist. Ist beispielsweise

$$a_n := \begin{cases} 1 \text{ für ungerades } n \\ 0 \text{ für gerades } n \end{cases} \quad \text{und} \quad b_n := \begin{cases} 0 \text{ für ungerades } n \\ 1 \text{ für gerades } n \end{cases},$$

so ist $\langle a_n \rangle \neq \langle 0 \rangle$ und $\langle b_n \rangle \neq \langle 0 \rangle$, aber $\langle a_n \rangle \cdot \langle b_n \rangle = \langle 0 \rangle$. Im Ring der Folgen gibt es also *Nullteiler*, d.h. vom Nullelement verschiedene Elemente, deren Produkt das Nullelement ist.

I.1 Grundlegende Begriffe

Natürlich darf man von einer Folge nicht stets erwarten, daß sie bezüglich der Multiplikation ein inverses Element besitzt. Dies gilt nur für solche Folgen $\langle a_n \rangle$, bei denen $a_n \neq 0$ für alle $n \in \mathbb{N}_0$ ist. In diesem Fall gilt

$$\langle a_n \rangle \cdot \left\langle \frac{1}{a_n} \right\rangle = \langle 1 \rangle.$$

Ist c eine reelle Zahl, so schreiben wir statt $\langle ca_n \rangle$ auch $c\langle a_n \rangle$. Damit ist eine *Vervielfachung* von Folgen mit reellen Zahlen definiert. Offensichtlich gelten folgende Gesetze:

(V_1) $c(d\langle a_n \rangle) = (cd)\langle a_n \rangle$ für alle $c,d \in \mathbb{R}$, $\langle a_n \rangle \in \mathcal{F}_0$.

(V_2) $c(\langle a_n \rangle + \langle b_n \rangle) = c\langle a_n \rangle + c\langle b_n \rangle$ für alle $c \in \mathbb{R}$, $\langle a_n \rangle, \langle b_n \rangle \in \mathcal{F}_0$.

(V_3) $(c+d)\langle a_n \rangle = c\langle a_n \rangle + d\langle a_n \rangle$ für alle $c,d \in \mathbb{R}$, $\langle a_n \rangle \in \mathcal{F}_0$.

(V_4) $1\langle a_n \rangle = \langle a_n \rangle$ für alle $\langle a_n \rangle \in \mathcal{F}_0$.

Die Gesetze (A_1) bis (A_4) zusammen mit (V_1) bis (V_4) besagen, daß die Folgen reeller Zahlen bezüglich der Addition und der Vervielfachung einen *Vektorraum* bilden.[7]

Es sei nun $\langle a_n \rangle$ eine Folge aus $\mathcal{F}_0$. Dann bezeichnen wir mit $\Delta \langle a_n \rangle$ die Folge der Differenzen aufeinanderfolgender Glieder, bzw. genauer die Folge

$$a_1 - a_0,\ a_2 - a_1,\ a_3 - a_2,\ \ldots\ .$$

Es ist also

$$\Delta \langle a_n \rangle := \langle a_{n+1} - a_n \rangle.$$

Man nennt $\Delta \langle a_n \rangle$ die *Differenzenfolge* der Folge $\langle a_n \rangle$. Mit $\Sigma \langle a_n \rangle$ bezeichnen wir die Folge der Summen der ersten Glieder von $\langle a_n \rangle$, also die Folge

$$a_0,\ a_0 + a_1,\ a_0 + a_1 + a_2,\ \ldots\ .$$

Es ist also

$$\Sigma \langle a_n \rangle := \langle a_0 + a_1 + a_2 + \ldots + a_n \rangle.$$

Man nennt $\Sigma \langle a_n \rangle$ die *Summenfolge* der Folge $\langle a_n \rangle$ (vgl. hierzu Fig. 1).

---

[7]Ringe und Vektorräume treten in vielen mathematischen Zusammenhängen auf. Die allgemeine Definition dieser Strukturen ergibt sich sofort aus obigen Erklärungen, wenn man die Folgen durch Elemente einer beliebigen nichtleeren Menge ersetzt, in welcher eine Addition und eine Multiplikation bzw. eine Addition und eine Vervielfachung mit reellen Zahlen definiert sind.

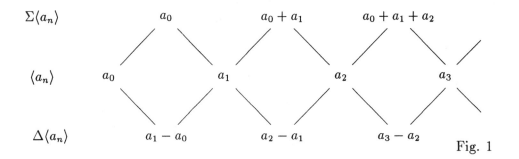

Fig. 1

Die Operatoren Δ („Delta") und Σ („Sigma") kann man hintereinanderschalten (verketten) und auch mehrfach ausführen. Es ist

$$\Delta\Sigma\langle a_n\rangle = \langle a_{n+1}\rangle$$

und

$$\Sigma\Delta\langle a_n\rangle = \langle a_{n+1} - a_0\rangle.$$

In gewisser Weise sind also die Operatoren Δ und Σ Umkehrungen voneinander, denn der eine macht den anderen in der oben angegebenen Weise wieder rückgängig.

Die Idee, mehr über eine Folge in Erfahrung zu bringen, indem man ihre Differenzenfolge untersucht, geht auf die Schrift *De arte combinatoria* von Leibniz[8] zurück. Die entsprechende Idee bei der Untersuchung von Funktionen, deren Definitionsmenge eine Teilmenge von $\mathbb{R}$ ist, ist von grundlegender Bedeutung für die Analysis: Um mehr über eine Funktion zu erfahren, untersucht man ihren Differentialquotient bzw. ihre Ableitungsfunktion (vgl. Kapitel II).

Für alle $\langle a_n\rangle$, $\langle b_n\rangle \in \mathcal{F}_0$ und alle $c \in \mathbb{R}$ gilt

$$\Delta(\langle a_n\rangle + \langle b_n\rangle) = \Delta\langle a_n\rangle + \Delta\langle b_n\rangle,$$
$$\Delta(c\langle a_n\rangle) = c\Delta\langle a_n\rangle$$

sowie

$$\Sigma(\langle a_n\rangle + \langle b_n\rangle) = \Sigma\langle a_n\rangle + \Sigma\langle b_n\rangle,$$
$$\Sigma(c\langle a_n\rangle) = c\Sigma\langle a_n\rangle.$$

Die Operatoren Δ und Σ sind also *verknüpfungstreue Abbildungen* des Vektorraums der Folgen in sich. In der Linearen Algebra nennt man solche Abbildungen *lineare Abbildungen* des Vektorraums in sich.

---

[8]Gottfried Wilhelm Leibniz, 1646–1716

I.1 Grundlegende Begriffe

In den nun folgenden Beispielen für die Anwendung der Operatoren Δ und Σ beachte man, daß für die Folge $\langle 1 \rangle \in \mathcal{F}_0$ gilt:

$$\Sigma \langle 1 \rangle = \langle n+1 \rangle.$$

Beispiel 1: Für $n \in \mathbb{N}_0$ gilt $(n+1)^2 - n^2 = 2n+1$, also

$$\Delta \langle n^2 \rangle = \langle 2n+1 \rangle.$$

Wegen $\Sigma \Delta \langle n^2 \rangle = \langle (n+1)^2 \rangle$ folgt daraus

$$\langle (n+1)^2 \rangle = \Sigma \langle 2n+1 \rangle.$$

Diese Beziehung hat schon Fibonacci benutzt (vgl. Abschnitt I.0).

Beispiel 2: Für $n \in \mathbb{N}_0$ gilt $(n+1)^3 - n^3 = 3n^2 + 3n + 1$, also

$$\Delta \langle n^3 \rangle = 3 \langle n^2 \rangle + 3 \langle n \rangle + \langle 1 \rangle.$$

Wegen $\Sigma \Delta \langle n^3 \rangle = \langle (n+1)^3 \rangle$ folgt daraus

$$\langle (n+1)^3 \rangle = 3\Sigma \langle n^2 \rangle + 3\Sigma \langle n \rangle + \Sigma \langle 1 \rangle.$$

Mit $\Sigma \langle 1 \rangle = \langle n+1 \rangle$ und $\Sigma \langle n \rangle = \left\langle \dfrac{n(n+1)}{2} \right\rangle$ ergibt sich

$$\begin{aligned}
\Sigma \langle n^2 \rangle &= \frac{1}{3} \langle (n+1)^3 \rangle - \frac{1}{2} \langle n(n+1) \rangle - \frac{1}{3} \langle n+1 \rangle \\
&= \frac{1}{6} \langle (n+1)(2n^2+n) \rangle = \left\langle \frac{n(n+1)(2n+1)}{6} \right\rangle
\end{aligned}$$

Damit erhält man die schon in Abschnitt I.0 bewiesene Formel

$$1^2 + 2^2 + 3^2 + \ldots + n^2 = \frac{n(n+1)(2n+1)}{6}.$$

Beispiel 3: Für $n \in \mathbb{N}_0$ gilt $(n+1)^4 - n^4 = 4n^3 + 6n^2 + 4n + 1$, also

$$\Delta \langle n^4 \rangle = 4 \langle n^3 \rangle + 6 \langle n^2 \rangle + 4 \langle n \rangle + \langle 1 \rangle.$$

Anwenden des Summenoperators liefert

$$\langle (n+1)^4 \rangle = 4\Sigma \langle n^3 \rangle + 6\Sigma \langle n^2 \rangle + 4\Sigma \langle n \rangle + \Sigma \langle 1 \rangle.$$

Mit der Formel aus Beispiel 2 können wir dann $\Sigma \langle n^3 \rangle$ bestimmen:

$$\begin{aligned}
\Sigma \langle n^3 \rangle &= \frac{1}{4} \left(\langle (n+1)^4 \rangle - 6\Sigma \langle n^2 \rangle - 4\Sigma \langle n \rangle - \Sigma \langle 1 \rangle \right) \\
&= \frac{1}{4} \langle (n+1)^4 - n(n+1)(2n+1) - 2n(n+1) - (n+1) \rangle \\
&= \frac{1}{4} \langle (n+1)(n^3+n^2) \rangle = \frac{1}{4} \langle n^2 (n+1)^2 \rangle.
\end{aligned}$$

Es ergibt sich die Summenformel[9]

$$1^3 + 2^3 + 3^3 + \ldots + n^3 = \left(\frac{n(n+1)}{2}\right)^2.$$

Aufgaben

1. Beweise die Formel $\Sigma\langle(2n+1)^2\rangle = \frac{1}{6}\langle(2n+1)(2n+2)(2n+3)\rangle$.

2. a) Eine Folge, deren Differenzenfolge konstant ist, heißt eine *arithmetische* Folge. Bestimme den Term von a_n, wenn $\Delta\langle a_n\rangle = \langle d\rangle$ und $a_0 = a$ ($d, a \in \mathbb{R}$).

b) Eine Folge, die zu ihrer Differenzenfolge proportional ist, heißt eine *geometrische* Folge. Bestimme den Term von a_n, wenn $\Delta\langle a_n\rangle = (q-1)\langle a_n\rangle$ und $a_0 = a$ ($q, a \in \mathbb{R}$).

3. a) Zeige, daß $\Delta\langle a_n b_n\rangle = (\Delta\langle a_n\rangle)\cdot\langle b_{n+1}\rangle + \langle a_n\rangle\cdot\Delta\langle b_n\rangle$.

b) Mit Δ^i bezeichnen wir die i-fache Anwendung des Operators Δ und nennen $\Delta^i\langle a_n\rangle$ die Differenzenfolge i^{ter} Ordnung von $\langle a_n\rangle$. Drücke $\Delta^2\langle a_n b_n\rangle$ durch $\langle a_n\rangle$, $\langle b_n\rangle$, $\langle a_{n+1}\rangle$ usw. und Differenzenfolgen dieser Folgen aus.

4. Es sei $D_n := \frac{n(n+1)}{2}$ für $n \in \mathbb{N}$. Berechne $D_n - D_{n-1}$ und $D_n + D_{n-1}$ und leite damit die Formel aus Beispiel 3 her.

I.2 Das Prinzip der vollständigen Induktion

Die Menge $\mathbb{N}$ der natürlichen Zahlen hat eine Eigenschaft, die uns selbstverständlich erscheinen mag, die aber bei der Behandlung von Folgen eine große Rolle spielen wird:

Es sei M eine Teilmenge von $\mathbb{N}$ und es gelte:

(1) $1 \in M$;

(2) ist $n \in M$, dann ist auch $n+1 \in M$.

Dann ist $M = \mathbb{N}$.

Mit (1) und (2) erhält man nämlich folgende Implikationskette:

$$1 \in M \Longrightarrow 2 \in M \Longrightarrow 3 \in M \Longrightarrow 4 \in M \Longrightarrow \quad \text{usw.}$$

Verlangt man statt (1) nur $n_0 \in M$, wobei n_0 eine feste natürliche Zahl ist, dann ergibt sich ebenso

$$\{n_0, n_0+1, n_0+2, \ldots\} \subseteq M.$$

---
[9]Eine elegante — aber nicht verallgemeinerungsfähige — Herleitung dieser Formel wird in Aufgabe 4 behandelt.

I.2 Das Prinzip der vollständigen Induktion

Dies ist alles selbstverständlich und liegt in der Natur der natürlichen Zahlen.

Nun sei $A(n)$ eine Aussage, die von der natürlichen Variablen n abhängt, beispielsweise
$$n^2 < 2^n.$$
M sei die Menge der $n \in \mathbb{N}$, für welche $A(n)$ wahr ist. Gilt nun

(1) $A(n_0)$ ist wahr $(n_0 \in M)$,
(2) ist $A(n)$ wahr $(n \in M)$, dann ist auch $A(n+1)$ wahr $(n+1 \in M)$,

dann ist $A(n)$ wahr für alle $n \in \mathbb{N}$ mit $n \geq n_0$ ($\{n_0, n_0+1, n_0+2, \ldots\} \subseteq M$). Man sagt dann, die Behauptung
$$A(n) \text{ für alle } n \in \mathbb{N} \text{ mit } n \geq n_0$$
sei durch *vollständige Induktion* bewiesen worden. Man nennt (1) den *Induktionsanfang* und (2) den *Induktionsschritt*. Im Induktionsschritt ist „$n \in M$" die *Induktionsvoraussetzung* und „$n+1 \in M$" die *Induktionsbehauptung*.

Dieses *Prinzip der vollständigen Induktion* heißt manchmal auch kurz „Schluß von n auf $n+1$".

Beispiel 1: Wir wollen beweisen, daß
$$n^2 < 2^n \text{ für alle } n \in \mathbb{N} \text{ mit } n \geq 5$$
gilt. Zunächst stimmt das für $n = 5$, denn
$$5^2 = 25 < 2^5 = 32.$$
Ist die Behauptung für ein $n \in \mathbb{N}$ bewiesen, dann folgt
$$\begin{aligned}(n+1)^2 &= n^2 + 2n + 1 \\ &< 2^n + 2n + 1 \\ &< 2^n + 2^n \\ &< 2^{n+1}.\end{aligned}$$
Bei diesem Induktionsschluß haben wir benutzt, daß $2n+1 < 2^n$ für $n \geq 5$ gilt. Dies gilt sogar schon für $n \geq 3$, wie man ebenfalls mit vollständiger Induktion zeigen kann (Aufgabe 1).

Beispiel 2 (*Bernoullische Ungleichung*[10]): Wir wollen zeigen, daß
$$(1+x)^n > 1 + nx \text{ für alle } x \in \mathbb{R} \text{ mit } x > -1, \ x \neq 0$$
für alle $n \in \mathbb{N}$ mit $n \geq 2$ gilt. Für $n = 2$ ist die Behauptung richtig, denn wegen $x \neq 0$ ist $x^2 > 0$ und daher
$$(1+x)^2 = 1 + 2x + x^2 > 1 + 2x.$$

---
[10] Johann Bernoulli, 1667–1748

Nun folgt der Induktionsschritt:

$$\begin{aligned}
(1+x)^{n+1} &= (1+x)(1+x)^n \\
&> (1+x)(1+nx) \\
&= 1 + (n+1)x + nx^2 \\
&> 1 + (n+1)x.
\end{aligned}$$

In dieser Rechnung folgt die zweite Zeile aufgrund der Induktionsvoraussetzung $(1+x)^n > 1+nx$, weil $1+x > 0$ gilt. Die letzte Ungleichung folgt wieder aus $x \neq 0$.

Beispiel 3: Wir betrachten die Folge $\langle a_n \rangle$, die rekursiv durch

$$a_1 := 1 \quad \text{und} \quad a_n := \sqrt{a_{n-1} + 5} \quad \text{für } n \geq 2$$

definiert ist. Wir wollen zunächst beweisen, daß

$$a_n < 3 \text{ für alle } n \in \mathbb{N}$$

gilt: Es ist $a_1 < 3$, und aus $a_n < 3$ folgt

$$a_{n+1} = \sqrt{a_n + 5} < \sqrt{3+5} = \sqrt{8} < 3.$$

Nun wollen wir zeigen, daß

$$a_{n+1} > a_n \text{ für alle } n \in \mathbb{N}$$

gilt: Es ist $a_2 = \sqrt{1+5} = \sqrt{6} > a_1 = 1$, und aus $a_{n+1} > a_n$ folgt

$$a_{n+2} = \sqrt{a_{n+1} + 5} > \sqrt{a_n + 5} = a_{n+1}.$$

Beispiel 3 zeigt eine typische Anwendungssituation für das Prinzip der vollständigen Induktion: Um Eigenschaften rekursiv definierter Folgen zu finden, untersucht man, welche Eigenschaften sich für jedes $n \in \mathbb{N}$ vom n^{ten} auf das $(n+1)^{\text{te}}$ Glied vererben.

Beispiel 4: Im Spiel *Turm von Hanoi* soll ein der Größe nach geordneter Stapel von n paarweise verschieden großen Scheiben mit möglichst wenig Zügen von einer Stange auf eine andere Stange umgesetzt werden, wobei eine dritte Stange als Zwischenstation benutzt werden darf (Fig. 1).

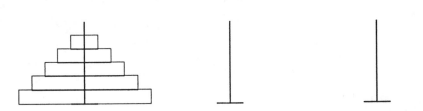

Fig. 1

I.2 Das Prinzip der vollständigen Induktion

Dabei dürfen die Scheiben nur einzeln umgelegt werden, und nie darf eine größere Scheibe auf eine kleinere gelegt werden. Versuche mit 1, 2 oder 3 Scheiben lassen vermuten, daß für die Anzahl a_n der benötigten Züge gilt:

$$a_n = 2^n - 1.$$

Wir nehmen an, dies sei für n Scheiben richtig (Induktionsvoraussetzung) und wollen nun a_{n+1} bestimmen. Zunächst muß man die oberen n Scheiben auf eine andere Stange umsetzen, um die unterste (größte) Scheibe dann auf die dritte Stange legen zu können. Das erfordert $a_n + 1$ Züge. Dann muß man den Turm aus den n kleineren Scheiben auf diese dritte Stange setzen, was wieder a_n Züge erfordert. Es ist also

$$a_{n+1} = 2a_n + 1$$

und somit

$$a_{n+1} = 2(2^n - 1) + 1 = 2^{n+1} - 1.$$

Die Induktionsbehauptung ist damit bewiesen, es gilt also

$$a_n = 2^n - 1 \text{ für alle } n \in \mathbb{N}.$$

Dies hätte man auch aus der Rekursion $a_1 = 1$ und $a_{n+1} = 2a_n + 1$ ohne weitere Versuche gewinnen können.

Beispiel 5: Wir wollen zwei Eigenschaften der Folge $\langle F_n \rangle$ der Fibonacci-Zahlen beweisen, welche durch

$$F_0 = F_1 = 1 \text{ und } F_n = F_{n-1} + F_{n-2} \text{ für } n \geq 2$$

definiert ist (vgl. Abschnitt I.0):

a) Es gilt $\Sigma \langle F_n \rangle = \langle F_{n+2} - 1 \rangle$.

Beweis: Es ist $F_0 = 1 = F_2 - 1$. Aus $F_0 + F_1 + \ldots + F_n = F_{n+2} - 1$ folgt

$$F_0 + F_1 + \ldots + F_n + F_{n+1} = F_{n+2} - 1 + F_{n+1} = F_{n+3} - 1.$$

Damit ist die Behauptung bewiesen. Diese folgt übrigens auch aus

$$\langle F_n \rangle = \Delta \langle F_{n+1} \rangle$$

durch Anwenden des Operators Σ.

b) Für alle $n \in \mathbb{N}_0$ gilt $F_n F_{n+2} = F_{n+1}^2 + (-1)^n$.

Beweis: Es gilt $F_0 F_2 = 2 = F_1^2 + (-1)^0$. Aus $F_n F_{n+2} = F_{n+1}^2 + (-1)^n$ folgt

$$\begin{aligned}
F_{n+1} F_{n+3} &= F_{n+1}(F_{n+2} + F_{n+1}) \\
&= F_{n+1} F_{n+2} + F_{n+1}^2 \\
&= F_{n+1} F_{n+2} + F_n F_{n+2} - (-1)^n \\
&= (F_{n+1} + F_n) F_{n+2} + (-1)^{n+1} \\
&= F_{n+2}^2 + (-1)^{n+1}.
\end{aligned}$$

Aufgaben

1. Beweise mit vollständiger Induktion:
a) Für alle $n \in \mathbb{N}$ mit $n \geq 3$ gilt $2n + 1 < 2^n$.
b) Für alle $n \in \mathbb{N}$ mit $n \geq 4$ gilt $n^3 < 3^n$.
c) Für alle $n \in \mathbb{N}$ gilt: $2^{3n} - 1$ ist durch 7 teilbar.
d) Für alle $n \in \mathbb{N}$ gilt: $10^n + 3 \cdot 4^{n+2} + 5$ ist durch 9 teilbar.

2. Beweise: Für die Folge $\langle a_n \rangle$ mit $a_0 := 3$ und $a_n := \sqrt{a_{n-1} + 5}$ für $n \in \mathbb{N}$ gilt

$$a_n > 2 \quad \text{und} \quad a_{n+1} < a_n \quad \text{für alle } n \in \mathbb{N}_0.$$

3. Suche eine explizite Darstellung für $\langle a_n \rangle$ und beweise die Richtigkeit mit vollständiger Induktion:
a) $a_1 = 1$, $a_{n+1} = a_n + 4n$;
b) $a_1 = 1$, $a_2 = 3$, $a_{n+2} = 3a_{n-1} + 2a_n$.

4. Beweise, daß eine Kreisscheibe durch n geradlinige Schnitte in höchstens $1 + \frac{1}{2}n(n+1)$ Teile zerlegt werden kann („Pfannkuchenproblem").

5. In dieser Aufgabe handelt es sich um Folgen aus $\mathcal{F}$. Beweise einmal mit vollständiger Induktion und einmal mit Hilfe des Operators Δ:

a) $\Sigma \left\langle \dfrac{1}{(2n-1)(2n+1)} \right\rangle = \left\langle \dfrac{n}{2n+1} \right\rangle$;
b) $\Sigma \left\langle n \left(\dfrac{1}{2} \right)^n \right\rangle = \left\langle 2 - \dfrac{n+2}{2^n} \right\rangle$;

c) $\Sigma \langle (2n-1)^2 \rangle = \left\langle \dfrac{n(4n^2 - 1)}{3} \right\rangle$.

6. In dieser Aufgabe handelt es sich um Folgen aus $\mathcal{F}_0$. Beweise einmal mit vollständiger Induktion und einmal mit Hilfe des Operators Δ:

a) $\Sigma \langle q^n \rangle = \left\langle \dfrac{1 - q^{n+1}}{1 - q} \right\rangle$ für $q \neq 1$;

b) $\Sigma \langle nq^n \rangle = \left\langle \dfrac{q - (1 + n(1-q))q^{n+1}}{(1-q)^2} \right\rangle$ für $q \neq 1$.

7. Beweise die folgenden Eigenschaften der Folge der Fibonacci-Zahlen:
a) $\mathrm{ggT}(F_n, F_{n+1}) = 1$
b) $\Sigma \langle F_n^2 \rangle = \langle F_n F_{n+1} \rangle$

8. Zeige, daß durch

$$F_n = \frac{1}{\sqrt{5}} \left(\left(\frac{1 + \sqrt{5}}{2} \right)^{n+1} - \left(\frac{1 - \sqrt{5}}{2} \right)^{n+1} \right)$$

eine explizite Darstellung der Folge der Fibonacci-Zahlen gegeben ist.
(Hinweis: Zeige, daß die angegebene Folge der Fibonacci-Rekursion genügt.)

I.3 Arithmetische, geometrische und harmonische Folgen

Von besonderem Interesse sind Folgen reeller Zahlen, bei denen sich die einzelnen Glieder als Mittelwert ihrer beiden Nachbarglieder ergeben. Aufgrund dieses Zusammenhangs ist zu erwarten, daß solche Folgen ein besonders einfaches Bildungsgesetz haben. Nun benutzt man im täglichen Leben verschiedene Mittelwertbildungen, welche verschiedenen Sachzusammenhängen angepaßt sind (mittleres Gewicht, mittlerer Zinsfaktor, mittlere Geschwindigkeit). Am bekanntesten sind das arithmetische, das geometrische und das harmonische Mittel.

Das *arithmetische* Mittel der Zahlen a, b ist die Zahl

$$A(a,b) := \frac{a+b}{2};$$

das *geometrische* Mittel der *positiven* Zahlen a, b ist die Zahl

$$G(a,b) := \sqrt{ab};$$

das *harmonische* Mittel der *positiven* Zahlen a, b ist die Zahl

$$H(a,b) := \frac{2}{\dfrac{1}{a} + \dfrac{1}{b}};$$

das harmonische Mittel ist also der Kehrwert des arithmetischen Mittels der Kehrwerte der beiden Zahlen.

Für zwei verschiedene positive Zahlen a, b gilt

$$H(a,b) < G(a,b) < A(a,b),$$

wie man mit Hilfe des Höhensatzes und des Kathetensatzes aus Fig. 1 entnehmen oder auch einfach nachrechnen kann.

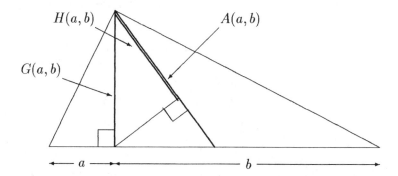

Fig. 1

Eine Folge heißt eine

— *arithmetische, geometrische* bzw. *harmonische* Folge,

wenn jedes Glied außer dem ersten das

— arithmetische, geometrische bzw. harmonische Mittel

seiner beiden Nachbarglieder ist. Bei geometrischen und harmonischen Folgen müssen dabei die Glieder positiv sein.

Es sei nun $\langle a_n \rangle$ eine arithmetische Folge und $d := a_1 - a_0$. Dann ist für alle $n \in \mathbb{N}$

$$a_n = a_{n-1} + d \quad \text{und} \quad a_n = a_0 + nd.$$

Dies beweist man durch vollständige Induktion. Der Induktionsschritt sieht bei der ersten Behauptung folgendermaßen aus: Wegen

$$\frac{a_{n+1} + a_{n-1}}{2} = a_n \quad \text{und} \quad a_{n-1} = a_n - d$$

gilt

$$a_{n+1} = 2a_n - (a_n - d) = a_n + d.$$

Die zweite Behauptung folgt wegen

$$a_{n+1} = a_n + d = (a_0 + nd) + d = a_0 + (n+1)d.$$

Eine arithmetische Folge hat also eine besonders einfache Differenzenfolge:

$$\Delta \langle a_0 + nd \rangle = \langle d \rangle.$$

Jetzt sei $\langle g_n \rangle$ eine geometrische Folge und $q := \dfrac{g_1}{g_0}$, also $g_1 = g_0 \cdot q$. Dann ist für alle $n \in \mathbb{N}$

$$g_n = g_{n-1} \cdot q \quad \text{und} \quad g_n = g_0 \cdot q^n,$$

was man ebenfalls mit vollständiger Induktion beweisen kann. Definiert man die geometrische Folge in dieser Form anstatt mit Hilfe des geometrischen Mittels, dann dürfen g_0 und q auch negative Zahlen sein.

Ist $\langle h_n \rangle$ eine harmonische Folge und $D := \dfrac{1}{h_1} - \dfrac{1}{h_0}$, also $h_1 = \dfrac{1}{\frac{1}{h_0} + D}$, dann gilt

$$h_n = \frac{1}{\frac{1}{h_{n-1}} + D} \quad \text{und} \quad h_n = \frac{1}{\frac{1}{h_0} + Dn}.$$

Dies folgt daraus, daß $\left\langle \dfrac{1}{h_n} \right\rangle$ eine arithmetische Folge ist. Definiert man die harmonische Folge durch diese Beziehungen, so dürfen auch negative Glieder auftreten, es darf jedoch keiner der vorkommenden Nenner den Wert 0 haben.

I.3 Arithmetische, geometrische und harmonische Folgen

Das einfachste Beispiel einer arithmetischen Folge ist $\langle n \rangle$, also die Folge der natürlichen Zahlen selbst. Das einfachste Beispiel einer harmonischen Folge ist die Folge der Kehrwerte der natürlichen Zahlen, also $\left\langle \dfrac{1}{n} \right\rangle$.

Die konstante Folge $\langle c \rangle$ mit $c \neq 0$ ist

— eine arithmetische Folge ($a_0 = c$, $d = 0$),
— eine geometrische Folge ($g_0 = c$, $q = 1$),
— eine harmonische Folge ($h_0 = c$, $D = 0$).

Eine nicht-konstante Folge kann aber nicht zu zwei dieser Typen gleichzeitig gehören (Aufgabe 1).

Es sei $\langle a_n \rangle$ eine arithmetische Folge, also

$$a_n = a_0 + nd.$$

Ist $d > 0$, dann übertreffen die Folgenglieder jede vorgegebene positive Schranke S, denn für $n > \dfrac{S - a_0}{d}$ ist $a_0 + dn > S$. Ist $d < 0$, dann unterschreiten die Folgenglieder jede vorgegebene negative Schranke. Die Glieder der Summenfolge sind einfach zu berechnen:

$$\Sigma \langle a_n \rangle = a_0 \Sigma \langle 1 \rangle + d \Sigma \langle n \rangle = a_0 \langle n+1 \rangle + d \left\langle \dfrac{n(n+1)}{2} \right\rangle.$$

Man nennt die Folge $\Sigma \langle a_n \rangle$ zuweilen auch eine *arithmetische Reihe*.

Es sei nun $\langle g_n \rangle$ eine geometrische Folge, also

$$g_n = g_0 \cdot q^n.$$

Ist $g_0 \neq 0$ und $|q| > 1$, dann wachsen die Zahlen $|g_n|$ mit wachsendem Index über jede vorgegebene Schranke $S > 0$ hinaus:[11]

$$|g_0 \cdot q^n| > S \iff n > \dfrac{\log S - \log |g_0|}{\log |q|}.$$

Ist $0 < |q| < 1$, dann nähern sich die Glieder der Folge $\langle g_n \rangle$ mit wachsendem n immer stärker der Zahl 0, d.h., $|g_n|$ wird kleiner als jede (noch so kleine) vorgegebene positive Zahl ε, wenn n hinreichend groß wird:[12]

$$|g_0 \cdot q^n| < \varepsilon \iff n > \dfrac{\log \varepsilon - \log |g_0|}{\log |q|}.$$

---

[11] Wir nehmen an, daß der Leser mit der Logarithmusfunktion vertraut ist; trotzdem wird diese später noch Gegenstand unserer Betrachtungen sein. Wer sich daran stört, daß hier die Basis des Logarithmus nicht angegeben worden ist, beachte, daß sich diese in obigem Zusammenhang herauskürzt: Es gilt $\log_a x = \log_b x \cdot \log_a b$ für je zwei Basen a, b.

[12] Beachte dabei, daß $\log x < 0$ für $0 < x < 1$ gilt.

Zur Berechnung der Glieder der Summenfolge von $\langle g_n \rangle$ genügt es wegen $\Sigma\langle g_n \rangle = g_0 \Sigma \langle q^n \rangle$, die Folge $\langle q^n \rangle$ zu betrachten. Für $q = 1$ ist das Problem trivial, so daß wir $q \neq 1$ annehmen. Für

$$s_n := 1 + q + q^2 + \ldots + q^n$$

gilt

$$qs_n = q + q^2 + q^3 \ldots + q^{n+1} = s_n - 1 + q^{n+1},$$

also

$$(q-1)s_n = q^{n+1} - 1$$

und somit

$$s_n = \frac{q^{n+1} - 1}{q - 1}$$

(vgl. Abschnitt I.0). Wir erhalten also für $q \neq 1$ das Ergebnis

$$\Sigma \langle q^n \rangle = \left\langle \frac{q^{n+1} - 1}{q - 1} \right\rangle.$$

Für $|q| > 1$ wachsen die Glieder dieser Folge betragsmäßig über jede Schranke hinaus, für $|q| < 1$ nähern sie sich dem Wert $\frac{1}{1-q}$. Man nennt die Folge $\Sigma \langle g_n \rangle$ zuweilen eine *geometrische Reihe*.

Nun betrachten wir die harmonische Folge $\langle h_n \rangle$, wobei wir uns aber auf den Fall $h_0 = 0$, $D = 1$ beschränken, also auf den Fall

$$h_n = \frac{1}{n} \quad (n \in \mathbb{N}).$$

Offensichtlich unterscheiden sich die Glieder mit wachsendem n immer weniger von 0. Interessant ist das Wachstum der Summenfolge $\Sigma \langle \frac{1}{n} \rangle$. Diese spezielle Folge trägt in der Literatur den Namen *harmonische Reihe*. Es gilt

$$\frac{1}{3} + \frac{1}{4} > 2 \cdot \frac{1}{4} = \frac{1}{2}$$

$$\frac{1}{5} + \frac{1}{6} + \frac{1}{7} + \frac{1}{8} > 4 \cdot \frac{1}{8} = \frac{1}{2}$$

$$\frac{1}{9} + \frac{1}{10} + \frac{1}{11} + \frac{1}{12} + \frac{1}{13} + \frac{1}{14} + \frac{1}{15} + \frac{1}{16} > 8 \cdot \frac{1}{16} = \frac{1}{2}$$

und allgemein für $k \in \mathbb{N}$

$$\frac{1}{2^k + 1} + \frac{1}{2^k + 2} + \ldots + \frac{1}{2^{k+1}} > 2^k \cdot \frac{1}{2^{k+1}} = \frac{1}{2}.$$

Daher gilt für $k \in \mathbb{N}$

$$1 + \frac{1}{2} + \frac{1}{3} + \ldots + \frac{1}{2^{k+1}} > 1 + \frac{1}{2} + k \cdot \frac{1}{2} = \frac{k+3}{2}.$$

I.3 Arithmetische, geometrische und harmonische Folgen

Daran erkennt man, daß die Folge $\sum \langle \frac{1}{n} \rangle$ unbeschränkt wächst.[13]

In obigen Betrachtungen traten häufig Summen von aufeinanderfolgenden Gliedern einer Folge $\langle x_n \rangle$ auf. Hierfür wollen wir eine Bezeichnung unter Verwendung des Summenzeichens Σ einführen: Für $m \leq k$ sei

$$\sum_{i=m}^{k} x_i := x_m + x_{m+1} + \ldots + x_k$$

(gelesen „Summe x_i von $i = m$ bis k"). Dann ist

$$\Sigma \langle x_n \rangle_{\mathbb{N}_0} = \left\langle \sum_{i=0}^{n} x_i \right\rangle_{\mathbb{N}_0}.$$

In der Literatur findet man hierfür auch die Bezeichnung

$$\sum_{i=0}^{\infty} x_i,$$

diese Bezeichnung wollen wir aber hier noch vermeiden.[14]

Aufgaben

1. Zeige, daß keine nicht-konstante Folge existiert, welche zwei der Eigenschaften *arithmetisch, geometrisch, harmonisch* besitzt.

2. Bestimme jeweils eine Funktion f, so daß gilt:[15]
a) $\langle a_n \rangle$ arithmetisch $\Rightarrow \langle f(a_n) \rangle$ geometrisch
b) $\langle a_n \rangle$ geometrisch $\Rightarrow \langle f(a_n) \rangle$ arithmetisch
c) $\langle a_n \rangle$ arithmetisch $\Rightarrow \langle f(a_n) \rangle$ harmonisch
d) $\langle a_n \rangle$ harmonisch $\Rightarrow \langle f(a_n) \rangle$ arithmetisch
e) $\langle a_n \rangle$ geometrisch $\Rightarrow \langle f(a_n) \rangle$ harmonisch
f) $\langle a_n \rangle$ harmonisch $\Rightarrow \langle f(a_n) \rangle$ geometrisch

3. Bestimme $s \in \mathbb{R}$ und $n_0 \in \mathbb{N}$ so, daß $|s - s_n| < 10^{-6}$ für alle $n > n_0$ gilt:
a) $s_n = \sum_{i=0}^{n} \left(\frac{2}{3}\right)^i$
b) $s_n = \sum_{i=0}^{n} 12 \cdot 0,95^i$

---

[13]Dieser Beweis stammt von dem französischen Gelehrten und späteren Bischof von Lisieux, Nikolaus von Oresme, 1320–1382.
[14]Sie wird später für den Grenzwert der Folge $\Sigma \langle x_n \rangle$ benutzt, sofern dieser existiert.
[15]Es wird angenommen, daß der Leser den Begriff der Funktion aus der Schule kennt.

I.4 Arithmetische Folgen höherer Ordnung

Genau dann ist $\langle a_n \rangle$ eine arithmetische Folge, wenn $\Delta \langle a_n \rangle$ eine konstante Folge ist. Bei der Folge $\langle n^2 \rangle$ der Quadratzahlen ist $\Delta \langle n^2 \rangle$ nicht konstant, aber $\Delta(\Delta \langle n^2 \rangle)$ ist konstant:
$$\Delta(\Delta \langle n^2 \rangle) = \Delta \langle 2n + 1 \rangle = \langle 2 \rangle.$$
Die k-fache Anwendung des Differenzenoperators schreiben wir abkürzend in der Form Δ^k; es also
$$\Delta^2 \langle n^2 \rangle = \langle 2 \rangle.$$
Ist für eine Folge $\langle a_n \rangle$
$$\Delta^k \langle a_n \rangle \quad \text{konstant}$$
und k kleinstmöglich mit dieser Eigenschaft, so nennt man $\langle a_n \rangle$ eine *arithmetische Folge der Ordnung k*. Die Folge der Quadratzahlen ist also eine arithmetische Folge zweiter Ordnung. Die Folge der Kubikzahlen ist eine arithmetische Folge dritter Ordnung, denn
$$\Delta^3 \langle n^3 \rangle = \Delta^2 \langle 3n^2 + 3n + 1 \rangle = \Delta \langle 6n + 6 \rangle = \langle 6 \rangle.$$
Eine konstante Folge können wir als eine arithmetische Folge der Ordnung 0 ansehen. Allgemein gilt für jedes $k \in \mathbb{N}$
$$\Delta^k \langle n^k \rangle = \langle k! \rangle$$
(und damit $\Delta^i \langle n^k \rangle = \langle 0 \rangle$ für $i > k$.)[16] Dies beweist man induktiv. Der Induktionsanfang ist klar. Im Induktionsschritt schließen wir von der Gültigkeit für ein $k \in \mathbb{N}$ auf die Gültigkeit für $k + 1$:
$$\begin{aligned}
\Delta^{k+1} \langle n^{k+1} \rangle &= \Delta^k(\Delta \langle n^{k+1} \rangle) \\
&= \Delta^k \langle (n+1)^{k+1} - n^{k+1} \rangle \\
&= \Delta^k \langle (k+1)n^k + c_{k-1}n^{k-1} + \ldots + c_2 n^2 + c_1 n + c_0 \rangle
\end{aligned}$$
mit ganzen Zahlen $c_0, c_1, c_2, \ldots, c_{k-1}$.[17] Es folgt
$$\begin{aligned}
\Delta^{k+1} \langle n^{k+1} \rangle &= (k+1)\Delta^k \langle n^k \rangle + \Delta^k \langle \sum_{j=0}^{k-1} c_j n^j \rangle \\
&= (k+1)\Delta^k \langle n^k \rangle + \sum_{j=0}^{k-1} \Delta^k \langle c_j n^j \rangle.
\end{aligned}$$

---

[16] Dabei ist $k!$ (gelesen „k *Fakultät*") das Produkt der ersten k natürlichen Zahlen.

[17] Mit dem binomischen Lehrsatz, den wir weiter unten betrachten werden, kann man diese Zahlen leicht ausrechnen; das ist hier aber nicht notwendig.

I.4 Arithmetische Folgen höherer Ordnung

Aus $\Delta^k \langle n^k \rangle = \langle k! \rangle$ (Induktionsvoraussetzung) und $\Delta^k \langle n^j \rangle = \langle 0 \rangle$ für $j < k$ folgt nun $\Delta^{k+1} \langle n^{k+1} \rangle = \langle (k+1)! \rangle$ (Induktionsbehauptung).

Bei diesem Induktionsbeweis treten zwei Fragen auf:

1) Gilt wirklich allgemein $\Delta^k(\langle a_n \rangle + \langle b_n \rangle) = \Delta^k \langle a_n \rangle + \Delta^k \langle b_n \rangle$?

2) Wie stellt man $(n+1)^k$ als Summe von Potenzen von n dar?

Die erste Frage ist zu bejahen: Die Verkettung verknüpfungstreuer („linearer") Abbildungen eines Vektorraums in sich ergibt stets wieder eine solche Abbildung. (Wer es nicht glaubt, rechne es nach!)

Die zweite Frage führt auf den binomischen Lehrsatz, zu dessen Vorbereitung wir aber erst den Begriff des Binomialkoeffizienten erklären müssen. Für $i, m \in \mathbb{N}_0$ mit $i \leq m$ sei

$$\binom{m}{i} := \text{Anzahl der } i\text{-elementigen Teilmengen einer } m\text{-elementigen Menge.}$$

Man liest dieses Symbol als „m über i" und nennt es einen *Binomialkoeffizient*. Offensichtlich ist

$$\binom{m}{0} = \binom{m}{m} = 1,$$

denn eine m-elementige Menge M enthält genau eine 0-elementige Teilmenge (nämlich die leere Menge $\emptyset$) und genau eine m-elementige Teilmenge (nämlich die Menge M selbst). Für $0 < i < m$ gilt

$$\binom{m}{i} = \frac{m}{i} \binom{m-1}{i-1},$$

wie man folgendermaßen einsieht: Man betrachte alle i-elementigen Teilmengen A von M und prüfe jeweils für alle $x \in M$, ob $x \in A$ gilt. Dabei zähle man, wie oft dies geschieht, auf zwei verschiedene Arten:

(1) Für die Wahl von A gibt es $\binom{m}{i}$ Möglichkeiten, bei jeder solchen gibt es dann i Möglichkeiten für die Wahl von x; insgesamt gibt es also $i \cdot \binom{m}{i}$ Möglichkeiten.

(2) Für die Wahl von x gibt es zunächst m Möglichkeiten, für jede solche Wahl dann $\binom{m-1}{i-1}$ mögliche Ergänzungen zu einer i-elementigen Teilmenge A; insgesamt gibt es also $m \cdot \binom{m-1}{i-1}$ Möglichkeiten.

Aus

$$i \cdot \binom{m}{i} = m \cdot \binom{m-1}{i-1}$$

ergibt sich die oben behauptete Formel. Aus ihr folgt nun

$$\binom{m}{i} = \frac{m}{i} \cdot \frac{m-1}{i-1} \cdot \frac{m-2}{i-2} \cdot \ldots \cdot \frac{m-i+1}{1}$$
$$= \frac{m(m-1)(m-2) \cdot \ldots \cdot (m-i+1)}{i(i-1)(i-2) \cdot \ldots \cdot 1} = \frac{m!}{i!(m-i)!}.$$

Nun wollen wir den Term $(a+b)^m$ durch Auflösen der Klammern in eine Summe von Potenzprodukten $a^{m-i}b^i$ ($i = 0, 1, \ldots, m$) verwandeln. (Dabei seien a, b Variable für reelle Zahlen.) Der Summand $a^{m-i}b^i$ tritt genau $\binom{m}{i}$-mal auf. Denn er entsteht, wenn man in dem Produkt

$$(a+b)(a+b) \cdot \ldots \cdot (a+b) \quad (m \text{ Faktoren})$$

aus i der Klammern den Faktor b und aus den übrigen den Faktor a wählt, und aus den m Klammern kann man auf genau $\binom{m}{i}$ verschiedene Arten i Klammern auswählen. Die Formel

$$(a+b)^m = \binom{m}{0}a^m + \binom{m}{1}a^{m-1}b + \binom{m}{2}a^{m-2}b^2 + \ldots + \binom{m}{m}b^m$$

bzw.

$$(a+b)^m = \sum_{i=0}^{m} \binom{m}{i} a^{m-i}b^i$$

heißt *binomischer Lehrsatz*. Mit seiner Hilfe können wir nun die Glieder der Differenzenfolge von $\langle n^k \rangle$ schön beschreiben:

$$\Delta \langle n^k \rangle = \sum_{i=1}^{k} \binom{k}{i} \langle n^{k-i} \rangle.$$

Man beachte, daß dabei die Summation erst mit dem Index 1 beginnt.

Die Berechnung der Binomialkoeffizienten kann man auch im sogenannten *Pascalschen Dreieck*[18] vornehmen:

$$\begin{array}{ccccccccccc}
 & & & & & 1 & & & & & \\
 & & & & 1 & & 1 & & & & \\
 & & & 1 & & 2 & & 1 & & & \\
 & & 1 & & 3 & & 3 & & 1 & & \\
 & 1 & & 4 & & 6 & & 4 & & 1 & \\
1 & & 5 & & 10 & & 10 & & 5 & & 1 \\
\cdot & \cdot & \cdot & \cdot & \cdot & \cdot & \cdot & \cdot & \cdot & &
\end{array}$$

---

[18]Blaise Pascal, französischer Mathematiker und Philosoph, 1623–1662

I.4 Arithmetische Folgen höherer Ordnung

In der m^{ten} Zeile ($m = 0, 1, 2, \ldots$) stehen der Reihe nach die Binomialkoeffizienten $\binom{m}{i}$ ($i = 0, 1, 2, \ldots, m$). Diese sind so angeordnet, daß in der Mitte unter $\binom{m}{i}$ und $\binom{m}{i+1}$ der Binomialkoeffizient $\binom{m+1}{i+1}$ steht. Dieser ist die Summe der beiden darüberstehenden, denn es gilt allgemein für $0 \leq i < m$

$$\binom{m+1}{i+1} = \binom{m}{i} + \binom{m}{i+1}$$

(Aufgabe 3). Die 5te Reihe des Pascalschen Dreiecks besagt, daß

$$(a+b)^5 = a^5 + 5a^4b + 10a^3b^2 + 10a^2b^3 + 5ab^4 + b^5.$$

Die arithmetischen Folgen, deren Ordnung höchstens k ist, bilden mit der Addition und der Vervielfachung mit reellen Zahlen einen Vektorraum $\mathcal{A}_k$, und zwar einen Untervektorraum des Vektorraums $\mathcal{F}_0$ aller Folgen. Dies ergibt sich daraus, daß — wie oben schon gesagt —

$$\Delta^k(\langle a_n \rangle + \langle b_n \rangle) = \Delta^k\langle a_n \rangle + \Delta^k\langle b_n \rangle,$$
$$\Delta^k(c\langle a_n \rangle) = c\Delta^k\langle a_n \rangle$$

für alle Folgen $\langle a_n \rangle$ und alle Zahlen c gilt. Wegen $\langle n^i \rangle \in \mathcal{A}_k$ für $i \leq k$ gehört auch jede Linearkombination dieser Folgen zu $\mathcal{A}_k$, also

$$\sum_{i=0}^{k} c_i \langle n^i \rangle \in \mathcal{A}_k$$

für alle $c_0, c_1, c_2, \ldots, c_n \in \mathbb{R}$. Jede arithmetische Folge einer Ordnung $\leq k$ ist auch von dieser Form. Dies folgt für $i \leq k$ durch i-fache Anwendung des Summenoperators auf $\Delta^i \langle a_n \rangle = \langle c \rangle$ ($c \in \mathbb{R}$). In der Darstellung einer arithmetischen Folge der Ordnung k als Linearkombination der Folgen $\langle 1 \rangle, \langle n \rangle, \langle n^2 \rangle, \ldots, \langle n^k \rangle$ sind die Koeffizienten eindeutig durch die Folge bestimmt (Aufgabe 5), diese Folgen bilden also eine Basis des Vektorraums $\mathcal{A}_k$.

Die Summenformel für die Quadratzahlen kann man nun auch folgendermaßen gewinnen: Weil $\langle n^2 \rangle$ eine arithmetische Folge der Ordnung 2 ist, ist $\Sigma \langle n^2 \rangle$ eine solche der Ordnung 3. Also ist für alle $n \in \mathbb{N}$

$$\sum_{i=1}^{n} i^2 = an^3 + bn^2 + cn + d$$

mit gewissen Zahlen a, b, c, d. Diese bestimmt man aus dem linearen Gleichungssystem, welches man für $n = 0, 1, 2, 3$ erhält:

$$\begin{aligned} d &= 0 \\ a + b + c + d &= 1 \\ 8a + 4b + 2c + d &= 5 \\ 27a + 9b + 3c + d &= 14 \end{aligned}$$

Dieses Gleichungssystem hat die Lösung $a = \frac{1}{3}$, $b = \frac{1}{2}$, $c = \frac{1}{6}$, $d = 0$, womit sich die bekannte Summenformel ergibt.

Besonders interessante arithmetische Folgen sind die Folgen der *Polygonalzahlen*, von denen schon die Philosophen im alten Griechenland fasziniert waren. Polygonalzahlen sind natürliche Zahlen, die sich durch besonders regelmäßige Punktmuster darstellen lassen.

Der Anfang der Folge der *Dreieckszahlen* ist in Fig. 1 angegeben.

Fig. 1 usw.

Die n^{te} Dreieckszahl D_n entsteht aus der vorangehenden D_{n-1} durch Hinzufügen der Zahl n. Es gilt also $D_1 = 1$ und

$$D_n = D_{n-1} + n$$

für $n \geq 2$. Es ist $\Delta^2 \langle D_n \rangle = \Delta \langle n+1 \rangle = \langle 1 \rangle$, es liegt also eine arithmetische Folge der Ordnung 2 vor. Es gilt $\langle D_n \rangle = \Sigma \langle n \rangle$, also

$$D_n = \frac{n(n+1)}{2},$$

wie wir schon früher gesehen haben.

Der Anfang der Folge der *Viereckszahlen* ist in Fig. 2 angegeben.

Fig. 2 usw.

Es handelt sich also um die altbekannte Folge der Quadratzahlen. Die n^{te} Viereckszahl Q_n entsteht aus der vorangehenden Q_{n-1} durch Hinzufügen der Zahl $2n - 1$. Es gilt also $Q_1 = 1$ und

$$Q_n = Q_{n-1} + 2n - 1$$

für $n \geq 2$. Es ist $\Delta^2 \langle Q_n \rangle = \Delta \langle 2n+1 \rangle = \langle 2 \rangle$, es liegt also eine arithmetische Folge der Ordnung 2 vor. Es gilt $\langle Q_n \rangle = \Sigma \langle 2n - 1 \rangle$, also

$$Q_n = 2 \cdot \frac{n(n+1)}{2} - n = n^2.$$

I.4 Arithmetische Folgen höherer Ordnung

Der Anfang der Folge der *Fünfeckszahlen* ist in Fig. 3 angegeben.

Fig. 3  usw.

Die n^{te} Fünfeckszahl F_n entsteht aus der vorangehenden F_{n-1} durch Hinzufügen der Zahl $3n - 2$. Es gilt also $F_1 = 1$ und

$$F_n = F_{n-1} + 3n - 2$$

für $n \geq 2$. Es ist $\Delta^2 \langle F_n \rangle = \Delta \langle 3n + 1 \rangle = \langle 3 \rangle$, es liegt also eine arithmetische Folge der Ordnung 2 vor. Es gilt $\langle F_n \rangle = \Sigma \langle 3n - 2 \rangle$, also

$$F_n = 3 \cdot \frac{n(n+1)}{2} - 2n = \frac{n(3n-1)}{2}.$$

Die Folge der *Sechseckszahlen* ist nun durch $S_1 := 1$ und

$$S_n := S_{n-1} + 4n - 3$$

für $n \geq 2$ definiert. Die Folge der k-Eckszahlen ist die durch $P_1^{(k)} := 1$ und

$$P_n^{(k)} := P_{n-1}^{(k)} + (k-2)n - (k-3)$$

definierte Folge. Wegen $\Delta^2 \langle P_n^{(k)} \rangle = \langle k - 2 \rangle$ ist dies eine arithmetische Folge der Ordnung 2. Man kann die k-Eckszahlen folgendermaßen darstellen (Aufgabe 8):

$$P_n^{(k)} = (k-2)D_n - (k-3)n = \frac{n}{2}((k-2)n - k + 4).$$

Hypsikles[19] hat die Folge der k-Eckszahlen als die Summenfolge einer arithmetischen Folge (der Ordnung 1) mit dem Anfangsglied 1 und der Differenz $k - 2$ definiert. Für die Pythagoreer[20] stellten die Polygonalzahlen ein Bindeglied zwischen Geometrie und Arithmetik dar, und sie machten sie zum Mittelpunkt einer „kosmischen Philosophie", die alle Beziehungen durch „Zahlen" ausdrücken will („Alles ist Zahl"). Auf Fermat[21] geht die Vermutung zurück, daß man jede natürliche Zahl als Summe von höchstens drei Dreieckszahlen, höchstens vier Viereckszahlen, höchstens fünf Fünfeckszahlen und allgemein als Summe von höchstens k k-Eckszahlen darstellen kann. Erst Cauchy[22] konnte dies beweisen.

---

[19] Hypsikles von Alexandria, etwa 200–100 v. Chr.

[20] Anhänger der Philosophie des Pythagoras, 570– um 480 v. Chr.; sie gründeten einen politischen Geheimbund, der bis um 350 v. Chr. in Unteritalien wirkte und u.a. gegen den Tyrann Dionysos I kämpfte.

[21] Pierre de Fermat, 1601–1665, ist einer der „Väter" der neuzeitlichen Mathematik.

[22] Augustin Louis Cauchy, 1789–1857; er hatte großen Einfluß auf die Entwicklung der Analysis.

Die Summenfolge der Folge der k-Eckszahlen, also die Folge

$$\Sigma \langle P_n^{(k)} \rangle,$$

ist die Folge der (k-Ecks-) *Pyramidalzahlen*. Von den römischen Geometern Epaphroditus und Vitruvius Rufus[23] stammt die Pyramidalzahlenformel

$$\sum_{i=1}^{n} P_i^{(k)} = \frac{n+1}{6}(2P_n^{(k)} + n).$$

Aufgaben

1. Berechne mit Hilfe des binomischen Lehrsatzes 103^4 und 998^3.

2. Beweise mit Hilfe des binomischen Lehrsatzes: Jede endliche nichtleere Menge besitzt ebenso viele Teilmengen mit gerader wie mit ungerader Elementeanzahl.

3. Beweise mit Hilfe der Formel $\binom{m}{i} = \frac{m!}{i!(m-i)!}$ für alle $i, m \in \mathbb{N}_0$ mit $i < m$:

$$\binom{m}{i} = \binom{m}{m-i},$$

$$\binom{m+1}{i+1} = \binom{m}{i} + \binom{m}{i+1}.$$

4. Zeige: Ist $p(n)$ ein Polynom vom Grad r, dann ist $p(n+1) - p(n)$ ein Polynom vom Grad $r-1$.

5. Zeige, daß die Darstellung einer arithmetischen Folge der Ordnung k als Linearkombination der Folgen $\langle 1 \rangle, \langle n \rangle, \langle n^2 \rangle, \ldots, \langle n^k \rangle$ eindeutig ist.

6. Beweise: $\Sigma \langle D_n \rangle = \left\langle \binom{n+2}{3} \right\rangle$.

7. Beweise, daß für $k = 1, 2, 3$ gilt: $\Sigma^k \langle 1 \rangle = \left\langle \binom{n+k}{k} \right\rangle$. Beweise dann mit vollständiger Induktion, daß diese Beziehung für alle $k \in \mathbb{N}$ gilt.

8. Leite die im Text angegebene Darstellung der k-Eckszahlen her.

9. Beweise die im Text angegebene Pyramidalzahlenformel von Epaphroditus und Vitruvius Rufus. Benutze dabei die Summenformel für die Quadratzahlen.

---

[23] Epaphroditus und Vitruvius Rufus, um 150 n. Chr.

I.5 Konvergente Folgen

Die Definition einer Folge $\langle a_n \rangle$ als eine Abbildung von $\mathbb{N}_0$ in $\mathbb{R}$ ist derart allgemein, daß man nicht sehr viele tiefsinnige Aussagen über Folgen machen kann, wenn man nicht Folgen mit besonderen Eigenschaften betrachtet. Solche besonderen Eigenschaften, mit denen wir uns nun beschäftigen wollen, sind die Beschränktheit, die Monotonie und vor allem die Konvergenz.

Definition: Eine Folge $\langle a_n \rangle$ heißt *beschränkt*, wenn es eine Zahl $R > 0$ mit

$$|a_n| \leq R \quad \text{für alle } n \in \mathbb{N}_0$$

gibt. Gilt für eine Zahl S

$$a_n \leq S \quad \text{für alle } n \in \mathbb{N}_0,$$

so heißt die Folge *nach oben beschränkt*; und gilt für eine Zahl T

$$a_n \geq T \quad \text{für alle } n \in \mathbb{N}_0,$$

dann heißt die Folge *nach unten beschränkt*.

Eine beschränkte Folge ist sowohl nach oben als auch nach unten beschränkt, denn aus $|a_n| \leq R$ für alle $n \in \mathbb{N}_0$ folgt

$$-R \leq a_n \leq R \quad \text{für alle } n \in \mathbb{N}_0.$$

Sind die Folgen $\langle a_n \rangle$ und $\langle b_n \rangle$ beschränkt, dann gilt dies auch für die Folgen $\langle a_n \rangle + \langle b_n \rangle$, $\langle a_n \rangle \cdot \langle b_n \rangle$, $c \langle a_n \rangle$ ($c \in \mathbb{R}$) (Aufgabe 1).

Definition: Eine Folge $\langle a_n \rangle$ heißt *monoton wachsend*, wenn

$$a_n \leq a_{n+1} \quad \text{für alle } n \in \mathbb{N}_0.$$

Gilt dabei nie das Gleichheitszeichen, dann heißt die Folge *streng* monoton wachsend. Die Folge heißt *monoton fallend*, wenn

$$a_n \geq a_{n+1} \quad \text{für alle } n \in \mathbb{N}_0.$$

Gilt dabei nie das Gleichheitszeichen, dann heißt sie *streng* monoton fallend.

Beispiel 1: Die geometrische Folge $\left\langle \left(\dfrac{4}{5}\right)^n \right\rangle$ ist beschränkt:

$$0 \leq \left(\frac{4}{5}\right)^n \leq 1 \quad \text{für alle } n \in \mathbb{N}_0.$$

Sie ist streng monoton fallend, denn wegen $0 < \dfrac{4}{5} < 1$ ist

$$\left(\frac{4}{5}\right)^{n+1} = \left(\frac{4}{5}\right)^n \cdot \frac{4}{5} < \left(\frac{4}{5}\right)^n.$$

Die zugehörige Summenfolge ist ebenfalls beschränkt:
$$0 < \sum_{i=0}^{n} \left(\frac{4}{5}\right)^i = \frac{1 - \left(\frac{4}{5}\right)^{n+1}}{1 - \frac{4}{5}} < \frac{1}{1 - \frac{4}{5}} = 5.$$

Sie ist streng monoton wachsend, denn
$$\sum_{i=0}^{n+1} \left(\frac{4}{5}\right)^i = \sum_{i=0}^{n} \left(\frac{4}{5}\right)^i + \left(\frac{4}{5}\right)^{n+1} > \sum_{i=0}^{n} \left(\frac{4}{5}\right)^i.$$

Beispiel 2: In Abschnitt I.2 Beispiel 3 haben wir mit vollständiger Induktion gezeigt, daß die durch
$$a_1 := 1 \quad \text{und} \quad a_n := \sqrt{a_{n-1} + 5} \quad \text{für } n \geq 2$$
definierte Folge die obere Schranke 3 besitzt und monoton wächst.

Beispiel 3: Ist F_n die n^{te} Fibonacci-Zahl (vgl. Abschnitt I.0) und
$$a_n := \frac{F_{n+1}}{F_n} \quad (n \in \mathbb{N}_0),$$

dann ist
$$a_0 = 1, \quad a_n = 1 + \frac{1}{a_{n-1}} \quad \text{für } n \geq 1.$$

Offensichtlich ist $\langle a_n \rangle$ beschränkt:
$$1 \leq a_n \leq 2 \quad \text{für alle } n \in \mathbb{N}_0.$$

Schon die ersten Glieder $1, 2, \frac{3}{2}, \frac{5}{3}, \ldots$ zeigen, daß die Folge nicht monoton ist. Aber die Glieder mit geradem Index bilden eine streng monoton steigende Teilfolge und diejenigen mit ungeradem Index eine streng monoton fallende Teilfolge:
$$a_0 < a_2 < a_4 < a_6 < \ldots \quad \text{und} \quad a_1 > a_3 > a_5 > a_7 \ldots.$$

Dies beweist man mit vollständiger Induktion (Aufgabe 2).

Beispiel 4: Die Folge $\left\langle \frac{1}{n} \right\rangle$ ist streng monoton fallend, nach unten beschränkt durch 0 und nach oben beschränkt durch 1. Ihre Summenfolge ist monoton wachsend und nach unten beschränkt durch 1, nach oben ist sie aber nicht beschränkt: Für $k \in \mathbb{N}$ und $n > 2^k$ ist

$$\sum_{i=1}^{n} \frac{1}{i} > \sum_{i=1}^{2^k} \frac{1}{i}$$
$$= 1 + \frac{1}{2} + \left(\frac{1}{3} + \frac{1}{4}\right) + \left(\frac{1}{5} + \ldots + \frac{1}{8}\right) + \ldots + \left(\frac{1}{2^{k-1}} + \ldots \frac{1}{2^k}\right)$$
$$\geq 1 + \frac{1}{2} + \frac{1}{2} + \frac{1}{2} + \ldots + \frac{1}{2} = 1 + k \cdot \frac{1}{2};$$

I.5 Konvergente Folgen

dies haben wir schon in Abschnitt I.3 gesehen. Die harmonische Reihe $\Sigma \left\langle \frac{1}{n} \right\rangle$ wächst also über alle Grenzen hinaus.

Definition: Eine Folge $\langle a_n \rangle$ reeller Zahlen heißt *konvergent*, wenn eine reelle Zahl a mit folgender Eigenschaft existiert: Für jede (noch so kleine) Zahl $\varepsilon > 0$ existiert ein $N_\varepsilon \in \mathbb{N}$, so daß

$$|a_n - a| < \varepsilon \text{ für alle } n \in \mathbb{N} \text{ mit } n \geq N_\varepsilon.$$

Eine nicht konvergente Folge heißt *divergent*.

Die Zahl a in dieser Definition ist — sofern sie existiert — eindeutig bestimmt. Ist nämlich sowohl

$$|a_n - a| < \varepsilon \text{ für alle } n \in \mathbb{N} \text{ mit } n \geq N_\varepsilon^{(a)}$$

also auch

$$|a_n - b| < \varepsilon \text{ für alle } n \in \mathbb{N} \text{ mit } n \geq N_\varepsilon^{(b)}$$

und setzt man $N_\varepsilon := \max(N_\varepsilon^{(a)}, N_\varepsilon^{(b)})$, dann ist

$$|a - b| = |(a - a_n) + (a_n - b)| \leq |a_n - a| + |a_n - b| < \varepsilon + \varepsilon = 2\varepsilon.$$

Da dies für jedes beliebige $\varepsilon > 0$ gilt, muß $a = b$ sein.

Bei dieser Überlegung haben wir die bekannte *Dreiecksungleichung* benutzt:

$$|x + y| \leq |x| + |y| \quad \text{für alle } x, y \in \mathbb{R}$$

Die somit durch eine konvergente Folge $\langle a_n \rangle$ eindeutig bestimmte Zahl a nennt man den *Grenzwert* oder *Limes* der Folge $\langle a_n \rangle$ und schreibt

$$\lim \langle a_n \rangle = a.$$

fast immer!

Man findet hierfür auch die Schreibweise

$$\lim_{n \to \infty} a_n = a.$$

Eine konvergente Folge ist stets beschränkt, denn aus $|a_n - a| < 1$ für $n > N_1$ folgt $a - 1 < a_n < a + 1$ für $n > N_1$, also

$$|a_n| \leq \max(|a_0|, |a_1|, \ldots, |a_{N_1}|, |a| + 1).$$

Satz 1: Sind die Folgen $\langle a_n \rangle$ und $\langle b_n \rangle$ konvergent, dann sind auch die Folgen $\langle a_n \rangle + \langle b_n \rangle$ und $\langle a_n \rangle \cdot \langle b_n \rangle$ konvergent und es gilt

$$\begin{aligned}\lim(\langle a_n \rangle + \langle b_n \rangle) &= \lim\langle a_n \rangle + \lim\langle b_n \rangle, \\ \lim(\langle a_n \rangle \cdot \langle b_n \rangle) &= \lim\langle a_n \rangle \cdot \lim\langle b_n \rangle.\end{aligned}$$

Beweis: Es sei $\lim\langle a_n\rangle = a$ und $\lim\langle b_n\rangle = b$. Für jedes $\varepsilon > 0$ existieren also natürliche Zahlen $N_\varepsilon^{(1)}, N_\varepsilon^{(2)}$ mit

$$|a_n - a| < \varepsilon \text{ für } n \geq N_\varepsilon^{(1)} \quad \text{und} \quad |b_n - b| < \varepsilon \text{ für } n \geq N_\varepsilon^{(2)}.$$

Für $n \geq \max(N_\varepsilon^{(1)}, N_\varepsilon^{(2)})$ gilt dann

$$\begin{aligned}|(a_n + b_n) - (a + b)| &= |(a_n - a) + (b_n - b)| \\ &\leq |a_n - a| + |b_n - b| < \varepsilon + \varepsilon = 2\varepsilon\end{aligned}$$

und

$$\begin{aligned}|a_n b_n - ab| &= |a_n b_n - ab_n + ab_n - ab| \\ &\leq |a_n b_n - ab_n| + |ab_n - ab| \\ &= |b_n||a_n - a| + |a||b_n - b| \\ &\leq |b_n|\varepsilon + |a|\varepsilon = (|b_n| + |a|)\varepsilon \leq K\varepsilon,\end{aligned}$$

wobei K eine obere Schranke für $|b_n| + |a|$ ist. (Beachte, daß $\langle b_n\rangle$ als konvergente Folge auch beschränkt ist.) Da nun die Zahlen 2ε und $K\varepsilon$ mit ε ebenfalls beliebig kleine Werte annehmen können, ergibt sich die Behauptung.

Die Menge $\mathcal{C}$ der konvergenten Folgen aus $\mathcal{F}_0$ bildet bezüglich der Addition und der Multiplikation einen Ring, also einen Teilring von $(\mathcal{F}_0, +, \cdot)$. Bezüglich der Addition und der Vervielfachung mit reellen Faktoren bildet $\mathcal{C}$ einen Vektorraum, also einen Untervektorraum des Vektorraums aller Folgen. Es gilt für alle $c \in \mathbb{R}$ und alle $\langle a_n\rangle \in \mathcal{C}$

$$\lim(c\langle a_n\rangle) = c \lim\langle a_n\rangle.$$

Da die konstante Folge $\langle c\rangle$ trivialerweise den Grenzwert c hat, ist dies ein Sonderfall der Regel in Satz 1 über das Produkt konvergenter Folgen.

Hat kein Glied der Folge $\langle a_n\rangle$ den Wert 0, dann kann man die *Kehrfolge* $\left\langle \frac{1}{a_n}\right\rangle$ bilden. Ist dabei $\langle a_n\rangle$ konvergent und ist $a := \lim\langle a_n\rangle \neq 0$, dann gilt

$$\lim\left\langle \frac{1}{a_n}\right\rangle = \frac{1}{\lim\langle a_n\rangle};$$

dies ergibt sich sofort aus der Beziehung

$$\left|\frac{1}{a_n} - \frac{1}{a}\right| = \frac{|a - a_n|}{|aa_n|}.$$

Beispiel 5: Es gilt offensichtlich (vgl. Beispiel 1):

$$\lim\left\langle \left(\frac{4}{5}\right)^n\right\rangle = 0 \quad \text{und} \quad \lim\left\langle \sum\left(\frac{4}{5}\right)^n\right\rangle = 5.$$

I.5 Konvergente Folgen

Beispiel 6: Es gilt

$$\lim \left\langle \frac{(n+1)(2n+1)}{n^2} \right\rangle = \lim \left(\left\langle 1 + \frac{1}{n} \right\rangle \cdot \left\langle 2 + \frac{1}{n} \right\rangle \right)$$

$$= \left(1 + \lim \left\langle \frac{1}{n} \right\rangle \right) \cdot \left(2 + \lim \left\langle \frac{1}{n} \right\rangle \right)$$

$$= (1+0) \cdot (2+0) = 2.$$

Beispiel 7: Die Folge $\Sigma \left\langle \frac{(-1)^{n-1}}{n} \right\rangle$ ist konvergent, was wir aber erst im folgenden Abschnitt beweisen können. Wir wollen hier nur zeigen, daß sie beschränkt ist: Für $n \geq 2k$ gilt

$$\sum_{i=1}^{n} \frac{(-1)^{i-1}}{i} \leq \left(1 - \frac{1}{2}\right) + \left(\frac{1}{3} - \frac{1}{4}\right) + \ldots + \left(\frac{1}{2k-1} - \frac{1}{2k}\right)$$

$$= \frac{1}{1 \cdot 2} + \frac{1}{3 \cdot 4} + \ldots + \frac{1}{(2k-1) \cdot 2k}$$

$$\leq \frac{1}{1 \cdot 2} + \frac{1}{2 \cdot 3} + \ldots + \frac{1}{(k-1) \cdot k}$$

$$= \left(1 - \frac{1}{2}\right) + \left(\frac{1}{2} - \frac{1}{3}\right) + \ldots + \left(\frac{1}{k-1} - \frac{1}{k}\right) = 1 - \frac{1}{k} < 1.$$

Eine Folge mit dem Grenzwert 0 nennt man eine *Nullfolge*. Die Menge $\mathcal{N}$ der Nullfolgen bildet einen Teilring des Rings der konvergenten Folgen und einen Untervektorraum des Vektorraums der konvergenten Folgen. Ferner gilt:

Satz 2: Das Produkt einer Nullfolge mit einer beschränkten Folge ist eine Nullfolge.

Beweis: Es sei $\langle a_n \rangle$ eine Nullfolge und $\langle b_n \rangle$ eine beschränkte Folge mit der Schranke S. Für eine gegebenes positives ε existiert ein $N_\varepsilon \in \mathbb{N}$ mit $|a_n| < \varepsilon$ für $n \geq N_\varepsilon$. Dann ist

$$|a_n b_n| < S\varepsilon \quad \text{für } n \geq N_\varepsilon.$$

Ist $\Sigma \langle a_n \rangle$ konvergent, dann ist $\langle a_n \rangle$ eine Nullfolge (Aufgabe 3). Ist jedoch $\langle a_n \rangle$ eine Nullfolge, dann muß $\Sigma \langle a_n \rangle$ nicht konvergent sein, wie man am Beispiel der harmonischen Reihe $\Sigma \left\langle \frac{1}{n} \right\rangle$ erkennt (vgl. Beispiel 4).

Ist $\langle a_n \rangle$ konvergent, dann ist auch die Folge der Beträge (also $\langle |a_n| \rangle$) konvergent. Für Nullfolgen ist dies unmittelbar klar, für eine Folge $\langle a_n \rangle$ mit dem Grenzwert a argumentiert man folgendermaßen: Ist $a > 0$, dann existiert ein $N \in \mathbb{N}$ mit $|a_n - a| < \frac{a}{2}$ für $n \geq N$. Die Glieder der Folge sind daher ab dem Index N positiv, also $|a_n| = a_n$ für $n \geq N$. Für einen negativen Grenzwert argumentiert man analog. Ist aber umgekehrt $\langle |a_n| \rangle$ konvergent, dann muß $\langle a_n \rangle$ nicht konvergent sein; ein Beispiel hierfür ist die Folge $\langle (-1)^n \rangle$.

Aus der Konvergenz von $\Sigma\langle a_n\rangle$ folgt nicht die Konvergenz von $\Sigma\langle|a_n|\rangle$. Beispielsweise wird sich $\Sigma\left\langle\dfrac{(-1)^{n-1}}{n}\right\rangle$ in Abschnitt I.6 als konvergent erweisen (vgl. auch Beispiel 7), aber $\Sigma\left\langle\dfrac{1}{n}\right\rangle$ ist divergent. Umgekehrt folgt aber aus der Konvergenz von $\Sigma\langle|a_n|\rangle$ diejenige von $\Sigma\langle a_n\rangle$; dies werden wir jedoch erst in Abschnitt I.9 beweisen.

Beispiel 8: Die Differenzenfolge $\Delta\langle a_n\rangle$ der Folge $\langle a_n\rangle$ aus Beispiel 3 ist eine Nullfolge: Es gilt für $n \geq 1$

$$|a_{n+1} - a_n| = \left|\frac{1}{a_n} - \frac{1}{a_{n-1}}\right| = \frac{|a_n - a_{n-1}|}{a_n a_{n-1}}$$

und

$$a_n a_{n-1} = \left(1 + \frac{1}{a_{n-1}}\right)\cdot a_{n-1} = a_{n-1} + 1 \geq 2,$$

also

$$|a_{n+1} - a_n| \leq \frac{1}{2}|a_n - a_{n-1}|.$$

Daraus folgt induktiv

$$|a_{n+1} - a_n| \leq \left(\frac{1}{2}\right)^n |a_1 - a_0| = \left(\frac{1}{2}\right)^n.$$

Weil $\left\langle\left(\dfrac{1}{2}\right)^n\right\rangle$ eine Nullfolge ist, gilt dasselbe für $\langle a_{n+1} - a_n\rangle$.

Bemerkung: In Beispiel 8 haben wir zwei Selbstverständlichkeiten benutzt, auf welche wir aber nochmals ausdrücklich hinweisen wollen:
1) Ist $|a_n| \leq |b_n|$ und ist $\langle b_n\rangle$ eine Nullfolge, dann ist auch $\langle a_n\rangle$ eine Nullfolge.
2) Die geometrische Folge $\langle q^n\rangle$ ist für $|q| < 1$ eine Nullfolge.
Im nächsten Beispiel werden wir eine weitere Trivialität benutzen:
3) Das Konvergenzverhalten und der Grenzwert einer Folge ändern sich nicht, wenn man endlich viele ihrer Glieder ändert oder außer Betracht läßt.

Beispiel 9: Es soll gezeigt werden, daß $\left\langle\dfrac{n}{2^n}\right\rangle$ eine Nullfolge ist. Für jedes $n \in \mathbb{N}$ existiert ein $k \in \mathbb{N}_0$ mit $2^k \leq n < 2^{k+1}$. Damit gilt $\dfrac{n}{2^n} < \dfrac{2^{k+1}}{2^{2^k}} \leq \dfrac{1}{2^k}$. Nun ist $2^k - k - 1 \geq k$ bzw. $2^k \geq 2k + 1$ für $k \geq 3$, wie man z. B. mit vollständiger Induktion beweisen kann. Also gilt für $n \geq 2^3 = 8$

$$\frac{n}{2^n} < \frac{1}{2^k}.$$

Weil nun $\left\langle\dfrac{1}{2^n}\right\rangle$ eine Nullfolge ist, gilt dasselbe für $\left\langle\dfrac{n}{2^n}\right\rangle$.

I.5 Konvergente Folgen

In obigen Beispielen 8 und 9 haben wir aus $|a_n| \leq b_n$ und $\lim\langle b_n\rangle = 0$ auf $\lim\langle a_n\rangle = 0$ geschlossen (vgl. 1) in obiger Bemerkung). Allgemeiner gilt folgendes *Einschließungskriterium* (Aufgabe 4): Gilt

$$b'_n \leq a_n \leq b_n \quad \text{für alle } n \in \mathbb{N}_0$$

und $\lim\langle b'_n\rangle = \lim\langle b_n\rangle = b$, dann gilt auch

$$\lim\langle a_n\rangle = b.$$

Beispiel 10: Wir wollen zeigen, daß

$$\lim\langle \sqrt[n]{n}\rangle = 1$$

gilt. Dazu untersuchen wir die Folge mit den Gliedern

$$x_n := \sqrt[n]{n} - 1.$$

Für $n > 1$ gilt aufgrund des binomischen Lehrsatzes

$$n = (1+x_n)^n = 1 + \binom{n}{1}x_n + \binom{n}{2}x_n^2 + \ldots + \binom{n}{n}x_n^n$$
$$> \binom{n}{2}x_n^2 = \frac{n(n-1)}{2}x_n^2$$

und daher

$$x_n^2 < \frac{2}{n-1} \leq \frac{4}{n}.$$

Es folgt

$$0 < x_n < \frac{2}{\sqrt{n}}$$

und daraus nach dem Einschließungskriterium $\lim\langle x_n\rangle = 0$.

Nullfolgen sind aufgrund der folgenden Tatsache von besonderer Bedeutung: Genau dann ist $\lim\langle a_n\rangle = a$, wenn $\langle a_n - a\rangle$ eine Nullfolge ist. Hat man also eine Vermutung über den Grenzwert einer Folge, so kann man ihre Konvergenz gegen diesen Grenzwert beweisen, indem man von einer anderen Folge nachweist, daß sie eine Nullfolge ist. So sind wir in Beispiel 10 vorgegangen.

Definition: Es sei eine beliebige Folge $\langle a_n\rangle$ gegeben. Ist τ eine injektive Abbildung[24] von $\mathbb{N}$ in sich, dann nennt man $\langle a_{\tau(n)}\rangle$ eine *Teilfolge* von $\langle a_n\rangle$.

Genau dann ist eine Folge konvergent, wenn jede ihrer Teilfolgen konvergiert. Dabei konvergiert jede Teilfolge gegen den Grenzwert der gegebenen Folge. Eine nicht-konvergente Folge kann aber konvergente Teilfolgen enthalten.

---

[24]Eine Abbildung $\alpha : A \to B$ heißt *injektiv*, wenn verschiedene Elemente von A auch verschiedene Bilder in B haben, wenn also $\alpha(a_1) \neq \alpha(a_2)$ für alle $a_1, a_2 \in A$ mit $a_1 \neq a_2$ gilt.

Definition: Ist $\langle a_n \rangle$ eine beschränkte Folge, dann bezeichnet man mit

$$\liminf \langle a_n \rangle \quad \text{bzw.} \quad \limsup \langle a_n \rangle$$

die kleinste bzw. die größte Zahl, die Grenzwert einer Teilfolge von $\langle a_n \rangle$ ist. Genau dann ist $\langle a_n \rangle$ konvergent, wenn gilt:

$$\liminf \langle a_n \rangle = \limsup \langle a_n \rangle \quad (= \lim \langle a_n \rangle).$$

Beispiel 11: Wir betrachten die Folge[25]

$$\langle \sqrt{n} - [\sqrt{n}] \rangle.$$

Es gilt $0 \leq \sqrt{n} - [\sqrt{n}] < 1$. Die Teilfolge mit $\tau(n) = n^2$ (vgl. Definition des Begriffs der Teilfolge) ist konstant 0, konvergiert also gegen 0. Andererseits ergibt sich für $\tau(n) = n^2 + 2n$ eine Folge mit dem Grenzwert 1 (Aufgabe 5). Es ist also

$$\liminf \langle \sqrt{n} - [\sqrt{n}] \rangle = 0 \quad \text{und} \quad \limsup \langle \sqrt{n} - [\sqrt{n}] \rangle = 1.$$

Satz 3: Die durch

$$\langle a_n \rangle \sim \langle b_n \rangle :\Longleftrightarrow \langle a_n \rangle - \langle b_n \rangle \in \mathcal{N} \quad (\longrightarrow S.45)$$

definierte Relation ist eine Äquivalenzrelation in der Menge aller Folgen, d.h., es gilt
(1) $\langle a_n \rangle \sim \langle a_n \rangle$ für alle $\langle a_n \rangle \in \mathcal{F}_0$; $\quad (\longrightarrow S.18)$
(2) ist $\langle a_n \rangle \sim \langle b_n \rangle$, dann ist auch $\langle b_n \rangle \sim \langle a_n \rangle$;
(3) ist $\langle a_n \rangle \sim \langle b_n \rangle$ und $\langle b_n \rangle \sim \langle c_n \rangle$, dann ist auch $\langle a_n \rangle \sim \langle c_n \rangle$.
Die Relation $\sim$ ist also (1) *reflexiv*, (2) *symmetrisch* und (3) *transitiv*.

Beweis: (1) und (2) verstehen sich von selbst; (3) ergibt sich daraus, daß mit $\langle a_n \rangle - \langle b_n \rangle$ und $\langle b_n \rangle - \langle c_n \rangle$ auch die Summe $\langle a_n \rangle - \langle b_n \rangle$ dieser Folgen eine Nullfolge ist.

Ist $\langle a_n \rangle$ eine konvergente Folge mit dem Grenzwert a, dann besteht die Menge aller zu $\langle a_n \rangle$ äquivalenten Folgen aus allen Folgen mit dem Grenzwert a, also aus allen zu der konstanten Folge $\langle a \rangle$ äquivalenten Folgen.

Satz 4: In der Menge aller Folgen, deren Glieder alle von 0 verschieden sind, wird durch

$$\langle a_n \rangle \approx \langle b_n \rangle :\Longleftrightarrow \langle a_n \rangle \cdot \langle \frac{1}{b_n} \rangle \sim \langle 1 \rangle$$

eine Äquivalenzrelation definiert.
Beweis: Die Reflexivität und die Symmetrie der Relation $\approx$ verstehen sich von

---

[25] Mit $[x]$ bezeichnet man die kleinste ganze Zahl $\leq x$; dies ist die sogenannte *Ganzteilfunktion*.

I.5 Konvergente Folgen

selbst. Die Transitivität ergibt sich daraus, daß mit $\langle a_n \rangle \cdot \langle \frac{1}{b_n} \rangle$ und $\langle b_n \rangle \cdot \langle \frac{1}{c_n} \rangle$ auch das Produkt $\langle a_n \rangle \cdot \langle \frac{1}{c_n} \rangle$ dieser Folgen den Grenzwert 1 hat.

Beispiel 12: Es gilt
$$\Sigma \langle n^2 \rangle \approx \frac{1}{3} \langle n^3 \rangle,$$
denn
$$\Sigma \langle n^2 \rangle = \left\langle \frac{1}{3}n^3 + \frac{1}{2}n^2 + \frac{1}{6}n \right\rangle$$
und
$$\left(\frac{1}{3}n^3 + \frac{1}{2}n^2 + \frac{1}{6}n \right) \cdot \frac{1}{n^3} = 1 + \frac{3}{2} \cdot \frac{1}{n} + \frac{1}{2} \cdot \frac{1}{n^2}$$
sowie $\lim \langle \frac{1}{n} \rangle = 0$ und $\lim \langle \frac{1}{n^2} \rangle = \left(\lim \langle \frac{1}{n} \rangle \right)^2 = 0$.

Wie in Beispiel 12 dient die Äquivalenzrelation $\approx$ dazu, bei divergenten wachsenden Folgen das Wachstum durch Folgen mit übersichtlichen Termen zu beschreiben. Für viele Gebiete der Mathematik ist z. B. die folgende Beschreibung des Wachstums der harmonischen Reihe mit Hilfe der Logarithmusfunktion von Bedeutung, welche wir in Abschnitt II.7 begründen werden:

$$\Sigma \left\langle \frac{1}{n} \right\rangle \approx \langle \ln n \rangle.$$

Dabei ist ln der Logarithmus zur Basis e und e die Eulersche Zahl (vgl. Abschnitt I.10). Für die Folge der Fakultäten gilt

$$\langle n! \rangle \approx \left\langle \sqrt{2\pi n} \left(\frac{n}{e} \right)^n \right\rangle,$$

wie wir in Abschnitt III.4 beweisen werden (Stirlingsche Formel).

Aufgaben

1. Zeige, daß die Summe und das Produkt beschränkter Folgen ebenfalls beschränkte Folgen sind.

2. Beweise die Behauptung über die Folge der Quotienten der Fibonacci-Zahlen aus Beispiel 3.

3. Zeige: Ist $\Sigma \langle a_n \rangle$ konvergent, dann ist $\langle a_n \rangle$ eine Nullfolge.

4. Beweise das Einschließungskriterium.

5. Beweise: $\lim \langle \sqrt{n^2 + 2n} - n \rangle = 1$.

6. Beweise für $k = 1, 2, 3$ die Beziehung $\Sigma \langle n^k \rangle \approx \frac{1}{k+1} \langle n^{k+1} \rangle$.

7. Es sei $\lim\langle a_n + b_n\rangle = u$ und $\lim\langle a_n - b_n\rangle = v$. Zeige, daß die Produktfolge $\langle a_n b_n\rangle$ gegen $\frac{1}{4}(u^2 - v^2)$ konvergiert.

8. Es seien $\langle a_n\rangle$, $\langle b_n\rangle$ Nullfolgen mit positiven Gliedern. Zeige daß dann auch die Folge $\left\langle \dfrac{a_n^2 + b_n^2}{a_n + b_n} \right\rangle$ eine Nullfolge ist.

9. Es sei $\lim\langle a_n\rangle = a$ und $A_n := \dfrac{1}{n}\sum_{i=1}^{n} a_i$ (arithmetisches Mittel der ersten n Glieder von $\langle a_n\rangle$). Zeige, daß dann auch $\lim\langle A_n\rangle = a$ gilt.

10. In einem gleichseitigen Dreieck der Seitenlänge 1 denke man sich die mittleren Drittel der Seiten durch zwei Strecken der Länge $\frac{1}{3}$ so ersetzt, daß eine Sternfigur entsteht (Fig. 1). Auf jede der 12 Seiten dieser Sternfigur denke man sich dieselbe Ersetzung angewendet, man ersetze also das mittlere Drittel jeder Seite, wie in Fig. 1 gezeigt, durch zwei Strecken der Länge $\frac{1}{9}$. Auf die nunmehr 48 Seiten der enstandenen Sternfigur wende man dieselbe Prozedur an. Diese Ersetzungen denke man sich nun „unendlich oft" wiederholt. Es entsteht eine Grenzfigur, die man natürlich nicht zeichnen kann. Berechne den Umfang und den Flächeninhalt dieser Grenzfigur.[26]

Fig. 1

11. *Craps* ist ein in den Vereinigten Staaten beliebtes Würfelspiel. Man wirft zwei Würfel und bestimmt die Augensumme S. Bei $S \in \{7, 11\}$ gewinnt man sofort, bei $S \in \{2, 3, 12\}$ verliert man sofort. In den übrigen Fällen wirft man so lange weiter, bis entweder die Augensumme 7 kommt (dann hat man verloren) oder wieder die Augensumme S erscheint (dann hat man gewonnen). Berechne die Gewinnwahrscheinlichkeit.[27]

---

[26]Solche Grenzfiguren einer Figurenfolge betrachtet man in der *Geometrie der Fraktale*.

[27]Hinweis: Die Wahrscheinlichkeiten p der einzelnen Werte von S entnehme man folgender Tabelle:

S	2	3	4	5	6	7	8	9	10	11	12
$36p$	1	2	3	4	5	6	5	4	3	2	1

I.6 Die reellen Zahlen

Eine Zahl heißt *rational*, wenn sie als Quotient zweier ganzer Zahlen („Bruch") geschrieben werden kann. Eine reelle Zahl, die nicht rational ist, heißt *irrational*. Beispielsweise ist $\sqrt[3]{14}$ eine irrationale Zahl: Aus $\sqrt[3]{14} = \dfrac{u}{v}$ mit $u, v \in \mathbb{N}$ und $\operatorname{ggT}(u, v) = 1$ („voll gekürzt") folgt $u^3 = 14v^3$. Eine solche Gleichung kann aber nicht gelten, weil sie zur Folge hätte, daß u durch 7 und damit u^3 durch 7^3 teilbar wäre, was wiederum die Teilbarkeit von v durch 7 zur Folge hätte, im Widerspruch zur vorausgesetzten Teilerfremdheit von u, v.

Den Umgang mit reellen Zahlen haben wir bisher als bekannt vorausgesetzt. Nun wollen wir die Unterschiede zwischen den rationalen Zahlen und den reellen Zahlen näher untersuchen und dabei mehr über die Natur der reellen Zahlen erfahren. Zuvor sollen aber noch einige Bezeichnungen eingeführt werden. Für $a, b \in \mathbb{R}$ nennt man

$$[a, b] := \{x \in \mathbb{R} \mid a \leq x \leq b\} \text{ ein abgeschlossenes Intervall,}$$
$$]a, b[:= \{x \in \mathbb{R} \mid a < x < b\} \text{ ein offenes Intervall,}$$
$$[a, b[:= \{x \in \mathbb{R} \mid a \leq x < b\} \text{ ein halboffenes Intervall,}$$
$$]a, b] := \{x \in \mathbb{R} \mid a < x \leq b\} \text{ ein halboffenes Intervall.}$$

Wir wollen auch die Mengen

$$]-\infty, a] := \{x \in \mathbb{R} \mid x \leq a\},$$
$$]-\infty, a[:= \{x \in \mathbb{R} \mid x < a\},$$
$$[b, \infty[:= \{x \in \mathbb{R} \mid x \geq b\},$$
$$]b, \infty[:= \{x \in \mathbb{R} \mid x > b\}$$

Intervalle nennen; im Gegensatz zu diesen *unendlichen* Intervallen heißen die zuvor definierten *endlich*. Schließlich soll auch die Menge $\mathbb{R}$ selbst als ein (unendliches) Intervall verstanden werden.

Sind a, b rationale Zahlen mit $a < b$ und ersetzt man in obigen Definitionen $\mathbb{R}$ durch $\mathbb{Q}$, so spricht man von *rationalen* Intervallen. Im Gegensatz dazu heißen die oben beschriebenen Intervalle *reell*.

Wir erinnern an die Bestimmung einer reellen Zahl durch Einschachtelung zwischen zwei Folgen rationaler Zahlen, etwa

$$\begin{array}{rcl} 1 & < \sqrt{2} < & 2 \\ 1,4 & < \sqrt{2} < & 1,5 \\ 1,41 & < \sqrt{2} < & 1,42 \\ 1,414 & < \sqrt{2} < & 1,415 \end{array}$$

usw. Allgemein nennt man ein Folgenpaar $(\langle a_n \rangle, \langle b_n \rangle)$ mit

$$\langle a_n \rangle \sim \langle b_n \rangle$$

(also $\lim(\langle a_n\rangle - \langle b_n\rangle) = 0$) und

$$a_n \leq a_{n+1} < b_{n+1} \leq b_n \text{ für alle } n \in \mathbb{N}$$

eine *Intervallschachtelung*. Die Folge $\langle a_n\rangle$ ist also monoton wachsend, die Folge $\langle b_n\rangle$ ist monoton fallend. Man spricht von einer rationalen oder einer reellen Intervallschachtelung, je nachdem, ob die Folgen und die von ihnen begrenzten Intervalle aus rationalen oder aus reellen Zahlen bestehen. Trägt man die ersten Glieder einer Intervallschachtelung auf einer Zahlengeraden ein, so gewinnt man den Eindruck, daß ein wohlbestimmter Punkt der Zahlengeraden „eingeschachtelt" wird. Dieser Punkt bzw. die Zahl, die er auf der Zahlengeraden beschreibt, muß aber nicht rational sein, auch wenn die Intervallenden der Schachtelung rationale Zahlen sind, wie schon die oben angedeutete Schachtelung für die irrationale Zahl $\sqrt{2}$ zeigt. Verschiedene Intervallschachtelungen können sich auf den gleichen Punkt der Zahlengeraden zusammenziehen; dies ist genau dann für die Intervallschachtelungen

$$(\langle a_n\rangle, \langle b_n\rangle) \quad \text{und} \quad (\langle a_n'\rangle, \langle b_n'\rangle)$$

der Fall, wenn $\langle a_n\rangle$ und $\langle a_n'\rangle$ äquivalent sind. Durch

$$(\langle a_n\rangle, \langle b_n\rangle) \sim (\langle a_n'\rangle, \langle b_n'\rangle) :\Longleftrightarrow \langle a_n\rangle \sim \langle a_n'\rangle$$

wird eine Äquivalenzrelation in der Menge aller (rationalen oder reellen) Intervallschachtelungen definiert. Diese zerlegt die Menge der Intervallschachtelungen in Klassen äquivalenter Intervallschachtelungen (Äquivalenzklassen).

Nun kann man den Begriff der reellen Zahl ohne Zuhilfenahme der Anschauung auf dem Begriff der rationalen Zahl aufbauen: *Eine reelle Zahl ist eine Äquivalenzklasse rationaler Intervallschachtelungen.* Natürlich ist auch eine rationale Zahl r durch eine Intervallschachtelung zu beschreiben, etwa durch $\left(\left\langle r - \frac{1}{n}\right\rangle, \left\langle r + \frac{1}{n}\right\rangle\right)$, so daß man $\mathbb{Q}$ als Teilmenge von $\mathbb{R}$ verstehen kann.

Das Rechnen mit reellen Zahlen ist nun als Rechnen mit Klassen rationaler Intervallschachtelungen zu definieren. Zwei reelle Zahlen α und β werden addiert, indem man sie durch Intervallschachtelungen $(\langle a_n^{(1)}\rangle, \langle a_n^{(2)}\rangle)$ und $(\langle b_n^{(1)}\rangle, \langle b_n^{(2)}\rangle)$ darstellt, die Intervallschachtelung

$$(\langle a_n^{(1)} + b_n^{(1)}\rangle, \langle a_n^{(2)} + b_n^{(2)}\rangle)$$

bildet und dann die Klasse, der diese Schachtelung angehört, als die Summe $\alpha + \beta$ definiert. (Man muß dabei nachprüfen, daß die Summe $\alpha + \beta$ nicht davon abhängt, durch welche Intervallschachtelungen aus der entsprechenden Äquivalenzklasse die Zahlen α, β dargestellt sind.) Ebenso wird die Multiplikation und die Kleiner-Relation definiert, wobei man aber darauf achten muß, daß man das Monotoniegesetz der Multiplikation nicht verletzt.

I.6 Die reellen Zahlen

Es ergeben sich alle Rechenregeln, die man schon in $\mathbb{Q}$ kennt, es ergibt sich aber eine Eigenschaft, die in $\mathbb{Q}$ nicht vorliegt: *Jede Intervallschachtelung in $\mathbb{R}$ besitzt einen Kern in $\mathbb{R}$.* Dabei nennt man den *Kern* oder das *Zentrum* einer Intervallschachtelung $(\langle a_n \rangle, \langle b_n \rangle)$ eine Zahl c, für welche gilt:

$$a_n \leq c \leq b_n \quad \text{für alle } n \in \mathbb{N}_0$$

Die explizite Durchführung aller Rechnungen zu den angeführten Behauptungen ist mühselig und zeitaufwendig. Daher setzt man an den Anfang der Analysis meistens eine *axiomatische Beschreibung* der reellen Zahlen, indem man sagt: In $\mathbb{R}$ gelten bezüglich der Addition, der Multiplikation und der Kleiner-Relation dieselben Regeln wie in $\mathbb{Q}$, darüberhinaus gilt aber in $\mathbb{R}$ das *Vollständigkeitsaxion*:

— Jede Intervallschachtelung in $\mathbb{R}$ besitzt einen Kern.

$(\mathbb{Q}, +, \cdot)$ ist ein *Körper* (der *Körper der rationalen Zahlen*), was besagt, daß beide Rechenoperationen assoziativ und kommutativ sind, das Distributivgesetz gilt, bezüglich beider Operationen ein neutrales Element existiert (0 bzw. 1), und daß ferner bezüglich beider Operationen alle Elemente invertierbar sind (Existenz der Gegenzahl bzw. Kehrzahl), wobei nur bei der Multiplikation die Zahl 0 auszunehmen ist. Ein Körper ist also ein kommutativer Ring mit Einselement, in welchem alle Elemente außer dem neutralen Element der Addition umkehrbar sind. Mit der Kleiner-Relation $<$ bildet $\mathbb{Q}$ einen *angeordneten* Körper, was bedeutet, daß bezüglich der Addition und der Multiplikation die bekannten Monotoniegesetze gelten. Es handelt sich dabei um einen *archimedisch*[28] angeordneten Körper. Darunter versteht man folgende Eigenschaft: Für jede (noch so kleine) positive Zahl ε und jede (noch so große) positive Zahl S existiert eine natürliche Zahl n mit $n\varepsilon > S$.

Alle diese Eigenschaften besitzt auch $\mathbb{R}$. Da in $\mathbb{R}$ aber außerdem das Vollständigkeitsaxiom gilt, sagt man, der Körper der reellen Zahlen sei ein *vollständiger archimedisch angeordneter Körper*.

Wir wollen nun aus dem Vollständigkeitsaxiom einige Sätze herleiten, welche in $\mathbb{R}$, nicht aber in $\mathbb{Q}$ gelten. Wir betrachten also nun stets Folgen $\langle a_n \rangle$ von *reellen* Zahlen.

Satz 1 (*Cauchy-Kriterium*): Genau dann ist die Folge $\langle a_n \rangle$ konvergent, wenn zu jedem $\varepsilon > 0$ ein $N_\varepsilon \in \mathbb{N}$ derart existiert, daß

$$|a_m - a_n| < \varepsilon \quad \text{für alle } m, n > N_\varepsilon.$$

Beweis: a) Die Folge $\langle a_n \rangle$ sei konvergent zum Grenzwert a. Dann existiert zu jedem $\varepsilon > 0$ ein $N_\varepsilon \in \mathbb{N}$ mit $|a_n - a| < \varepsilon$ für alle $n > N_\varepsilon$. Für $m, n > N_\varepsilon$ ist dann

$$\begin{aligned} |a_m - a_n| &= |(a_m - a) - (a_n - a)| \\ &\leq |a_m - a| + |a_n - a| < \varepsilon + \varepsilon = 2\varepsilon. \end{aligned}$$

---

[28] Archimedes von Syrakus, 287–212 v. Chr.

Da mit ε auch 2ε beliebig klein gemacht werden kann, folgt die Bedingung des Cauchy-Kriteriums.

b) Es gelte die im Satz angegebene Bedingung. Dann existiert für alle $i \in \mathbb{N}$ ein Index n_i, so daß
$$|a_n - a_{n_i}| < \frac{1}{2^i} \quad \text{für alle } n > n_i.$$
Dabei können wir $n_1 < n_2 < n_3 < \ldots$ annehmen. Für $n > n_i$ liegt also a_n im Intervall
$$I_i := \left[a_{n_i} - \frac{1}{2^i},\ a_{n_i} + \frac{1}{2^i} \right].$$
Wegen $n_2 > n_1$ liegt a_{n_2} im Innern des Intervalls I_1, so daß $I_1 \cap I_2$ ein nichtleeres abgeschlossenes Intervall ist. Wegen $n_3 > n_2$ liegt a_{n_3} im Innern von $I_1 \cap I_2 \cap I_3$, so daß $I_1 \cap I_2 \cap I_3$ ein nichtleeres abgeschlossenes Intervall ist. So findet man eine Folge von ineinandergeschachtelten nichtleeren abgeschlossenen Intervallen
$$I_1,\ I_1 \cap I_2,\ I_1 \cap I_2 \cap I_3,\ \ldots,$$
deren Längen eine Nullfolge bilden, die also eine Intervallschachtelung darstellen. Diese besitzt nach dem Vollständigkeitsaxiom einen Kern a, und es gilt wegen $a \in I_1 \cap I_2 \cap \ldots \cap I_k \subseteq I_k$
$$|a_n - a| < 2 \cdot \frac{1}{2^k} \quad \text{für alle } n > n_k.$$
Da dies für jedes $k \in \mathbb{N}$ gilt, folgt $\lim \langle a_n \rangle = a$.

Das Cauchy-Kriterium ist *notwendig* und *hinreichend* für die Konvergenz einer Folge. Eine Folge, welche das Cauchy-Kriterium erfüllt, heißt eine *Cauchy-Folge* oder eine *Fundamentalfolge*. Man kann Satz 1 also folgendermaßen ausdrücken: Eine Folge ist in $\mathbb{R}$ genau dann konvergent, wenn sie eine Cauchy-Folge ist. Eine Cauchy-Folge rationaler Zahlen muß keinen rationalen Grenzwert haben (wohl aber einen reellen), wie folgende Beispiele zeigen.

Beispiel 1: Die Folge $\langle a_n \rangle$ mit $a_1 := 1$ und
$$a_n := \frac{1}{2} a_{n-1} + \frac{1}{a_{n-1}} \quad \text{für } n \geq 2$$
ist eine Cauchy-Folge (rationaler Zahlen), hat aber keinen Grenzwert in $\mathbb{Q}$. Zunächst klären wir die zweite Behauptung. Wäre $a = \lim \langle a_n \rangle$, so würde aus der Rekursionsformel
$$a = \frac{1}{2} a + \frac{1}{a}, \text{ also } a^2 = 2$$
folgen. Weil aber $\sqrt{2}$ keine rationale Zahl ist, hat $\langle a_n \rangle$ keinen rationalen Grenzwert. Nun zeigen wir, daß die Folge der Quadrate der Folgenglieder, also $\langle a_n^2 \rangle$, eine konvergente Folge ist. Es gilt für $n \geq 2$
$$a_n^2 - 2 = \left(\frac{1}{2} a_{n-1} + \frac{1}{a_{n-1}} \right)^2 - 4 \cdot \frac{1}{2} a_{n-1} \cdot \frac{1}{a_{n-1}} = \left(\frac{1}{2} a_{n-1} - \frac{1}{a_{n-1}} \right)^2 \geq 0,$$

I.6 Die reellen Zahlen

also $a_n^2 \geq 2$. Ferner gilt $a_n^2 \leq 2 + \dfrac{1}{2^n}$, wie man mit vollständiger Induktion feststellt. Aus

$$2 \leq a_n^2 \leq 2 + \frac{1}{2^n} \quad \text{für } n \geq 2$$

ergibt sich $\lim\langle a_n^2\rangle = 2$. Nach Satz 1 ist also $\langle a_n^2\rangle$ eine Cauchy-Folge. Daraus wollen wir herleiten, daß auch $\langle a_n\rangle$ eine solche Folge ist. Zu $\varepsilon > 0$ existiert ein $N_\varepsilon \in \mathbb{N}$ mit $|a_m^2 - a_n^2| < \varepsilon$ für alle $m, n > N_\varepsilon$, also wegen $a_n \geq 1$ für alle $n \in \mathbb{N}$ auch

$$\begin{aligned}|a_m - a_n| &\leq 2|a_m - a_n| \leq (a_m + a_n)|a_m - a_n| \\ &= |(a_m + a_n)(a_m - a_n)| = |a_m^2 - a_n^2| < \varepsilon.\end{aligned}$$

Beispiel 2: Die Folge $\Sigma\left\langle \dfrac{1}{n!}\right\rangle$ ist eine Cauchy-Folge, ihr Grenzwert ist aber nicht rational: Für $m > n$ gilt

$$\begin{aligned}0 < \sum_{i=0}^{m} \frac{1}{i!} - \sum_{i=0}^{n} \frac{1}{i!} &= \sum_{i=n+1}^{m} \frac{1}{i!} \leq \frac{1}{(n+1)!} \sum_{i=0}^{m-n-1} \frac{1}{(n+2)^i} \\ &= \frac{1}{(n+1)!} \cdot \frac{1 - \left(\frac{1}{n+2}\right)^{m-n}}{1 - \frac{1}{n+2}} < \frac{1}{(n+1)!} \cdot \frac{n+2}{n+1}.\end{aligned}$$

Da die Terme $\dfrac{1}{(n+1)!} \cdot \dfrac{n+2}{n+1}$ eine Nullfolge bilden, ist die betrachtete Folge eine Cauchy-Folge. Den Grenzwert dieser Folge nennen wir e.[29] Die Zahl e ist nicht rational. Zum Beweis nehmen wir das Gegenteil an, wir setzen also $e = \dfrac{u}{v}$ mit $u, v \in \mathbb{N}$. Dann gilt für alle $n \in \mathbb{N}$

$$0 < \frac{u}{v} - \sum_{i=0}^{n} \frac{1}{i!} \leq \frac{1}{(n+1)!} \cdot \frac{n+2}{n+1} < \frac{1}{n!}.$$

Für $n = v$ ergibt sich daraus durch Multiplikation mit $v!$

$$0 < u(v-1)! - \sum_{i=0}^{v} \frac{v!}{i!} < 1.$$

Dies ist aber nicht möglich, denn zwischen 0 und 1 liegt keine ganze Zahl.

Satz 1 erlaubt es, die Konvergenz einer Folge zu beweisen, ohne daß man ihren Grenzwert kennt. Dadurch wird es möglich, gewisse irrationale Zahlen wie etwa die Zahl e in Beispiel 2 als Grenzwert einer Folge zu *definieren*. Ähnliches

---

[29] Es handelt sich um die *Eulersche Zahl*, die später noch eine wichtige Rolle spielen wird; vgl. Abschnitt I.10.

liegt mit dem nun folgenden Satz vor, welcher allerdings nur ein *hinreichendes* Konvergenzkriterium enthält.

Satz 2 (*Hauptsatz über monotone Folgen*): Eine monoton wachsende nach oben beschränkte Folge ist konvergent.

Beweis: Es sei $\langle a_n \rangle$ monoton wachsend und nach oben beschränkt durch S. Alle Glieder der Folge liegen dann im Intervall $I_0 := [a_0, S]$. Nun sei

$$I_1 := \begin{cases} \left[a_0, \dfrac{a_0 + S}{2} \right], & \text{falls } a_n \leq \dfrac{a_0 + S}{2} \text{ für alle } n \in \mathbb{N}_0, \\ \left[\dfrac{a_0 + S}{2}, S \right] & \text{sonst.} \end{cases}$$

Haben wir für $k \in \mathbb{N}$ ein Intervall $I_k = [r_k, s_k]$ bestimmt, so definieren wir

$$I_{k+1} := \begin{cases} \left[r_k, \dfrac{r_k + s_k}{2} \right], & \text{falls } a_n \leq \dfrac{r_k + s_k}{2} \text{ für alle } n \in \mathbb{N}_0, \\ \left[\dfrac{r_k + s_k}{2}, s_k \right] & \text{sonst.} \end{cases}$$

Da jedesmal die Intervallänge halbiert wird, strebt diese gegen 0. Die Intervallschachtelung $I_1, I_2, I_3, \ldots$ besitzt einen Kern a. Zu $\varepsilon > 0$ bestimme man ein $k \in \mathbb{N}$ so, daß die Länge von I_k kleiner als ε ist. Zu diesem k gibt es ein $N_k \in \mathbb{N}$, so daß $a_n \in I_k$ für alle $n > N_k$ gilt. Für diese n ist dann $|a_n - a| < \varepsilon$. Es gilt also

$$\lim \langle a_n \rangle = a.$$

Der entsprechende Satz gilt natürlich für monoton fallende nach unten beschränkte Folgen. Äußerst wichtige Anwendungen von Satz 2 enthalten die folgenden Beispiele.

Beispiel 3: Ist $\langle a_n \rangle$ eine Folge *positiver* Zahlen, dann ist ihre Summenfolge $\Sigma \langle a_n \rangle$ genau dann konvergent, wenn sie beschränkt ist. Denn die Folge $\Sigma \langle a_n \rangle$ ist monoton wachsend. Beispielsweise ist $\Sigma \left\langle \dfrac{1}{n^2} \right\rangle$ konvergent, denn wegen

$$\frac{1}{i^2} < \frac{1}{(i-1)i} = \frac{1}{i-1} - \frac{1}{i} \text{ für } i \geq 2$$

ist

$$\sum_{i=1}^{n} \frac{1}{i^2} < 1 + 1 - \frac{1}{2} + \frac{1}{2} - \frac{1}{3} + - \ldots + \frac{1}{n-1} - \frac{1}{n} = 2 - \frac{1}{n} < 2.$$

Auch $\Sigma \left\langle \dfrac{(-1)^{n-1}}{n} \right\rangle$ läßt sich mit Satz 2 als konvergent nachweisen, denn

I.6 Die reellen Zahlen

$$1 - \frac{1}{2} + \frac{1}{3} - \frac{1}{4} + - \cdots + (-1)^{n-1}\frac{1}{n}$$

$$= \begin{cases} \dfrac{1}{1\cdot 2} + \dfrac{1}{3\cdot 4} + \cdots + \dfrac{1}{(2k-1)\cdot 2k}, & \text{falls } n = 2k, \\ \dfrac{1}{1\cdot 2} + \dfrac{1}{3\cdot 4} + \cdots + \dfrac{1}{(2k-1)\cdot 2k} + \dfrac{1}{2k+1}, & \text{falls } n = 2k+1, \end{cases}$$

und (wie wir schon oben gesehen haben)

$$\frac{1}{1\cdot 2} + \frac{1}{3\cdot 4} + \cdots + \frac{1}{(2k-1)\cdot 2k} < 1 + \frac{1}{3^2} + \cdots + \frac{1}{(2k-1)^2} < 2.$$

Beispiel 4: Ist $\langle b_n \rangle$ eine Folge positiver Zahlen und ist $\Sigma \langle b_n \rangle$ konvergent, gilt ferner $0 \leq a_n \leq b_n$ für alle $n \in \mathbb{N}$, dann ist auch $\Sigma \langle a_n \rangle$ konvergent. Es genügt dabei natürlich, daß die Bedingung $0 \leq a_n \leq b_n$ ab einem Index n_0 erfüllt ist. Wir wollen mit diesem Kriterium zeigen, daß $\Sigma \left\langle \dfrac{n}{2^n} \right\rangle$ konvergiert: Es gilt für $n \geq 4$

$$\frac{n}{2^n} = \frac{n}{\sqrt{2}^n} \cdot \frac{1}{\sqrt{2}^n} \leq \frac{1}{\sqrt{2}^n},$$

denn für $n \geq 4$ ist $n \leq (\sqrt{2})^n$ (Aufgabe 4). Da $\Sigma \left\langle \dfrac{1}{\sqrt{2}^n} \right\rangle$ konvergiert (es handelt sich um eine geometrische Reihe), ist auch $\Sigma \left\langle \dfrac{n}{2^n} \right\rangle$ konvergent. Der Grenzwert ist 2, wie wir in Abschnitt III.1 (Beispiel 2) sehen werden.

Ist M eine nichtleere Teilmenge von $\mathbb{R}$ und gibt es eine reelle Zahl s mit $t \leq s$ für alle $t \in T$, dann heißt die Menge M *nach oben beschränkt* und s heißt eine *obere Schranke* von M. Eine obere Schranke $\bar{s}$ heißt die *kleinste obere Schranke* oder die *obere Grenze* oder das *Supremum* von M, wenn für alle oberen Schranken s von M gilt: $\bar{s} \leq s$. Entsprechend definiert man den Begriff der *größten unteren* Schranke bzw. der *unteren Grenze* bzw. des *Infimums* einer nach unten beschränkten nichtleeren Teilmenge von $\mathbb{R}$. Der folgende Satz gibt eine Eigenschaft der Menge der reellen Zahlen an, welche die Menge der rationalen Zahlen nicht besitzt, bei welcher also wieder die Vollständigkeit von $\mathbb{R}$ eine wesentliche Rolle spielt.

Satz 3 (*Satz von der oberen Grenze*): Jede nach oben beschränkte nichtleere Teilmenge M von $\mathbb{R}$ besitzt in $\mathbb{R}$ eine obere Grenze (Supremum).

Beweis: Es sei M eine nichtleere Teilmenge von $\mathbb{R}$ und s eine obere Schranke von M. Es sei $a_0 \in M$ und $b_0 := s$. Wir definieren eine Folge von Intervallen $I_n = [a_n, b_n]$ durch $I_0 := [a_0, b_0]$ und

$$I_{n+1} := \begin{cases} \left[a_n, \dfrac{a_n + b_n}{2}\right], & \text{falls } m \leq \dfrac{a_n + b_n}{2} \text{ für alle } m \in M, \\ \left[\dfrac{a_n + b_n}{2}, b_n\right], & \text{sonst.} \end{cases}$$

Damit ist eine Intervallschachtelung definiert, für deren Kern $\bar{s}$ gilt: Ist $m \leq s$ für alle $m \in M$, dann ist $\bar{s} \leq s$. Also ist $\bar{s}$ das Supremum von M.

Ein entsprechender Satz gilt natürlich auch für das Infimum einer nach unten beschränkten nichtleeren Teilmenge von $\mathbb{R}$.

In $\mathbb{Q}$ hat nicht jede nach oben beschränkte Menge eine Supremum; beispielsweise hat die Menge
$$\{x \in \mathbb{Q} \mid x^2 \leq 2\}$$
zwar in $\mathbb{R}$ ein Supremum (nämlich $\sqrt{2}$), nicht aber in $\mathbb{Q}$, weil $\sqrt{2}$ keine rationale Zahl ist.

Eine Teilmenge von $\mathbb{R}$ heißt *beschränkt*, wenn sie nach oben und nach unten beschränkt ist. Der folgende Satz besagt, daß eine solche Teilmenge von $\mathbb{R}$, sofern sie unendlich viele Zahlen enthält, auch einen *Häufungspunkt* enthält, wobei dieser Begriff folgendermaßen definiert ist: Eine Zahl $h \in M$ heißt eine Häufungspunkt von M, wenn für jedes $\varepsilon > 0$ ein $m \in M$ mit $m \neq h$ und $|h - m| < \varepsilon$ existiert.

Satz 4 (*Satz von Bolzano-Weierstraß*[30]): Jede unendliche beschränkte Teilmenge von $\mathbb{R}$ besitzt einen Häufungspunkt.

Beweis: Ist M eine beschränkte Teilmenge von $\mathbb{R}$, dann existiert ein Intervall $I_0 = [a_0, b_0]$ mit $M \subseteq I_0$. Wir definieren von I_0 ausgehend eine Folge von Intervallen $I_n = [a_n, b_n]$ durch

$$I_{n+1} := \begin{cases} \left[a_n, \dfrac{a_n + b_n}{2}\right], & \text{falls } m \leq \dfrac{a_n + b_n}{2} \text{ für unendlich viele } m \in M \\ \left[\dfrac{a_n + b_n}{2}, b_n\right] & \text{sonst.} \end{cases}$$

Damit ist eine Intervallschachtelung definiert, deren Kern h offensichtlich ein Häufungspunkt von M ist.

Die Menge aller Glieder einer in $\mathbb{R}$ konvergenten Folge besitzt höchstens *einen* Häufungspunkt in $\mathbb{R}$, nämlich den Grenzwert der Folge.[31] Am Beispiel einer *rationalen* Zahlenfolge mit *irrationalen Grenzwert* erkennt man, daß der Satz von Bolzano-Weierstraß in $\mathbb{Q}$ *nicht* gilt.

In Abschnitt I.7 werden wir einen weiteren interessanten Unterschied zwischen den Zahlenmengen $\mathbb{Q}$ und $\mathbb{R}$ kennenlernen.

---

[30]Bernhard Bolzano, 1781–1848; Karl Theodor Weierstraß, 1815–1897
[31]Die Menge der Glieder einer konvergenten Folge $\langle a_n \rangle$ besitzt keinen Häufungspunkt, wenn die Folge „schließlich konstant" ist, wenn also ein $n_0 \in \mathbb{N}$ und ein $c \in \mathbb{R}$ existieren mit $a_n = c$ für alle $n \geq n_0$.

Aufgaben

1. Zeige mit Hilfe der Eindeutigkeit der Primfaktorzerlegung natürlicher Zahlen, daß die k^{te} Wurzel aus einer natürlichen Zahl eine natürliche Zahl oder eine irrationale Zahl ist.

2. Zeige, daß der Logarithmus von 7 zur Basis 10 eine irrationale Zahl ist.

3. Fig. 1 zeigt den Anfang des *Leibnizschen Dreiecks*. Hier steht in der Mitte *über* zwei Zahlen deren Summe; beispielsweise ist $\frac{1}{20} + \frac{1}{30} = \frac{1}{12}$.

$$\begin{array}{ccccccccccccc}
& & & & & & \frac{1}{1} & & & & & & \\
& & & & & \frac{1}{2} & & \frac{1}{2} & & & & & \\
& & & & \frac{1}{3} & & \frac{1}{6} & & \frac{1}{3} & & & & \\
& & & \frac{1}{4} & & \frac{1}{12} & & \frac{1}{12} & & \frac{1}{4} & & & \\
& & \frac{1}{5} & & \frac{1}{20} & & \frac{1}{30} & & \frac{1}{20} & & \frac{1}{5} & & \\
& \frac{1}{6} & & \frac{1}{30} & & \frac{1}{60} & & \frac{1}{60} & & \frac{1}{30} & & \frac{1}{6} &
\end{array}$$

Fig. 1

a) Setze Fig. 1 um eine Zeile fort.

b) In den nach links unten laufenden Schrägen stehen Nullfolgen, und zwar der Reihe nach $\left\langle \frac{1}{n} \right\rangle$, $\left\langle \frac{1}{n(n+1)} \right\rangle$, $\left\langle \frac{2}{n(n+1)(n+2)} \right\rangle$ usw. Bestimme den allgemeinen Term der Folgenglieder in den beiden nächsten Schräglinien.

c) Untersuche, ob die Summenfolgen der Folgen in den ersten drei Schräglinien konvergieren und berechne im Fall der Konvergenz den Grenzwert.

4. a) Zeige, daß $n \leq (\sqrt{2})^n$ für alle $n \in \mathbb{N}$ mit $n \neq 3$ gilt.

b) Es sei $a > 1$; zeige, daß $\Sigma \left\langle \frac{n}{a^n} \right\rangle$ konvergiert.

c) Zeige, daß $\Sigma \left\langle \frac{n^2}{2^n} \right\rangle$ konvergiert.

5. Bestimme die Häufungspunkte, das Infimum und das Supremum der Menge $M := \left\{ \frac{1}{m} + \frac{1}{n} \;\middle|\; m, n \in \mathbb{N} \right\}$.

6. Es sei $M := \left\{ \frac{m-n}{m+n} \;\middle|\; m, n \in \mathbb{N} \right\}$. Bestimme Infimum und Supremum von M. Prüfe, ob diese zu M gehören.

I.7 Abzählen von unendlichen Mengen

Eine *Abzählung* oder *Numerierung* einer *endlichen* Menge M mit genau n Elementen bedeutet, daß jeder der Nummern oder Plätze $1, 2, 3, \ldots, n$ genau ein Element zugeordnet wird und daß verschiedene Elemente verschiedene Nummern erhalten. Die Menge M besitzt dann genau

$$n! := 1 \cdot 2 \cdot 3 \cdot \ldots \cdot n$$

verschiedene Numerierungen. Denn

für Platz 1 gibt es n Möglichkeiten,
für Platz 2 gibt es dann noch $n-1$ Möglichkeiten,
für Platz 3 gibt es dann noch $n-2$ Möglichkeiten,
...
für Platz $n-1$ gibt es dann noch 2 Möglichkeiten,
für Platz n gibt es dann nur noch eine Möglichkeit.

Eine Numerierung oder Abzählung der n-elementigen Menge M ist also eine bijektive Abbildung der Menge $\{1, 2, 3, \ldots, n\}$ auf die Menge M:

$$\begin{aligned} 1 &\longleftrightarrow m_1 \\ 2 &\longleftrightarrow m_2 \\ 3 &\longleftrightarrow m_3 \\ &\vdots \\ n &\longleftrightarrow m_n \end{aligned}$$

Die Elemente von M tragen hierbei ihre Nummer als Index.

Nun kann man fragen, ob für eine vorgelegte *unendliche* Menge M eine bijektive Abbildung von $\mathbb{N}$ auf M existiert. Dann könnte man nämlich jedem Element von M eine Nummer erteilen, und die Elemente von M wären eindeutig anhand ihrer Nummer zu identifizieren. Dies bedeutet, daß die Elemente von M eine Folge bilden.

Beispiel: Wir betrachten die Menge $M = \mathbb{N}^2$, also die Menge aller Gitterpunkte im Koordinatensystem, deren Koordinaten natürliche Zahlen sind. Dann kann man gemäß folgender Figur eine Numerierung von $\mathbb{N}^2$ vornehmen. Die Numerierung beginnt folgendermaßen:

$$\begin{aligned} 1 &\longleftrightarrow (1,1) & 5 &\longleftrightarrow (1,3) & 9 &\longleftrightarrow (3,1) \\ 2 &\longleftrightarrow (2,1) & 6 &\longleftrightarrow (2,3) & 10 &\longleftrightarrow (4,1) \\ 3 &\longleftrightarrow (2,2) & 7 &\longleftrightarrow (3,3) & 11 &\longleftrightarrow (4,2) \\ 4 &\longleftrightarrow (1,2) & 8 &\longleftrightarrow (3,2) & 12 &\longleftrightarrow (4,3) \end{aligned}$$

Die Menge $\mathbb{N}^2$ ist also numerierbar.

I.7 Abzählen von unendlichen Mengen

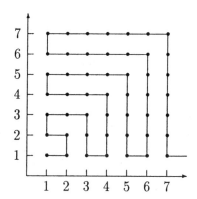

Eine unendliche Menge M heißt *abzählbar* oder *numerierbar*, wenn eine bijektive Abbildung von $\mathbb{N}$ auf M existiert.

Ist eine unendliche Menge M abzählbar, dann gibt es natürlich unendlich viele Möglichkeiten, eine Abzählung bzw. Numerierung vorzunehmen. Zum Nachweis der Abzählbarkeit genügt aber stets die Angabe einer einzigen solchen Abzählung bzw. Numerierung.

Satz 1: Die Menge $\mathbb{Q}$ der rationalen Zahlen ist abzählbar.

Beweis: Wir schreiben die rationalen Zahlen als Quotient zweier ganzer Zahlen, wobei der Nenner positiv ist und Zähler und Nenner teilerfremd sind. Unter der *Höhe* der rationalen Zahl $\frac{z}{n}$ ($z \in \mathbb{Z}$, $n \in \mathbb{N}$) verstehen wir dann die natürliche Zahl $|z| + n$. Nun numerieren wir der Reihe nach die rationalen Zahlen der Höhe 1, der Höhe 2, der Höhe 3 usw. Da jede rationale Zahl eine endliche Höhe besitzt und da zu jeder Höhe nur endlich viele rationale Zahlen existieren, erhält jede rationale Zahl auf diese Art genau eine Nummer:

Höhe 1 :	$\frac{0}{1}$	Nummer 1
Höhe 2 :	$\frac{-1}{1}, \frac{1}{1}$	Nummern 2, 3
Höhe 3 :	$\frac{-2}{1}, \frac{-1}{2}, \frac{1}{2}, \frac{2}{1}$	Nummern 4 bis 7
Höhe 4 :	$\frac{-3}{1}, \frac{-1}{3}, \frac{1}{3}, \frac{3}{1}$	Nummern 8 bis 11
Höhe 5 :	$\frac{-4}{1}, \frac{-3}{2}, \frac{-2}{3}, \frac{-1}{4}, \frac{1}{4}, \frac{2}{3}, \frac{3}{2}, \frac{4}{1}$	Nummern 12 bis 19
Höhe 6 :	$\frac{-5}{1}, \frac{-1}{5}, \frac{1}{5}, \frac{5}{1}$	Nummern 20 bis 23

usw.

Mit $\mathcal{P}(M)$ bezeichnet man allgemein die Menge aller Teilmengen der Menge M und nennt $\mathcal{P}(M)$ die *Potenzmenge* von M. Insbesondere ist $\mathcal{P}(\mathbb{N})$ die Menge aller Mengen, die aus natürlichen Zahlen bestehen.

Satz 2: Die Menge $\mathcal{P}(\mathbb{N})$ ist nicht abzählbar.

Beweis: Wir führen einen Widerspruchsbeweis, wollen also die Annahme, die Menge aller Teilmengen von $\mathbb{N}$ wäre abzählbar, auf einen Widerspruch zurückführen: Gäbe es eine Numerierung von $\mathcal{P}(\mathbb{N})$, dann gäbe es eine Folge $A_1, A_2, A_3, \ldots$, in der jede Teilmenge von $\mathbb{N}$ vorkommt. Wir betrachten nun die Teilmenge A von $\mathbb{N}$, die folgendermaßen definiert ist:

$$n \in A \iff n \notin A_n.$$

Die Menge A besteht also aus allen natürlichen Zahlen, welche nicht in der Teilmenge vorkommen, deren Nummer sie sind. Dann gilt

$$A \neq A_n \quad \text{für alle } n \in \mathbb{N}.$$

Dies widerspricht der Annahme, in der Folge $A_1, A_2, A_3, \ldots$ käme *jede* Teilmenge von $\mathbb{N}$ vor.

Die Menge der *endlichen* Teilmengen von $\mathbb{N}$ ist abzählbar (Aufgabe 6), also folgt aus Satz 2, daß schon die Menge der unendlichen Teilmengen von $\mathbb{N}$ nicht abzählbar ist. Dies wollen wir im Beweis des folgenden Satzes verwenden.

Satz 3: Die Menge $\mathbb{R}$ der reellen Zahlen ist nicht abzählbar.

Beweis: Wir können uns auf den Nachweis beschränken, daß die reellen Zahlen x mit $0 \leq x < 1$ eine nicht-abzählbare Menge bilden, weil dies dann erst recht für $\mathbb{R}$ gilt. Jede solche Zahl denken wir uns in ihrer 2-Bruchentwicklung geschrieben, also etwa

$$x = (0{,}01101010111101001\ldots)_2,$$

wobei wir der Eindeutigkeit wegen abbrechende 2-Brüche mit der Periode $\ldots\overline{1}$ schreiben. Zu jeder solchen Zahl x bilden wir die (unendliche) Menge $A_x \in \mathcal{P}(\mathbb{N})$, welche genau dann die Zahl n enthält, wenn auf der n-ten Nachkommastelle von x die Ziffer 1 steht. Damit ist eine bijektive Abbildung von $\{x \in \mathbb{R} \mid 0 \leq x < 1\}$ auf die Menge der unendlichen Teilmengen von $\mathbb{N}$ gegeben. Da diese Menge nach der vorangehenden Bemerkung nicht abzählbar ist, ist auch die Menge aller $x \in \mathbb{R}$ mit $0 \leq x < 1$ nicht abzählbar.

Eine unendliche Menge, die nicht abzählbar ist, heißt *überabzählbar*. Weitere Beweise für die Abzählbarkeit von $\mathbb{Q}$ und die Überabzählbarkeit von $\mathbb{R}$ findet man in den Aufgaben.

Zwei endliche Mengen sind genau dann anzahlgleich, wenn man sie bijektiv aufeinander abbilden kann. Für endliche Mengen A, B gilt also:

$$\text{Es gibt eine Bijektion } \alpha : A \longrightarrow B \iff |A| = |B|.$$

I.7 Abzählen von unendlichen Mengen

Man nennt nun allgemein zwei Mengen A, B *gleichmächtig*, wenn eine Bijektion von A auf B existiert. Eine unendliche Menge ist demnach genau dann abzählbar, wenn sie gleichmächtig zu $\mathbb{N}$ ist. Eine Menge B heißt *von höherer Mächtigkeit als* eine Menge A, wenn A gleichmächtig zu einer Teilmenge von B ist, B aber nicht zu einer Teilmenge von A gleichmächtig ist:

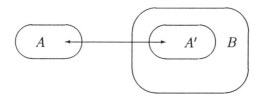

Die Mengen $\mathbb{Q}$ und $\mathbb{N}$ sind gleichmächtig; im Sinne der Mächtigkeit gibt es also „gleich viele" rationale wie natürliche Zahlen. $\mathbb{Q}$ enthält $\mathbb{N}$ als echte Teilmenge, also ist $\mathbb{Q}$ gleichmächtig zu einer echten Teilmenge von $\mathbb{Q}$. So etwas kann bei einer endlichen Menge offensichtlich nicht passieren, eine echte Teilmenge einer endlichen Menge ist immer von geringerer Mächtigkeit. Auf Grundlage dieser Beobachtung kann man bei einem strengen Aufbau der Mathematik *definieren*, wann eine Menge endlich ist, nämlich genau dann, wenn sie zu keiner ihrer echten Teilmengen gleichmächtig ist.

Aufgaben

1. Auf wie viele Arten kann man 8 Türme so auf ein Schachbrett stellen, daß kein Turm einen anderen „bedroht", daß also in jeder „Zeile" und jeder „Spalte" genau ein Turm steht?

2. Folgende Figur zeigt eine Numerierung von $\mathbb{N}^2$. Welche Nummer trägt das Paar (5,5)? Wie heißt das Paar mit der Nummer 50?

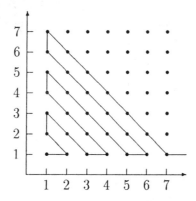

3. Beweise anhand der Figur zu Aufgabe 2 die Abzählbarkeit von $\mathbb{B}$.

4. Folgende Figur zeigt eine Numerierung von $\mathbb{Z}^2$. Welche Nummer trägt das Paar (4,4)? Welches Paar hat die Nummer 60?

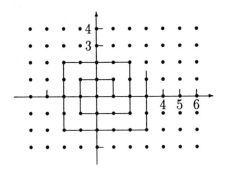

5. Beweise anhand der Figur zu Aufgabe 4 die Abzählbarkeit von $\mathbb{Q}$.

6. Zeige, daß die Menge der *endlichen* Teilmengen von $\mathbb{N}$ abzählbar ist. Beachte dabei, daß jede endliche Teilmenge von $\mathbb{N}$ eine größte natürliche Zahl enthält.

7. Bestimme alle rationalen Zahlen der Höhe 10 (vgl. Beweis von Satz 1). Welche Nummern werden im Beweis von Satz 1 an diese Zahlen erteilt?

8. Beweise die Überabzählbarkeit der Menge der reellen Zahlen zwischen 0 und 1 anhand ihrer Dezimalbruchdarstellung (vgl. Satz 3).

9. Eine Numerierung von $\mathbb{Z}^3$ sei folgendermaßen gegeben: Dem Tripel $(a,b,c) \in \mathbb{Z}^3$ ordne man die *Höhe* $|a|+|b|+|c|$ zu und fasse alle Tripel der Höhe n in einer Menge M_n zusammen. Dann erteile man der Reihe nach Nummern an die Tripel aus $M_0, M_1, M_2, M_3, \ldots$, wobei man für M_n also $|M_n|$ Nummern benötigt.

a) Gib M_0, M_1, M_2, M_3 an.

b) Zeige, daß $|M_n| = 4n^2 + 2$ für alle $n \in \mathbb{N}_0$ gilt.

c) Welche Nummern erhalten die Tripel in M_5?

10. Beweise, daß für jede Menge A die Potenzmenge $\mathcal{P}(A)$ von höherer Mächtigkeit als A ist. Anleitung: Man nehme an, es gäbe es eine Bijektion α von A auf $\mathcal{P}(A)$. Es sei U die Menge aller $a \in A$ mit $a \notin \alpha(a)$. Es gibt ein $x_0 \in A$ mit $\alpha(x_0) = U$. Was folgt aus $x_0 \in U$? Was folgt aus $x_0 \notin U$?

11. Zeige, daß $\mathbb{R}$ und das offene Intervall $]0,1[\subseteq \mathbb{R}$ gleichmächtig sind. Verwende dabei z.B. die Funktion

$$f : x \mapsto \frac{1}{2}\left(1 + (\operatorname{sgn} x) \cdot \frac{x^2}{1+x^2}\right) \quad \text{mit} \quad \operatorname{sgn} x = \left\{ \begin{array}{l} 1 \text{ für } x > 0, \\ 0 \text{ für } x = 0, \\ -1 \text{ für } x < 0. \end{array} \right.$$

Zeichne zunächst ein Schaubild von f.

12.[32] Jenseits der Galaxis liegt das Hotel *Transfinital*, welches über abzählbar-

---
[32] Frei nach dem polnischen Science-Fiction-Autor Stanislaw Lem, geb. 1921

unendlich viele Gästezimmer verfügt. Es ist komplett besetzt. Da erscheinen noch 100 Gäste. Der Portier kann auch diesen noch Zimmer zuweisen, wenn die schon anwesenden Gäste einen Umzug in Kauf nehmen. Nun kommt auch noch der intergalaktische Philatelistenverein mit abzählbar-unendlich vielen Mitgliedern zu einer Tagung ins Hotel. Wie kann der Portier auch hier helfen? Nachdem nun das Hotel *Transfinital* wieder komplett belegt ist, passiert eine Katastrophe: Es erscheinen abzählbar-unendlich viele Gruppen von Pauschaltouristen mit jeweils abzählbar-unendlich vielen Teilnehmern. Aber auch damit wird der Portier fertig. Wie bewerkstelligt er dies ?

I.8 Potenzen mit reellen Exponenten

Für eine reelle Zahl x und eine natürliche Zahl n versteht man unter der Potenz x^n das n-fache Produkt $x \cdot x \cdot \ldots \cdot x$ mit n Faktoren x. Man kann dies folgendermaßen rekursiv definieren:

$$x^1 := x, \quad x^n := x^{n-1} \cdot x \ (n \in \mathbb{N}).$$

In der Potenz x^n nennt man x die *Basis* und n den *Exponent*. Die Gültigkeit der bekannten Potenzregeln

$$x^m \cdot x^n = x^{m+n}, \quad (x^m)^n = x^{mn}, \quad x^n \cdot y^n = (xy)^n$$

für Potenzen mit natürlichen Exponenten beweist man dann mit vollständiger Induktion. Nun möchten wir als Exponenten auch andere als nur natürliche Zahlen zulassen. Für $x \neq 0$ setzen wir

$$x^0 := 1.$$

Damit sind obige Potenzregeln weiterhin gültig. Die Basis 0 muß man dabei aber ausschließen, 0^0 kann man weder gleich 0 noch gleich 1 setzen. Der Term 0^0 ist ein *unbestimmter Ausdruck*.

Für $x \neq 0$ und $n \in \mathbb{N}$ setzen wir

$$x^{-n} := \frac{1}{x^n} \ \left(= \left(\frac{1}{x}\right)^n\right).$$

Damit haben wir Potenzen für ganzzahlige Exponenten (und Basen $\neq 0$) definiert. Man kann leicht nachrechnen, daß obige Potenzregeln dabei weiterhin gelten.

Nun setzen wir für $x \geq 0$ und $m, n \in \mathbb{N}$

$$x^{\frac{1}{n}} := \sqrt[n]{x} \quad \text{sowie} \quad x^{\frac{m}{n}} := \left(x^{\frac{1}{n}}\right)^m.$$

Auch hier sind wieder alle Potenzregeln erfüllt, wobei es aber wichtig ist, daß negative Basen ausgeschlossen sind. Dies zeigt folgendes Beispiel: Geht man von $\sqrt[3]{-8} = -2$ aus, so erhält man bei Anwenden der Potenzregeln den Widerspruch

$$-2 = \sqrt[3]{-8} = (-8)^{\frac{1}{3}} = (-8)^{\frac{2}{6}} = ((-8)^2)^{\frac{1}{6}} = 64^{\frac{1}{6}} = +2.$$

Damit ist für $x \geq 0$ und alle positiven rationalen Zahlen r die Potenz x^r definiert. Ist $x \neq 0$, dann erklärt man wieder x^{-r} durch $\dfrac{1}{x^r}$ und rechnet leicht nach, daß auch hier wieder alle Potenzregeln erfüllt sind.

Nun erhebt sich das Problem, für einen beliebigen reellen Exponenten a die Potenz x^a zu definieren. Wir wollen es mit folgender Definition versuchen: Ist a der Grenzwert der rationalen Zahlenfolge $\langle a_n \rangle$, dann ist x^a der Grenzwert von $\langle x^{a_n} \rangle$. Zunächst ist zu beachten, daß jede reelle Zahl Grenzwert einer Folge rationaler Zahlen ist (vgl. I.6). Wir müssen nun zeigen, daß mit $\langle a_n \rangle$ auch $\langle x^{a_n} \rangle$ konvergiert, und daß für jede andere rationale Folge $\langle b_n \rangle$ mit dem Grenzwert a die Folgen $\langle x^{a_n} \rangle$ und $\langle x^{b_n} \rangle$ denselben Grenzwert haben. Es gilt

$$x^{a_m} - x^{a_n} = x^{a_n}(x^{a_m - a_n} - 1).$$

Da $\langle a_n \rangle$ eine Cauchy-Folge ist und da $\langle x^{a_n} \rangle$ beschränkt ist, ist auch $\langle x^{a_n} \rangle$ eine Cauchy-Folge und somit konvergent (Aufgabe 1). Da weiterhin $\langle a_n - b_n \rangle$ eine Nullfolge ist, gilt $\lim \langle x^{a_n - b_n} \rangle = 1$. Es folgt

$$\lim \langle x^{a_n} - x^{b_n} \rangle = \lim \langle x^{b_n}(x^{a_n - b_n} - 1) \rangle = 0.$$

Wir können nun also definieren:

$$x^{\lim \langle a_n \rangle} := \lim \langle x^{a_n} \rangle.$$

Für reelle Exponenten gelten wieder die bekannten Potenzregeln (Aufgabe 2).

Ist $b > 1$, dann nennt man die Lösung x der Gleichung $b^x = a$ den *Logarithmus von a zur Basis b* und schreibt dafür $\log_b a$. Es ist also

$$x = \log_b a \iff b^x = a.$$

Es gelten die folgenden *Logarithmenregeln*, welche man sofort aus den entsprechenden Potenzregeln gewinnt (Aufgabe 3):

$$\log_b(a_1 \cdot a_2) = \log_b a_1 + \log_b a_2,$$
$$\log_b(a^r) = r \log_b a \quad (r \in \mathbb{R}).$$

Aus diesen ergeben sich weitere Regeln als Sonderfälle, z. B.

$$\log_b \frac{a_1}{a_2} = \log_b a_1 - \log_b a_2,$$
$$\log_b \sqrt[n]{a} = \frac{1}{n} \log_b a.$$

I.8 Potenzen mit reellen Exponenten

Für die Umrechnung eines Logarithmus zur Basis b in einen solchen zur Basis c gilt:
$$\log_c a = \log_c b \cdot \log_b a,$$
denn
$$a = c^{\log_c a} \quad \text{und} \quad a = b^{\log_b a} = (c^{\log_c b})^{\log_b a}.$$

Von besonderer Bedeutung für das numerische Rechnen sind die Logarithmen zur Basis 10 (lg-Taste auf dem Taschenrechner). Für die meisten Gebiete der Mathematik spielt aber der Logarithmus zur Basis e (*natürlicher* Logarithmus, ln-Taste auf dem Taschenrechner) die größte Rolle. Dabei ist e die Eulersche Zahl (vgl. Abschnitt I.6, Beispiel 2, sowie Abschnitt I.10).

Aufgaben

1. Es sei x eine positive reelle Zahl und $\langle a_n \rangle$ eine Cauchy-Folge. Zeige, daß dann auch $\langle x^{a_n} \rangle$ eine Cauchy-Folge ist.

2. Zeige, daß für $x, y > 0$ und $a, b \in \mathbb{R}$ gilt:

(1) $x^a \cdot x^b = x^{a+b}$

(2) $x^a \cdot y^a = (xy)^a$

(3) $(x^a)^b = x^{ab}$

3. Beweise die oben angeführten Logarithmenregeln mit Hilfe der Potenzregeln aus Aufgabe 2.

4. Löse mit Hilfe des lg-Taste des Taschenrechners (Logarithmus zur Basis 10) die Exponentialgleichungen
$$4^{x+2} = 5^{x-1}.$$

5. Bestimme a, b, c so, daß $\lg(a + bx + cx^2)$ für $x = 0, 1, 2$ die Werte 0, 1 bzw. 2 annimmt.

6. Es sei $\langle a_n \rangle$ eine konvergente Folge mit positiven Gliedern. Unter welcher Voraussetzung ist dann auch $\langle \lg a_n \rangle$ konvergent?

7. Berechne ohne Taschenrechner einen Näherungswert von
$$\sqrt[5]{\frac{241^7 \cdot 39^3}{107^2}}$$
mit Hilfe der folgenden Werte aus einer Logarithmentafel:

$\lg 39 = 1{,}5911;\quad \lg 107 = 2{,}0294;\quad \lg 241 = 2{,}3820;\quad \lg 3004 = 3{,}4777.$

I.9 Unendliche Reihen

Die Summenfolge $\Sigma\langle a_n\rangle$ einer Folge $\langle a_n\rangle$ nennen wir aus historischen Gründen hier eine *unendliche Reihe* oder auch kurz eine *Reihe* mit den *Gliedern* $a_0, a_1, a_2, \ldots$. Existiert der Grenzwert der Summenfolge, so schreiben wir auch

$$\sum_{n=0}^{\infty} a_n \quad \text{für} \quad \lim \Sigma\langle a_n\rangle$$

und nennen dies den *Wert* der Reihe. Gilt $a_n > 0$ für alle $n \in \mathbb{N}_0$, so sprechen wir von einer *Reihe mit positiven Gliedern*. Nach dem Hauptsatz über monotone Folgen ist eine Reihe mit positiven Gliedern konvergent, wenn sie beschränkt ist. Sind $\Sigma\langle a_n\rangle$ und $\Sigma\langle b_n\rangle$ Reihen mit positiven Gliedern, wobei $a_n \leq b_n$ für alle $n \in \mathbb{N}$ gilt, dann folgt aus der Konvergenz von $\Sigma\langle b_n\rangle$ die Konvergenz von $\Sigma\langle a_n\rangle$ und aus der Divergenz von $\Sigma\langle a_n\rangle$ diejenige von $\Sigma\langle b_n\rangle$ (*Vergleichskriterium*).

Satz 1: Es sei $\Sigma\langle a_n\rangle$ eine Reihe mit positiven Gliedern, ferner n_0 eine feste natürliche Zahl.

a) *Quotientenkriterium*: Gibt es ein $q \in \mathbb{R}$ mit $0 < q < 1$ und

$$\frac{a_{n+1}}{a_n} \leq q \quad \text{für alle } n > n_0,$$

dann ist die Reihe konvergent.

b) *Wurzelkriterium*: Gibt es ein $q \in \mathbb{R}$ mit $0 < q < 1$ und

$$\sqrt[n]{a_n} \leq q \quad \text{für alle } n > n_0,$$

dann ist die Reihe konvergent.

Beweis: Es ist jeweils nur die Beschränktheit der Reihe nachzuweisen.

a) Aus der Bedingung folgt für $i > n_0$ die Abschätzung $a_i \leq a_{n_0} \cdot q^{i-n_0}$, also für $n > n_0$

$$\sum_{i=0}^{n} a_i \leq \sum_{i=0}^{n_0} a_i + a_{n_0} \cdot \frac{1 - q^{n-n_0+1}}{1 - q} \leq \sum_{i=0}^{n_0} a_i + a_{n_0} \cdot \frac{1}{1 - q}.$$

b) Aus der Bedingung folgt für $i > n_0$ die Abschätzung $a_i \leq q^i$, also für $n > n_0$

$$\sum_{i=0}^{n} a_i \leq \sum_{i=0}^{n_0} a_i + q^{n_0+1} \cdot \frac{1 - q^{n-n_0}}{1 - q} \leq \sum_{i=0}^{n_0} a_i + q^{n_0+1} \cdot \frac{1}{1 - q}.$$

Gilt im Gegensatz zu den Bedingungen in obigem Satz

$$\frac{a_{n+1}}{a_n} \geq 1 \quad \text{oder} \quad \sqrt[n]{a_n} \geq 1$$

I.9 Unendliche Reihen

ab einem gewissen Index, dann ist die Reihe offensichtlich divergent.

Beispiel 1: Die Reihe $\Sigma \left\langle \dfrac{x^n}{n!} \right\rangle$ ist für jedes $x \in \mathbb{R}$ konvergent, denn

$$\left\langle \frac{a_{n+1}}{a_n} \right\rangle = \left\langle \frac{x}{n+1} \right\rangle,$$

und dies ist eine Nullfolge.

Beispiel 2: Die Reihe $\Sigma \langle nx^n \rangle$ ist für jedes x mit $0 \leq x < 1$ konvergent, denn

$$\sqrt[n]{nx^n} = x \cdot \sqrt[n]{n} \quad \text{und} \quad \lim \langle \sqrt[n]{n} \rangle = 1.$$

Das Konvergenzverhalten der Reihen

$$\Sigma \left\langle \frac{1}{n^\alpha} \right\rangle$$

für $\alpha > 0$ kann man mit Hilfe der Kriterien in Satz 1 nicht feststellen, denn

$$\lim \left\langle \left(\frac{n}{n+1} \right)^\alpha \right\rangle = 1 \quad \text{und} \quad \lim \langle \sqrt[n]{n} \rangle = 1.$$

Wir werden in II.8 zeigen, daß obige Reihe für $\alpha > 1$ konvergiert und für $\alpha \leq 1$ divergiert (vgl auch Aufgabe 4). Wir wissen dies bereits für $\alpha = 1$. Für $\alpha = 2$ haben wir die Konvergenz in Abschnitt I.6 (Beispiel 3) schon gezeigt, für $\alpha = 1,5$ zeigen wir sie im folgenden Beispiel, woraus sich dann die Konvergenz auch für alle $\alpha \geq 1,5$ ergibt.

Beispiel 3: Es gilt für alle $n \in \mathbb{N}$

$$\begin{aligned}
1 - \frac{1}{\sqrt{n+1}} &= \sum_{i=1}^{n} \left(\frac{1}{\sqrt{i}} - \frac{1}{\sqrt{i+1}} \right) \\
&= \sum_{i=1}^{n} \frac{\sqrt{i+1} - \sqrt{i}}{\sqrt{i}\sqrt{i+1}} \\
&= \sum_{i=1}^{n} \frac{1}{\sqrt{i(i+1)}(\sqrt{i} + \sqrt{i+1})} \\
&\geq \sum_{i=1}^{n} \frac{1}{(i+1) \cdot 2\sqrt{i+1}} \\
&> \frac{1}{2} \left(\sum_{i=1}^{n} \frac{1}{i\sqrt{i}} - 1 \right),
\end{aligned}$$

also

$$\sum_{i=1}^{n} \frac{1}{i\sqrt{i}} < 3.$$

Da $\Sigma \left\langle \dfrac{1}{n\sqrt{n}} \right\rangle$ eine Reihe mit positiven Gliedern ist, folgt aus ihrer Beschränktheit die Konvergenz.

Beispiel 4: Huygens[33] stellte Leibniz die Aufgabe, die „Summe"

$$\frac{1}{1} + \frac{1}{3} + \frac{1}{6} + \frac{1}{10} + \frac{1}{15} + \cdots$$

zu berechnen, wobei in den Nennern die Folge $\langle D_n \rangle$ der Dreieckszahlen auftritt. Wegen

$$\frac{D_n}{D_{n+1}} = \frac{n}{n+2} \quad \text{und} \quad \lim \left\langle \frac{n}{n+2} \right\rangle = 1$$

kann man die Konvergenz nicht mit dem Quotientenkriterium beweisen. Auch das Wurzelkriterium versagt (wegen $\lim \langle \sqrt[n]{n} \rangle = 1$). Man kann die Konvergenz und den Grenzwert aber sofort folgendermaßen erhalten: Wegen

$$\frac{1}{D_n} = \frac{2}{n(n+1)} = \frac{2}{n} - \frac{2}{n+1}$$

ist

$$\lim \Sigma \left\langle \frac{1}{D_n} \right\rangle = \lim \left\langle 2 - \frac{2}{n+1} \right\rangle = 2.$$

Beispiel 5: Die Reihe

$$\Sigma \left\langle \frac{n}{2^n} \right\rangle$$

ist konvergent, denn die Folge der Quotienten aufeinaderfolgender Glieder konvergiert gegen $\dfrac{1}{2}$. Swineshead[34] bestimmte den Wert s dieser Reihe zu 2. Offenbar hat er folgendermaßen argumentiert:

$$\begin{aligned} s &= \frac{1}{2} + \frac{2}{4} + \frac{3}{8} + \frac{4}{16} + \frac{5}{32} + \cdots \\ &= \frac{1}{2} + \frac{1}{4} + \frac{1}{8} + \frac{1}{16} + \frac{1}{32} + \cdots \\ &\quad + \frac{1}{4} + \frac{2}{8} + \frac{3}{16} + \frac{4}{32} + \cdots \\ &= 1 + \frac{1}{2}s, \end{aligned}$$

woraus sich $s = 2$ ergibt. Eine solche Umordnung der Summanden ist hier erlaubt, weil alle Summanden positiv sind (vgl. den folgenden Satz 2).

Beispiel 6: Die *Leibnizsche Reihe*

$$\Sigma \left\langle \frac{(-1)^{n-1}}{n} \right\rangle$$

---

[33] Christian Huygens, niederländischer Physiker, Mathematiker und Astronom, 1629–1695
[34] Richard Swineshead (latin. Suiseth) lehrte im 14. Jahrhundert in Oxford

I.9 Unendliche Reihen

konvergiert: Es gilt (vgl. Abschnitt I.3 (Beispiel 3))

$$\sum_{i=1}^{n} \frac{(-1)^{i-1}}{i} = \begin{cases} \sigma_k & \text{für } n = 2k, \\ \sigma_k + \frac{1}{n} & \text{für } n = 2k+1 \end{cases}$$

mit

$$\sigma_k = \sum_{i=1}^{k} \frac{1}{(2i-1)2i} = \frac{1}{2} + \frac{1}{12} + \frac{1}{30} + \cdots + \frac{1}{(2k-1)2k}.$$

Aus der Konvergenz von $\Sigma \left\langle \frac{1}{n^2} \right\rangle$ (Beispiel 4) folgt die Konvergenz von $\langle \sigma_n \rangle$ und daraus die Konvergenz von $\Sigma \left\langle \frac{(-1)^{n-1}}{n} \right\rangle$.

Definition: Eine Reihe $\Sigma \langle a_n \rangle$ heißt *absolut konvergent*, wenn die Reihe $\Sigma \langle |a_n| \rangle$ konvergiert.

Eine konvergente Reihe mit positiven Gliedern ist also auch absolut konvergent. Eine absolut konvergente Reihe ist stets auch konvergent (Aufgabe 2). Die Reihe in Beispiel 6 ist konvergent, aber nicht absolut konvergent. Eine Reihe, deren Glieder abwechselnd positiv und negativ sind, nennt man eine *alternierende* Reihe.

Satz 2 (*Leibniz-Kriterium*): Eine alternierende Reihe, bei welcher die Beträge der Glieder eine monotone Nullfolge bilden, konvergiert.

Beweis: Es sei $\langle a_n \rangle$ eine monotone Nullfolge mit positiven Gliedern und

$$s_n := \sum_{i=1}^{n} (-1)^{i-1} a_i.$$

Dann ist $\langle s_{2n} \rangle$ monoton wachsend und nach oben beschränkt (durch a_1) und $\langle s_{2n+1} \rangle$ monoton fallend und nach unten beschränkt (durch $a_1 - a_2$). Diese beiden Folgen sind also konvergent. Wegen $s_{2n+1} - s_{2n} = a_{2n+1}$ haben sie den gleichen Grenzwert.

Hat eine alternierende Reihe, welche das Leibniz-Kriterium erfüllt, den Reihenwert s, dann gilt in obigen Bezeichnungen $|s - s_n| \leq a_{n+1}$, wie man leicht einsieht.

Die Konvergenz der Leibnizschen Reihe in Beispiel 6 folgt aus Satz 2. Daß man in Satz 2 nicht auf die Monotonie der Folge $\langle a_n \rangle$ verzichten kann, wird durch das Beispiel in Aufgabe 3 belegt.

In der Leibnizschen Reihe (Beispiel 6) kann man durch Umordnung der Glieder jeden beliebigen Wert S als Reihenwert erhalten. Wir zeigen dies für $S > 0$, die Argumentation ist aber analog für negative Werte von S: Man summiere zunächst so viele positive Glieder, bis deren Summe erstmals $> S$ ist, was wegen der Divergenz von $\Sigma \left\langle \frac{1}{2n+1} \right\rangle$ möglich ist; dann addiere man so viele negative

Glieder hinzu, bis die Summe erstmals $< S$ ist. Dann addiere man wieder positive Glieder usw. Auf diese Art kann man natürlich auch erreichen, daß die Reihe divergiert, also unbeschränkt wächst oder fällt.

Wie dieses Beispiel zeigt, ist die Umordnung der Glieder einer Reihe nicht immer erlaubt. Dies ist aber der Fall bei *absolut konvergenten* Reihen.

Satz 3 (*Umordnungssatz*): Die Reihe $\Sigma\langle a_n\rangle$ sei absolut konvergent und der Reihenwert sei S; ferner sei γ eine bijektive[35] Abbildung von $\mathbb{N}$ auf sich. Dann ist auch die Reihe $\Sigma\langle a_{\gamma(n)}\rangle$ konvergent und besitzt denselben Reihenwert S.

Beweis: Da mit $\Sigma\langle|a_n|\rangle$ auch $\Sigma\langle|a_{\gamma(n)}|\rangle$ nach oben beschränkt ist, ergibt sich die Konvergenz aus dem Hauptsatz über monotone Folgen. Es bleibt aber die Frage zu beantworten, ob beide Reihen den gleichen Wert besitzen, ob also die Differenz der konvergenten Folgen $\langle s_n\rangle$ und $\langle t_n\rangle$ mit

$$s_n := \sum_{i=1}^{n} a_i \quad \text{und} \quad t_n := \sum_{i=1}^{n} a_{\gamma(i)}$$

eine Nullfolge ist: Zu jedem $k \in \mathbb{N}$ existiert ein $N_k \in \mathbb{N}$ mit $\gamma(n) > k$ für $n > N_k$. Dann ist für $n > N_k$

$$|s_n - t_n| \leq |a_{k+1}| + |a_{k+2}| + \ldots + |a_n|.$$

Aus der absoluten Konvergenz von $\Sigma\langle a_n\rangle$ folgt nun, daß $\langle s_n - t_n\rangle$ eine Nullfolge ist.

Aufgaben

1. Untersuche die folgenden Reihen mit Hilfe des Quotientenkriteriums, des Wurzelkriteriums oder des Vergleichskriteriums auf Konvergenz:

a) $\Sigma\left\langle\dfrac{1}{\sqrt{n!}}\right\rangle$ \quad b) $\Sigma\left\langle\dfrac{\sqrt{2^n}}{n!}\right\rangle$ \quad c) $\Sigma\left\langle\dfrac{n!}{n^n}\right\rangle$ \quad d) $\Sigma\langle n^\alpha q^n\rangle$ \quad $(\alpha, q > 0)$

2. Zeige mit Hilfe des Cauchy-Kriteriums (Satz 1 in Abschnitt I.6), daß eine absolut konvergente Reihe auch konvergent ist.

3. Zeige, daß die Reihe $\Sigma\langle(-1)^n a_{n-1}\rangle$ mit $a_{2i} = \dfrac{1}{i}$ und $a_{2i-1} = \dfrac{2}{i}$ nicht konvergiert. Warum ist das Leibniz-Kriterium nicht anwendbar?

4. a) Zeige wie in Beispiel 4: $\displaystyle\sum_{i=1}^{n} \dfrac{1}{i\sqrt[4]{i}} < 5$.

---

[35]Eine Abbildung von A in B heißt *bijektiv* oder *umkehrbar eindeutig*, wenn verschiedene Elemente von A auch verschiedene Bilder in B haben und jedes Element von B Bild eines Elementes aus A ist.

b) Zeige allgemein für $r \in \mathbb{N}$: $\sum_{i=1}^{n} \frac{1}{i \sqrt[2^r]{i}} < 2^r + 1$.

c) Beweise, daß $\Sigma \left\langle \frac{1}{n^\alpha} \right\rangle$ für $\alpha > 1$ konvergiert.

5. Zeige, daß für jedes natürliche Zahl a gilt:
$$\sum_{n=1}^{\infty} \frac{a}{n^2 + an} = 1 + \frac{1}{2} + \frac{1}{3} + \ldots + \frac{1}{a}$$

6. Zeige, daß $\lim \left\langle \frac{1}{\sqrt{n}} \sum_{i=1}^{n} \frac{1}{\sqrt{i}} \right\rangle = 2$.

I.10 Die Eulersche Zahl

Die Reihe $\Sigma \left\langle \frac{1}{n!} \right\rangle$ konvergiert; ihr Wert liegt zwischen 2,5 und 3:
$$1 + 1 + \frac{1}{2} < \sum_{i=0}^{\infty} \frac{1}{i!} < 1 + \sum_{i=0}^{\infty} \frac{1}{2^i} = 3.$$

Die Zahl
$$e := \sum_{i=0}^{\infty} \frac{1}{i!}$$

heißt *Eulersche Zahl*[36]. Es ist $e = 2,71828182\ldots$. Die Zahl e ist irrational, wie wir schon in Abschnitt I.6 bewiesen haben. Die Eulersche Zahl e ist neben der Kreiszahl π eine der wichtigsten Konstanten der Mathematik.

Satz 1: Es gilt
$$\lim \left\langle \left(1 + \frac{1}{n}\right)^n \right\rangle = e.$$

Beweis: Für $x_n := (1 + \frac{1}{n})^n$ gilt nach dem binomischen Lehrsatz für alle $n \in \mathbb{N}$
$$x_n = \sum_{i=0}^{n} \binom{n}{i} \frac{1}{n^i} = 1 + \sum_{i=1}^{n} \frac{1}{i!} \left(1 - \frac{1}{n}\right) \left(1 - \frac{2}{n}\right) \cdot \ldots \cdot \left(1 - \frac{i-1}{n}\right).$$

---

[36]Leonhard Euler, schweizerischer Mathematiker, 1707–1783; Euler lehrte in Sankt Petersburg und in Berlin. Die Zahl e taucht in Eulers *Introductio in Analysin Infinitorum* aus dem Jahr 1748 auf, wo sie aber a heißt.

Die Folge $\langle x_n \rangle$ ist also nach oben beschränkt durch e. Ferner ist sie monoton wachsend: Es ist für $n > 1$

$$\frac{x_n}{x_{n-1}} = \left(1 - \frac{1}{n^2}\right)^n \cdot \frac{n}{n-1},$$

und die Bernoullische Ungleichung (Abschnitt I.2) liefert

$$\left(1 - \frac{1}{n^2}\right)^n > 1 - n \cdot \frac{1}{n^2},$$

insgesamt also

$$\frac{x_n}{x_{n-1}} > \left(1 - \frac{1}{n}\right) \cdot \frac{n}{n-1} = 1.$$

Die Folge $\langle x_n \rangle$ ist daher konvergent. Weiterhin folgt aus obiger Abschätzung für jedes $k \in \mathbb{N}$

$$\lim \langle x_n \rangle \geq \sum_{i=0}^{k} \frac{1}{i!}$$

und damit die Behauptung des Satzes.

Satz 2: Für jedes $a \in \mathbb{N}$ gilt

$$\lim \left\langle \left(1 + \frac{a}{n}\right)^n \right\rangle = e^a = \lim \Sigma \left\langle \frac{a^n}{n!} \right\rangle.$$

Beweis: Zunächst gilt

$$\lim \left\langle \left(1 + \frac{a}{n}\right)^n \right\rangle = \lim \left\langle \left(1 + \frac{a}{an}\right)^{an} \right\rangle = \lim \left(\left\langle \left(1 + \frac{1}{n}\right)^n \right\rangle\right)^a.$$

Umformung mit dem binomischen Lehrsatz wie zu Anfang des Beweises von Satz 1 liefert die Äquivalenz dieses Grenzwerts mit $\lim \Sigma \left\langle \frac{a^n}{n!} \right\rangle$.

Die Aussage von Satz 2 gilt auch für beliebige reelle Zahlen a, was wir aber erst später beweisen können. Für rationale Werte von a ist die Aussage von Satz 2 aber leicht einzusehen (Aufgabe 3).

Aufgaben

1. Zeige, daß $\left(\left\langle (1 + \frac{1}{n})^n \right\rangle, \left\langle (1 + \frac{1}{n})^{n+1} \right\rangle\right)$ eine Intervallschachtelung für e ist.

2. Bestimme die Grenzwerte der Folgen

$$\left\langle \left(1 + \frac{1}{n}\right)^{2n-1} \right\rangle, \quad \left\langle \left(1 + \frac{1}{2n}\right)^{6n} \right\rangle, \quad \left\langle \left(1 - \frac{1}{n}\right)^n \right\rangle, \quad \left\langle \left(1 - \frac{1}{n^2}\right)^n \right\rangle.$$

3. Zeige, daß für alle rationalen Zahlen a gilt:
$$\lim \left\langle \left(1 + \frac{a}{n}\right)^n \right\rangle = e^a.$$

4. Zeige, daß
$$\lim \left\langle \left(1 + \frac{1}{n} + \frac{1}{n^2}\right)^n \right\rangle = e.$$

Zeige dann, daß[37]
$$\lim \left\langle \left(\frac{2 + \sqrt{3 + 9n^2}}{3n - 1}\right)^n \right\rangle = e.$$

Hinweis: Es genügt zum Beweis der letztgenannten Grenzwertbeziehung der Nachweis der Ungleichungen
$$1 + \frac{1}{n} < \frac{2 + \sqrt{3 + 9n^2}}{3n - 1} < 1 + \frac{1}{n} + \frac{1}{n^2}.$$

I.11 Unendliche Produkte

Zu einer Zahlenfolge $\langle a_n \rangle \in \mathcal{F}_{\mathbb{N}}$ definieren wir die *Produktfolge* $\Pi \langle a_n \rangle$ durch
$$\Pi \langle a_n \rangle := \left\langle \prod_{i=1}^{n} a_i \right\rangle,$$
wobei
$$\prod_{i=0}^{n} a_i = a_1 \cdot a_2 \cdot \ldots \cdot a_n$$
das Produkt der ersten n Glieder der Folge $\langle a_n \rangle$ bedeutet. Wir betrachten dabei aber nur Folgen, deren Glieder alle von 0 verschieden sind, weil sonst die Frage nach der Konvergenz der Produktfolge trivial wäre. Ferner wollen wir eine Produktfolge genau dann konvergent nennen, wenn ihr Grenzwert existiert und von 0 verschieden ist. Mit $\Pi \langle a_n \rangle$ ist dann auch $\Pi \left\langle \frac{1}{a_n} \right\rangle$ konvergent. Ist $\Pi \langle a_n \rangle$ konvergent, dann schreibt man den Grenzwert in der Form
$$\prod_{i=1}^{\infty} a_i.$$

---

[37]Diese Darstellung von e stammt von dem englischen Mathematiker Thomas Simpson, 1710–1761. In Abschnitt II.7 wird gezeigt, wie Simpson diese Grenzwertdarstellung von e gefunden hat.

Manchmal bezeichnet man auch die Produktfolge selbst mit diesem Symbol und nennt dies dann ein *unendliches Produkt*.

Notwendig für die Konvergenz von $\Pi\langle a_n\rangle$ ist offensichtlich $\lim\langle a_n\rangle = 1$. Daher schreibt man die Faktoren einer Produktfolge, für deren Konvergenz man sich interessiert, meistens in der Form $1 + u_n$.

Beispiel 1: Die Produktfolge

$$\Pi\left\langle 1 + \frac{1}{n}\right\rangle$$

ist nicht konvergent, denn

$$\prod_{i=1}^{n}\left(1 + \frac{1}{i}\right) = \prod_{i=1}^{n}\frac{i+1}{i} = n + 1.$$

Beispiel 2: Die Produktfolge

$$\Pi\left\langle 1 - \frac{1}{n^2}\right\rangle$$

ist konvergent, denn

$$\prod_{i=2}^{n}\left(1 - \frac{1}{i^2}\right) = \prod_{i=2}^{n}\frac{(i-1)(i+1)}{i^2} = \frac{1}{2}\cdot\frac{n+1}{n},$$

also

$$\prod_{i=1}^{\infty}\left(1 - \frac{1}{i^2}\right) = \frac{1}{2}.$$

Satz 1: Die Produktfolge $\Pi\langle 1 + u_n\rangle$ mit $u_n \geq 0$ für alle $n \in \mathbb{N}$ ist genau dann konvergent, wenn die Summenfolge $\Sigma\langle u_n\rangle$ konvergent ist.

Beweis: Die betrachtete Produktfolge ist monoton wachsend. Wir zeigen, daß sie genau dann nach oben beschränkt ist, wenn die genannte Summenfolge beschränkt ist. Einerseits gilt offensichtlich

$$(1 + u_1)(1 + u_2)\cdot\ldots\cdot(1 + u_n) \geq 1 + u_1 + u_2 + \ldots + u_n \geq 1.$$

Wegen $1 + u_i \leq e^{u_i}$ für alle $i \in \mathbb{N}$ ist andererseits

$$(1 + u_1)(1 + u_2)\cdot\ldots\cdot(1 + u_n) \leq e^{u_1 + u_2 + \ldots + u_n}.$$

Satz 2: Die Produktfolge $\Pi\langle 1 - u_n\rangle$ mit $0 \leq u_n < 1$ für alle $n \in \mathbb{N}$ ist genau dann konvergent, wenn die Summenfolge $\Sigma\langle u_n\rangle$ konvergent ist.

I.11 Unendliche Produkte

Beweis: Es gilt
$$1 - u_n = \frac{1}{1+v_n} \quad \text{mit } v_n = \frac{u_n}{1-u_n},$$
so daß Satz 2 aus Satz 1 folgt.

Aus den Sätzen 1 und 2 folgt, daß die Produktfolgen
$$\Pi\left\langle 1 + \frac{1}{n^\alpha}\right\rangle \quad \text{und} \quad \Pi\left\langle 1 - \frac{1}{n^\alpha}\right\rangle$$
genau dann konvergieren, wenn $\Sigma\left\langle \dfrac{1}{n^\alpha}\right\rangle$ konvergiert, also für $\alpha > 1$.

Beispiel 3: Die Folge
$$\Pi\left\langle 1 - \frac{1}{4n^2}\right\rangle = \Pi\left\langle \frac{2n-1}{2n} \cdot \frac{2n+1}{2n}\right\rangle$$
konvergiert. Ihr Grenzwert ist $\frac{2}{\pi}$, wie wir in Abschnitt III.4 sehen werden. Es gilt also
$$\frac{\pi}{2} = \frac{2}{1} \cdot \frac{2}{3} \cdot \frac{4}{3} \cdot \frac{4}{5} \cdot \frac{6}{5} \cdot \frac{6}{7} \cdots,$$
wobei die Pünktchen ... als Grenzübergang zu deuten sind (*Wallissches Produkt*[38]).

Beispiel 4: Es sei $\langle p_n\rangle$ die Folge der Primzahlen, also $p_1 = 2$, $p_2 = 3$, $p_3 = 5$, ... Für $x > 1$ ist die Produktfolge
$$\Pi\left\langle \frac{1}{1 - \dfrac{1}{p_n^x}}\right\rangle$$
konvergent. Für $n \in \mathbb{N}$ gilt
$$\prod_{i=1}^{n} \frac{1}{1 - \dfrac{1}{p_i^x}} = \prod_{i=1}^{n}\left(1 + \frac{1}{p_i^x} + \frac{1}{p_i^{2x}} + \ldots\right) = \sum{}^{*} \frac{1}{k^x},$$
wobei die Summe $\sum^*$ über alle $k \in \mathbb{N}$ zu erstrecken ist, in deren Primfaktorzerlegung nur die Primzahlen $p_1, p_2, \ldots, p_n$ vorkommen. Der Grenzübergang $n \to \infty$ liefert dann die Beziehung[39]
$$\prod_{i=1}^{\infty} \frac{1}{1 - \dfrac{1}{p_i^x}} = \sum_{k=1}^{\infty} \frac{1}{k^x}.$$

---

[38]John Wallis, 1616–1703

[39]Beim Grenzübergang $x \to 1^+$ strebt der Ausdruck rechts wegen der Divergenz der harmonischen Reihe gegen unendlich. Folglich kann das Produkt links nicht nur aus endlich vielen Faktoren bestehen. Damit ist bewiesen, daß es unendlich viele Primzahlen gibt. Für diese Tatsache existieren natürlich einfachere Beweise.

Dieser Zusammenhang der *Riemannschen Zetafunktion*[40]

$$\zeta : x \mapsto \sum_{k=1}^{\infty} \frac{1}{k^x} \quad (x > 1)$$

mit der Folge der Primzahlen erkärt, warum diese Funktion für die Theorie der Primzahlverteilung von so großer Bedeutung ist.

Aufgaben

1. Beweise, daß
$$\sum_{i=2}^{\infty} \log\left(1 + \frac{1}{i^2 - 1}\right) = \log 2.$$

2. Zeige, daß folgende Produktfolgen konvergieren:

a) $\Pi \left\langle \dfrac{n^3 + 1}{n^3 + 2} \right\rangle$ b) $\Pi \left\langle 1 + \left(\dfrac{1}{2}\right)^n \right\rangle$ c) $\Pi \left\langle 1 + \dfrac{2n + 1}{(n^2 - 1)(n + 1)^2} \right\rangle$

3. Berechne
$$\lim \Pi \left\langle \frac{n^4 + n^2}{n^4 - 1} \right\rangle.$$

(Die Folge der Faktoren beginnt mit dem Index 2.)

---

[40] Bernhard Riemann, 1826–1866

II Differential- und Integralrechnung

II.0 Einleitung

Folgen reeller Zahlen sind definiert als Abbildungen von $\mathbb{N}$ oder $\mathbb{N}_0$ in $\mathbb{R}$. Nun wollen wir Abbildungen von $\mathbb{R}$ in $\mathbb{R}$ bzw. genauer von Teilmengen von $\mathbb{R}$ in $\mathbb{R}$ betrachten, welche man auch Abbildungen *aus* $\mathbb{R}$ in $\mathbb{R}$ nennt. Dabei treten völlig neue Fragestellungen auf. Beispielsweise kann man fragen, wie sich eine geringfügige Änderung der abzubildenden Zahl auf die Bildzahl auswirkt. Abbildungen aus $\mathbb{R}$ in $\mathbb{R}$ nennt man *Funktionen*, genauer *Funktionen einer reellen Variablen mit reellen Werten*. Mit den Methoden der in diesem Kapitel zu behandelnden Differential- und Integralrechnung werden wir dann in Kapitel III erneut Folgen und Reihen untersuchen, wobei die Glieder dieser Folgen oder Reihen Funktionen sind.

II.1 Stetige Funktionen

Es sei f eine Abbildung einer Teilmenge D_f von $\mathbb{R}$ in $\mathbb{R}$. Jedem $x \in D_f$ ist dann eine reelle Zahl zugeordnet, die wir allgemein mit $f(x)$ bezeichnen. Man schreibt
$$f : D_f \longrightarrow \mathbb{R} \quad \text{und} \quad f : x \mapsto f(x) \text{ für } x \in D_f.$$
Ist $D_f = \mathbb{N}$, dann ist f eine Zahlenfolge. Wir richten unser Augenmerk jetzt aber auf solche Abbildungen f, bei denen D_f eine beliebige Teilmenge von $\mathbb{R}$ ist, z. B. aus einem Intervall aus $\mathbb{R}$ besteht. Dann nennen wir f eine *Funktion* mit der *Definitionsmenge* D_f. Die Menge aller Bildelemente der Funktion f, also die Menge
$$\{y \in \mathbb{R} \mid \text{ es gibt ein } x \in D_f \text{ mit } y = f(x)\},$$
nennen wir die *Bildmenge* von f und bezeichnen sie mit $f(D_f)$ oder auch mit B_f.

Den Term $f(x)$ nennt man den *Funktionsterm* von f, die Gleichung $y = f(x)$ zwischen den Werten $x \in D_f$ und dem jeweils zugeordneten Wert $y \in B_f$ heißt *Funktionsgleichung*.

Die Funktionen mit einer gemeinsamen Definitionsmenge D bilden bezüglich der Addition
$$(f+g)(x) := f(x) + g(x)$$
($x \in D$) und der Vervielfachung
$$(rf)(x) := rf(x)$$
($x \in D$; $r \in \mathbb{R}$) einen Vektorraum, wie man leicht einsieht. Funktionen auf der Definitionsmenge D kann man auch multiplizieren:
$$(fg)(x) := f(x)g(x)$$
($x \in D$). Sie bilden dann bezüglich der Addition und der Multiplikation einen kommutativen Ring mit dem Einselement $x \mapsto 1$ ($x \in D$).

Ist $f(x) \neq 0$ für alle $x \in D_f$, dann ist die *Kehrfunktion* von f durch
$$\left(\frac{1}{f}\right)(x) := \frac{1}{f(x)}$$
($x \in D_f (= D_{\frac{1}{f}})$) definiert.

Diese algebraischen Aussagen über Funktionen verallgemeinern die entsprechenden Aussagen über Folgen aus Kapitel I, da Zahlenfolgen ja Funktionen mit einer speziellen Definitionsmenge (nämlich $\mathbb{N}$) sind. Auch viele weitere bei Folgen nützliche Begriffsbildungen lassen sich in naheliegender Weise auf Funktionen übertragen, z.B. Beschränktheit und Monotonie (vgl. Abschnitt I.5), so daß wir diese Begriffe hier nicht erneut formulieren müssen.

Es seien nun
$$f : D_f \longrightarrow \mathbb{R} \quad \text{und} \quad g : D_g \longrightarrow \mathbb{R}$$
zwei Funktionen mit $B_g \subseteq D_f$. Dann kann man die Funktionen f und g hintereinanderschalten bzw. *verketten*. Die Verkettung „f nach g" bezeichnet man mit $f \circ g$. Für $x \in D_g$ ist also
$$(f \circ g)(x) := f(g(x)).$$

Das Verketten ist assoziativ: Sind f, g, h Funktionen mit $B_h \subseteq D_g$ und $B_{g \circ h} \subseteq D_f$, dann gilt für alle $x \in D_h$
$$\begin{aligned}((f \circ g) \circ h)(x) &= (f \circ g)(h(x)) = f(g(h(x))) \\ &= f((g \circ h)(x)) = (f \circ (g \circ h))(x).\end{aligned}$$

Das Verketten ist nicht kommutativ, wie schon das einfache Beispiel
$$f(x) = x+1, \quad g(x) = x^2$$

II.1 Stetige Funktionen

mit $D_f = D_g = \mathbb{R}$ zeigt: Es ist

$$(f \circ g)(x) = f(g(x)) = f(x^2) = x^2 + 1,$$
$$(g \circ f)(x) = g(f(x)) = g(x+1) = (x+1)^2.$$

Für $D \subseteq \mathbb{R}$ heißt die Funktion id_D mit

$$\mathrm{id}_D(x) = x \quad \text{für alle } x \in D$$

die *identische Funktion* auf D. Es gilt für jede Funktion f

$$f \circ \mathrm{id}_{D_f} = \mathrm{id}_{B_f} \circ f = f.$$

Sind f, g zwei Funktionen mit $D_f = B_g$ und $D_g = B_f$ sowie

$$f \circ g = \mathrm{id}_{D_g} \quad \text{und} \quad g \circ f = \mathrm{id}_{D_f},$$

dann heißen die Funktionen f und g *invers* zueinander und man schreibt

$$f = g^{-1} \quad \text{bzw.} \quad g = f^{-1}.$$

Die Funktion f heißt dann auf D_f *umkehrbar*, und f^{-1} heißt die *Umkehrfunktion*[39] oder *inverse Funktion* zu f. Genau dann ist f umkehrbar, wenn

$$f : D_f \longrightarrow B_f$$

bijektiv ist, wenn also zu jedem Element $y \in B_f$ genau ein Element $x \in D_f$ existiert mit $y = f(x)$.

Beispiel 1: Die Quadratfunktion $f : x \mapsto x^2$ ist nicht umkehrbar auf $\mathbb{R}$; es existiert nämlich für $a > 0$ nicht *genau eine* Zahl b mit $f(b) = a$ (also $b^2 = a$); es existieren vielmehr stets *zwei* solche Zahlen. Schränkt man die Quadratfunktion aber auf die Definitionsmenge $\mathbb{R}_0^+$ der nichtnegativen reellen Zahlen ein, dann ist sie umkehrbar (Fig. 1). Ihre Umkehrfunktion ist die Quadratwurzelfunktion $f^{-1} : x \mapsto \sqrt{x}$ mit der Definitionsmenge $\mathbb{R}_0^+$. Die Funktion $x \mapsto x^3$ ist ebenfalls auf $\mathbb{R}_0^+$ umkehrbar; ihre Umkehrfunktion ist die Wurzelfunktion $x \mapsto \sqrt[3]{x}$.

Beispiel 2: Die auf $\mathbb{R} \setminus \{1\}$ definierte Funktion $x \mapsto \dfrac{1}{1-x}$ mit der Bildmenge $\mathbb{R} \setminus \{0\}$ ist umkehrbar (Fig. 2); ihre Umkehrfunktion ist $x \mapsto \dfrac{x-1}{x}$. Den Funktionsterm der Umkehrfunktion gewinnt man hier folgendermaßen: In $y = \dfrac{1}{1-x}$ vertausche man x und y und löse die Gleichung nach y auf:

$$\text{Aus} \quad x = \frac{1}{1-y} \quad \text{folgt} \quad y = \frac{x-1}{x}.$$

---

[39] Man verwechsele die Umkehrfunktion f^{-1} nicht mit der oben definierten Kehrfunktion $\frac{1}{f}$!

Beispiel 3: Die Funktion $f : x \mapsto \dfrac{1}{1+x^2}$ ist auf $\mathbb{R}_0^+$ umkehrbar (Fig. 3); ihre Umkehrfunktion ist

$$f^{-1} : x \mapsto \sqrt{\dfrac{1-x}{x}} \quad \text{mit} \quad D_{f^{-1}} = B_f =]0;1].$$

Den Funktionsterm von f^{-1} findet man dabei durch Auflösen von $x = \dfrac{1}{1+y^2}$ nach der Variablen y.

Beispiel 4: Die Umkehrfunktion der auf ihrer Definitionsmenge $\mathbb{R}$ umkehrbaren Exponentialfunktion $x \mapsto 2^x$ ist die Logarithmusfunktion $x \mapsto \log_2 x$ (Fig. 4), welche auf $\mathbb{R}^+$ definiert ist (vgl. Abschnitt I.8).

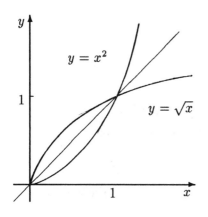

Fig. 1

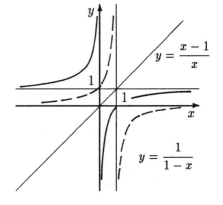

Fig. 2

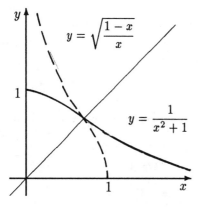

Fig. 3

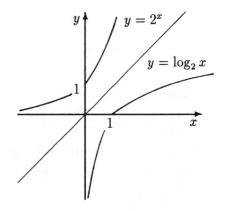

Fig. 4

II.1 Stetige Funktionen

In Fig. 1 bis Fig. 4 haben wir die oben betrachteten Funktionen durch ihren *Graph* veranschaulicht. Dies ist die Darstellung der Punktmenge

$$\{(x,y) \mid x \in D_f,\ y = f(x)\}$$

in einem kartesischen Koordinatensystem. In der Regel kann man natürlich nur einen Ausschnitt aus diesem Graph zeichnen. Den Graph nennt man auch ein *Schaubild* der Funktion. Die Graphen von f und f^{-1} liegen spiegelbildlich bezüglich der Winkelhalbierenden des ersten Quadranten des Koordinatensystems.

Satz 1: Eine auf einem Intervall streng monotone Funktion ist dort umkehrbar.

Beweis: Die Funktion f sei auf dem Intervall $D_f = [a;b]$ streng monoton wachsend.[40] Dann sind *verschiedenen* Werten aus $[a;b]$ auch *verschiedene* Funktionswerte zugeordnet, denn aus $a \leq x_1 < x_2 \leq b$ folgt $f(a) \leq f(x_1) < f(x_2) \leq f(b)$. Die Funktion $f: D_f \longrightarrow B_f$ ist also bijektiv.

Man erkennt ebenso einfach, daß die Umkehrfunktion einer streng monoton wachsenden (fallenden) Funktion wieder streng monoton wachsend (fallend) ist.

Beispiel 5: Auf dem Einheitskreis (Kreis um den Ursprung des Koordinatensystems mit dem Radius 1) sei t die vom Punkt $(1,0)$ aus gemessene Bogenlänge bis zu einem Punkt P des Kreises (Fig. 5). Dann bezeichnet man die Koordinaten des Punktes P mit $\cos t$ („Kosinus t") und $\sin t$ („Sinus t"). Es ist also

$$P = (\cos t, \sin t).$$

Zunächst liegt dabei t zwischen 0 und 2π. Wir erweitern die Definition von sin und cos auf *alle* reellen Zahlen durch die Festsetzung

$$\sin(t + z \cdot 2\pi) = \sin t, \qquad \cos(t + z \cdot 2\pi) = \cos t \qquad (z \in \mathbb{Z}).$$

Dann sind sin und cos auf $\mathbb{R}$ definierte Funktionen mit der *Periode* 2π (Fig. 6).

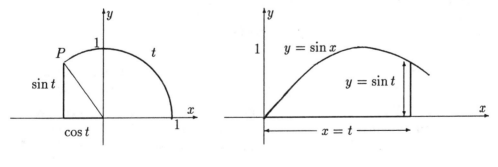

Fig. 5   Fig. 6

---

[40] Für eine streng monoton fallende Funktion verläuft der Beweis analog.

Beschränkt man die Sinusfunktion auf das Intervall $\left[-\frac{\pi}{2};\frac{\pi}{2}\right]$, dann ist sie dort umkehrbar, weil sie dort streng monoton wächst; ihre Umkehrfunktion ist die *Arkussinusfunktion* arcsin, welche auf $[-1;1]$ definiert ist (Fig. 7). Die Kosinusfunktion ist auf $[0;\pi]$ streng monoton fallend und daher umkehrbar. Ihre Umkehrfunktion ist die auf $[-1;1]$ definierte *Arkuskosinusfunktion* arccos (Fig. 8). Die *Tangensfunktion*

$$\tan : x \mapsto \frac{\sin x}{\cos x}$$

ist auf $\mathbb{R} \setminus \left\{(z+\frac{1}{2})\pi \mid z \in \mathbb{Z}\right\}$ definiert. Auf dem offenen Intervall $\left]-\frac{\pi}{2};\frac{\pi}{2}\right[$ ist sie monoton wachsend und daher umkehrbar. Ihre Umkehrfunktion auf diesem offenen Intervall ist die auf $\mathbb{R}$ definierte *Arkustangensfunktion* arctan (Fig. 9).

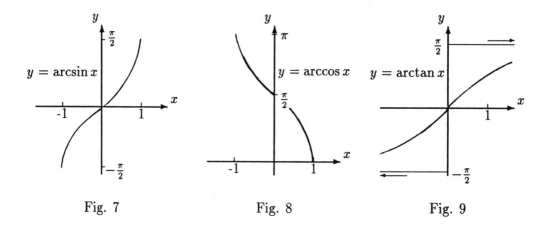

Fig. 7 Fig. 8 Fig. 9

Definition: Eine Funktion f sei auf dem halboffenen Intervall $[a,b[$ definiert, und für jede Folge $\langle x_n \rangle$ mit Gliedern aus diesem Intervall und $\lim\langle x_n \rangle = b$ sei $\lim\langle f(x_n) \rangle = r$. Dann schreibt man

$$\lim_{x \to b^-} f(x) = r$$

und nennt dies den *linksseitigen Grenzwert* von f an der Stelle b. Analog definiert man den *rechtsseitigen Grenzwert* $\lim_{x \to b^+} f(x)$ an der Stelle b, wenn f auf einem Intervall $]b;c]$ definiert ist. Ist die Funktion f auf $[a;c] \setminus \{b\}$ definiert, wobei $b \in]a;c[$, und gilt $\lim\langle f(x_n) \rangle = r$ für *jede* Folge $\langle x_n \rangle$ aus $[a;c] \setminus \{b\}$ mit dem Grenzwert b, dann spricht man vom *Grenzwert* von f an der Stelle b und schreibt[41]

$$\lim_{x \to b} f(x) = r.$$

---

[41]Man beachte, daß dabei b nicht zur Definitionsmenge gehören muß, aber Grenzwert einer Folge aus dieser sein muß.

II.1 Stetige Funktionen

Existiert der Grenzwert von f an der Stelle b, dann gilt natürlich
$$\lim_{x\to b^-} f(x) = \lim_{x\to b} f(x) = \lim_{x\to b^+} f(x).$$

Beispiel 6: 1) Es gilt
$$\lim_{x\to 0^+} x^x = 1.$$
Ist nämlich $\langle x_n \rangle$ eine Folge positiver Zahlen mit dem Grenzwert 0, dann existiert zu jedem genügend großen n ein $k \in \mathbb{N}$ mit
$$\frac{1}{k+1} < x_n \le \frac{1}{k},$$
also[42]
$$\left(\frac{k}{k+1}\right)^{\frac{1}{k}} \cdot \left(\frac{1}{k}\right)^{\frac{1}{k}} = \left(\frac{1}{k+1}\right)^{\frac{1}{k}} < x_n^{x_n} < \left(\frac{1}{k}\right)^{\frac{1}{k+1}} = \left(\frac{1}{k+1}\right)^{\frac{1}{k+1}} \cdot \left(\frac{k+1}{k}\right)^{\frac{1}{k+1}}.$$
Wegen $\lim \langle \sqrt[n]{n}\rangle = 1$ (vgl. I.5 Beispiel 10) folgt die Behauptung.

Beispiel 7: Es gilt
$$\lim_{t\to 0} \frac{\sin t}{t} = 1.$$
An Fig. 10 liest man nämlich für $0 < t < \frac{\pi}{2}$ die Beziehung
$$\cos t \sin t < t < \frac{\sin t}{\cos t} \quad \text{bzw.} \quad \cos t < \frac{\sin t}{t} < \frac{1}{\cos t}$$
ab, woraus wegen $\lim_{t\to 0} \cos t = 1$ folgt: $\lim_{t\to 0^+} \frac{\sin t}{t} = 1$. Ebenso ergibt sich der linksseitige Grenzwert und damit der gesuchte Grenzwert an der Stelle 0.

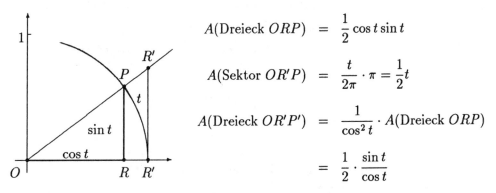

$$A(\text{Dreieck } ORP) = \frac{1}{2}\cos t \sin t$$

$$A(\text{Sektor } OR'P) = \frac{t}{2\pi} \cdot \pi = \frac{1}{2}t$$

$$A(\text{Dreieck } OR'P') = \frac{1}{\cos^2 t} \cdot A(\text{Dreieck } ORP)$$

$$= \frac{1}{2} \cdot \frac{\sin t}{\cos t}$$

Fig. 10

---

[42]Man beachte, daß für $\alpha > 0$ die Funktion $x \mapsto x^\alpha$ auf $\mathbb{R}_0^+$ streng monoton wächst, und daß für $0 < \beta < 1$ die Funktion $x \mapsto \beta^x$ auf $\mathbb{R}_0^+$ streng monoton fällt.

Die Aussagen im folgenden Satz über Funktionsgrenzwerte ergeben sich unmittelbar aus Satz 1 in Abschnitt I.5 bzw. sind leicht einsichtig. Man nennt sie die *Struktursätze* für Funktionsgrenzwerte:

Satz 2: Besitzen die Funktionen f und g Grenzwerte an der Stelle b, welche Grenzwert einer Folge aus D_f bzw. D_g ist, dann gilt[43]

$$\lim_{x \to b}(f+g)(x) = \lim_{x \to b} f(x) + \lim_{x \to b} g(x),$$
$$\lim_{x \to b}(f \cdot g)(x) = \lim_{x \to b} f(x) \cdot \lim_{x \to b} g(x),$$
$$\lim_{x \to b}\left(\frac{1}{f}\right)(x) = \frac{1}{\lim_{x \to b} f(x)}.$$

Gilt $B_g \subseteq D_f$ und $\lim_{x \to b} g(x) = u$, existiert ferner $\lim_{y \to u} f(y)$, dann ist

$$\lim_{x \to b}(f \circ g)(x) = \lim_{y \to u} f(y).$$

Ist f umkehrbar auf D_f und gilt $\lim_{x \to b} f(x) = v$, dann gilt

$$\lim_{x \to v} f^{-1}(x) = b.$$

Analoge Aussagen gelten für einseitige Grenzwerte.

Definition: Eine Funktion f heißt *stetig* an der Stelle $x_0 \in D_f$, wenn

$$\lim_{x \to x_0} f(x) = f(x_0)$$

gilt. Sie heißt stetig auf D_f, wenn sie an jeder Stelle aus D_f stetig ist.[44]

Beispiel 8: a) Die *Betragsfunktion* $x \mapsto |x|$ ist überall auf $\mathbb{R}$ stetig (Fig. 11).

Beispiel 9: Die *Ganzteilfunktion* $x \mapsto [x]$ ($:=$ größte ganze Zahl $\leq x$ ist unstetig an allen ganzzahligen Stellen und stetig an allen übrigen Stellen aus $\mathbb{R}$ (Fig. 12).[45]

Beispiel 10: Die *Signumfunktion*

$$x \mapsto \text{sgn}(x) := \begin{cases} -1 & \text{für } x < 0, \\ 0 & \text{für } x = 0, \\ 1 & \text{für } x > 0 \end{cases}$$

ist unstetig an der Stelle 0 und stetig an allen sonstigen Stellen aus $\mathbb{R}$ (Fig. 13).

---

[43]In der letzten Aussage ist natürlich $f(x) \neq 0$ für alle $x \in D_f$ und $\lim_{x \to b} f(x) \neq 0$ vorausgesetzt.

[44]Man beachte, daß man nur dann von der Stetigkeit oder Unstetigkeit einer Funktion an einer Stelle x_0 reden kann, wenn die Funktion an dieser Stelle *definiert* ist!

[45]Die Strecken in Fig. 12 sind links abgeschlossen und rechts offen.

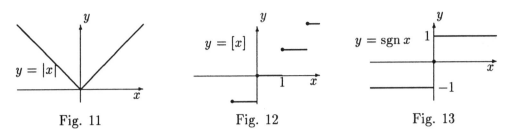

Fig. 11   Fig. 12   Fig. 13

Definition: Ist eine Funktion f in einem Intervall $[a;b]$ außer an einer Stelle $x_0 \in {]}a;b[$ definiert und stetig, dann nennt man x_0 eine *Definitionslücke* von f. Existiert
$$\lim_{x \to x_0} f(x) =: r,$$
dann nennt man x_0 eine *stetig hebbare Definitionslücke*. In diesem Fall ist die Funktion
$$\overline{f} : x \mapsto \begin{cases} f(x) & \text{für } x \in [a;b] \\ r & \text{für } x = x_0 \end{cases}$$
auch an der Stelle x_0 stetig.

Beispiel 11: Die Funktion $x \mapsto \dfrac{\sin x}{x}$ ist an der Stelle 0 nicht definiert. Wegen $\lim\limits_{x \to 0} \dfrac{\sin x}{x} = 1$ (vgl. Beispiel 7) ist diese Definitionslücke stetig hebbar.

Beispiel 12: Die Funktion $x \mapsto \dfrac{x^2-1}{x-1}$ ist an der Stelle 1 nicht definiert. Für $x \neq 1$ ist $\dfrac{x^2-1}{x-1} = x+1$, also ist $\lim\limits_{x \to 1} \dfrac{x^2-1}{x-1} = \lim\limits_{x \to 1}(x+1) = 2$. Die Definitionslücke ist daher stetig hebbar.

Aus den Struktursätzen für Funktionsgrenzwerte folgen die *Struktursätze der Stetigkeit*:

Satz 3: Sind f und g an der Stelle $x_0 \in D_f \cap D_g$ stetig, dann sind auch $f+g$ und $f \cdot g$ an der Stelle x_0 stetig.

Ist f an der Stelle $x_0 \in D_f$ stetig und ist $f(x_0) \neq 0$, dann ist auch $\dfrac{1}{f}$ an der Stelle x_0 stetig.

Ist $B_g \subseteq D_f$ und g stetig an der Stelle $x_0 \in D_g$ sowie f stetig an der Stelle $g(x_0)$, dann ist $f \circ g$ stetig an der Stelle x_0.

Ist f umkehrbar und ist f stetig an der Stelle $x_0 \in D_f$, dann ist f^{-1} stetig an der Stelle $f(x_0)$.

Beispiel 13: Die konstanten Funktionen und die identische Funktion $x \mapsto x$ sind überall auf $\mathbb{R}$ stetig. Folglich sind die *Polynomfunktionen (ganzrationale Funktionen)*
$$x \mapsto a_n x^n + a_{n-1} x^{n-1} + \ldots + a_1 x + a_0$$

($n \in \mathbb{N}_0$, $a_0, a_1, \ldots, a_{n-1}, a_n \in \mathbb{R}$) stetig auf $\mathbb{R}$.

Beispiel 14: Eine *rationale Funktion*[46]

$$x \mapsto \frac{p(x)}{q(x)}$$

($p(x), q(x)$ Polynome mit Koeffizienten aus $\mathbb{R}$) ist stetig auf ihrem gesamten Definitionsbreich, d.h. für alle reellen Zahlen mit Ausnahme der Nullstellen des Nennerpolynoms $q(x)$.

Beispiel 15: Die Wurzelfunktion $x \mapsto \sqrt[n]{x}$ ($n \in \mathbb{N}$) ist stetig auf ihrer Definitionsmenge, also auf $\mathbb{R}_0^+$. Folglich sind alle Verknüpfungen von rationalen Funktionen und Wurzelfunktionen auf ihrer jeweiligen Definitionmenge stetig. Z. B. ist

$$x \mapsto \frac{\sqrt[3]{x^2-1} + \sqrt[5]{\frac{x-1}{x^2+1}}}{\sqrt[7]{x^3+x^2+x+1}}$$

auf $[1, \infty[$ stetig.

Beispiel 16: Die Sinusfunktion ist stetig auf $\mathbb{R}$, denn für $x \neq x_0$ gilt mit $h := x - x_0$

$$\sin x = \sin(x_0 + h) = \sin x_0 \cos h + \cos x_0 \sin h,$$

wegen $\lim_{h \to 0} \cos h = 1$ und $\lim_{h \to 0} \sin h = 0$ ist also $\lim_{x \to x_0} \sin x = \sin x_0$. Wegen $\cos x = \sin(x + \frac{\pi}{2})$ ist auch die Kosinusfunktion stetig auf $\mathbb{R}$, und wegen $\tan x = \frac{\sin x}{\cos x}$ ist die Tangensfunktion stetig auf ihrer Definitionsmenge.

Beispiel 17: Die Funktion $x \mapsto b^x$ mit $b > 0$ ist stetig auf $\mathbb{R}$, wie man wegen $b^x = b^{x_0} \cdot b^{x-x_0}$ sofort aus $\lim_{h \to 0} b^h = 1$ ersieht. Die Exponentialfunktionen sind also stetig auf $\mathbb{R}$. Damit sind auch die Logarithmusfunktionen stetig auf ihrer Definitionsmenge $\mathbb{R}^+$. Wegen $x^\alpha = e^{\alpha \ln x}$ ergibt sich damit auch die Stetigkeit aller Potenzfunktionen $x \mapsto x^\alpha$ ($\alpha \in \mathbb{R}$) auf $\mathbb{R}^+$.

Bemerkung: Die Funktionen, die aus den rationalen Funktionen, der Sinusfunktion, der Exponentialfunktion und ihren Umkehrfunktionen durch Addition, Multiplikation, Division und Verkettung (evtl. mit geeigneter Einschränkung der Definitionsbereiche) gewonnen werden können, nennen wir *elementare* Funktionen[47]. Die obigen Beispiele besagen also, daß die elementaren Funktionen auf ihren Definitionsmengen stetig sind.

---

[46] Man spricht hier von einer *gebrochen-rationalen* Funktion, wenn das Nennerpolynom $q(x)$ nicht konstant (vom Grad 0) ist, wenn es sich also nicht um eine Polynomfunktion (ganzrationale Funktion) handelt.

[47] Diese Bezeichnungsweise ist jedoch nicht allgemein gebräuchlich, zumal obige „Definition" etwas vage ist; vgl. auch II.5.

II.1 Stetige Funktionen

Die Stetigkeit einer Funktion an einer Stelle x_0 besagt, daß sich bei einer geringfügigen Änderung des Arguments x auch der Funktionswert $f(x)$ nur geringfügig ändert: $|x - x_0|$ „klein" $\implies |f(x) - f(x_0)|$ „klein".

Genauer besagt dies: Man kann $|f(x) - f(x_0)|$ *beliebig* klein machen, wenn man nur $|x - x_0|$ *hinreichend* klein wählt. Zu jedem $\varepsilon > 0$ kann man also ein $\delta > 0$ finden, so daß gilt:

$$|x - x_0| < \delta \implies |f(x) - f(x_0)| < \varepsilon.$$

Dabei hängt die Wahl von δ natürlich außer von ε noch von f und x_0 ab.

Beispiel 18: Die Funktion $x \mapsto \sqrt{x}$ ist an der Stelle 7 stetig. Es gilt für ein $\varepsilon > 0$

$$|\sqrt{x} - \sqrt{7}| = \frac{|x - 7|}{\sqrt{x} + \sqrt{7}} < \varepsilon,$$

wenn $|x - 7| < \varepsilon \cdot (\sqrt{x} + \sqrt{7})$ ist. Betrachten wir die Funktion nur im Intervall $[6; 8]$, dann können wir $\delta = \varepsilon \cdot (\sqrt{8} + \sqrt{7})$ wählen.

Stetige Funktionen haben zwei wichtige Eigenschaften, die wir in den beiden nun folgenden Sätzen behandeln wollen.

Satz 4 (*Zwischenwertsatz*): Die Funktion f sei auf dem Intervall I stetig und nehme dort die Werte α und β an. Dann nimmt f auf dem Intervall I auch jeden Wert γ zwischen α und β an.

Beweis: Es sei $\alpha = f(a)$ und $\beta = f(b)$. Es ist keine Beschränkung der Allgemeinheit, $a < b$ und $\alpha < \beta$ anzunehmen. Wir betrachten die Intervallschachtelung mit $[a_0, b_0] := [a; b]$ und

$$[a_{n+1}; b_{n+1}] := \begin{cases} \left[a_n; \dfrac{a_n + b_n}{2}\right], & \text{falls } f\left(\dfrac{a_n + b_n}{2}\right) \geq \gamma, \\ \left[\dfrac{a_n + b_n}{2}; b_n\right], & \text{falls } f\left(\dfrac{a_n + b_n}{2}\right) < \gamma. \end{cases}$$

für $n \in \mathbb{N}_0$. Diese Intervallschachtelung besitzt einen Kern $c \in [a, b]$. Es gilt wegen der Stetigkeit von f an der Stelle c

$$\lim \langle f(a_n) \rangle = f(\lim \langle a_n \rangle) = f(c) \quad \text{und} \quad \lim \langle f(b_n) \rangle = f(\lim \langle b_n \rangle) = f(c),$$

wegen $f(a_n) \leq \gamma \leq f(b_n)$ für alle $n \in \mathbb{N}$ folgt also $f(c) = \gamma$.

Beispiel 19: Die Gleichung $x^4 + 2x^3 - x^2 + 7x = 19$ besitzt mindestens eine Lösung zwischen 1 und 2, denn für $f(x) = x^4 + 2x^3 - x^2 + 7x$ gilt $f(1) = 9 < 19 < 42 = f(2)$.

Satz 5 (*Satz vom Minimum und Maximum*): Ist f auf dem abgeschlossenen Intervall $[a; b]$ stetig, dann existieren $u, v \in [a; b]$ mit

$$f(u) \leq f(x) \leq f(v) \quad \text{für alle } x \in [a; b].$$

Beweis: Wir betrachten eine Intervallschachtelung mit $[a_0; b_0] := [a; b]$ und

$$[a_{n+1}; b_{n+1}] := \begin{cases} \left[a_n; \dfrac{a_n + b_n}{2}\right], & \text{falls ein } x \in \left[a_n; \dfrac{a_n + b_n}{2}\right] \text{ existiert mit} \\ \qquad f(x) \leq f(\xi) \text{ für alle } \xi \in \left[\dfrac{a_n + b_n}{2}; b_n\right], \\ \left[\dfrac{a_n + b_n}{2}; b_n\right], & \text{falls ein } x \in \left[\dfrac{a_n + b_n}{2}; b_n\right] \text{ existiert mit} \\ \qquad f(x) \leq f(\xi) \text{ für alle } \xi \in \left[a_n; \dfrac{a_n + b_n}{2}\right] \end{cases}$$

für $n \in \mathbb{N}_0$.[48] Ist u der Kern dieser Intervallschachtelung, dann gilt aufgrund der Stetigkeit von f (vgl. Beweis von Satz 4)

$$f(u) \leq f(\xi) \text{ für alle } \xi \in [a; b].$$

Damit ist bewiesen, daß f auf $[a; b]$ ein Minimum annimmt; ebenso zeigt man, daß f auf $[a; b]$ ein Maximum annimmt.

Aufgaben

1. a) Die Funktion f sei auf einem Intervall I definiert. Beweise: Existiert eine Konstante L mit $|f(x_1) - f(x_2)| \leq L|x_1 - x_2|$ für alle $x_1, x_2 \in I$, dann ist f auf I stetig.

b) Bestimme in folgenden Fällen eine möglichst kleine Konstante gemäß a):

(1) $f(x) = \dfrac{1}{x(x-2)}$, $I = [3; 4]$ (2) $f(x) = \dfrac{x^2 + 1}{x^2 - 2}$, $I = [-1; 1]$

(3) $f(x) = x\sqrt{x}$, $I = [1; 2]$ (4) $f(x) = \sqrt[3]{x^2}$, $I = [1; 2]$

2. Zeige, daß die Funktion $f : x \mapsto x^5 + 4x^4 - 7x^3 - 9x^2 - 5x + 7$ mindestens eine Nullstelle besitzt. Zeige, daß eine solche zwischen 0 und 1 liegt.

3. Bestimme die Unstetigkeitsstellen der Funktion f auf dem Intervall I:

(1) $f(x) = x + \dfrac{1}{\left[\frac{1}{x}\right]}$, $I =]0; 1[$ (2) $f(x) = \dfrac{5[x^2]}{[x] + 1}$, $I = \mathbb{R}^+$

4. Bestimme ein $\delta > 0$ so, daß $|\sqrt{x-1} - 2| < 10^{-6}$ für alle x mit $|x - 5| < \delta$.

5. Die Funktion f sei auf $\mathbb{R}$ definiert durch $f(x) = \begin{cases} x, & \text{falls } x \in \mathbb{Q}, \\ x^2, & \text{falls } x \notin \mathbb{Q}. \end{cases}$
An welchen Stellen ist diese Funktion stetig?

---

[48]Sind dabei *beide* Bedingungen erfüllt, so entscheide man sich willkürlich für eines der Intervalle.

II.2 Die Ableitung einer Funktion

Es sei — wie man in Anwendungsbereichen der Mathematik oft sagt — ein *funktionaler Zusammenhang* $y = f(x)$ zwischen zwei Größen gegeben, für deren Werte die Variablen x, y stehen. Ist die Funktion f stetig, so kann man sagen, daß kleine Änderungen von x auch nur kleine Änderungen von y bewirken, daß sich y also nicht „sprunghaft" ändern kann. Nun wollen wir die *relative Änderung* von y bezüglich x an einer Stelle x_0 des Definitionsbereichs von f näher untersuchen, also den Quotient

$$\frac{f(x) - f(x_0)}{x - x_0} \quad \text{für } x \neq x_0.$$

Dieser *Differenzenquotient* hat, als Funktion von x betrachtet, an der Stelle x_0 eine Definitionslücke. Wenn nun der Grenzwert

$$\lim_{x \to x_0} \frac{f(x) - f(x_0)}{x - x_0} := A$$

existiert, dann können wir sagen, daß in einer hinreichend kleinen Umgebung von x_0 die Näherung $f(x) - f(x_0) \approx A \cdot (x - x_0)$ bzw.

$$f(x) \approx f(x_0) + A \cdot (x - x_0)$$

hinreichend gut ist.[49]

Definition: Die Funktion f sei in dem offenen Intervall $]a; b[$ definiert und es sei $x_0 \in]a; b[$. Existiert der Grenzwert

$$\lim_{x \to x_0} \frac{f(x) - f(x_0)}{x - x_0},$$

dann nennt man ihn die *Ableitung von f an der Stelle x_0* und bezeichnet ihn mit $f'(x_0)$. Man nennt dann die Funktion *differenzierbar* an der Stelle x_0.

Am Graph der Funktion f kann man den Quotient $\dfrac{f(x) - f(x_0)}{x - x_0}$ als Steigung der Sekante durch die Punkte $(x, f(x))$ und $(x_0, f(x_0))$ deuten. Wandert der Punkt $(x, f(x))$ auf den Punkt $(x_0, f(x_0))$ zu, dann wird diese Sekante zur Tangente an den Graph im Punkt $(x_0, f(x_0))$. Die Zahl $f'(x_0)$ ist also die *Tangentensteigung* an der Stelle x_0 (vgl. Fig. 1). Ist f an der Stelle x_0 differenzierbar, so bedeutet dies, daß der Graph von f im Punkt $(x_0, f(x_0))$ eine Tangente besitzt und daß diese nicht parallel zur y-Achse ist (Steigung „unendlich").

---

[49] Unter einer *Umgebung* von x_0 verstehen wir dabei ein Intervall mit dem Mittelpunkt x_0; ist die Länge diese Intervalls „hinreichend klein", dann nennen wir die Umgebung „hinreichend klein".

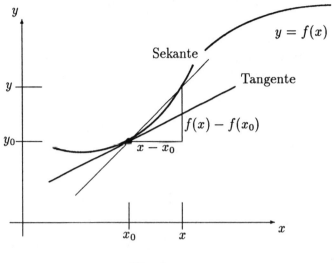

Fig. 1

Existiert nur der rechtsseitige oder nur der linksseitige Grenzwert des Differenzenquotienten an einer Stelle x_0, dann nennt man diese einseitigen Grenzwerte die entsprechenden einseitigen Ableitungen der Funktion an dieser Stelle und spricht von *einseitiger Differenzierbarkeit*.

Ist f an der Stelle x_0 differenzierbar, dann ist f dort auch stetig, denn der Grenzwert von $\frac{f(x) - f(x_0)}{x - x_0}$ für $x \to x_0$ kann nur existieren, wenn $\lim_{x \to x_0} f(x) = f(x_0)$ gilt. Die Umkehrung ist falsch: Die Betragsfunktion $x \mapsto |x|$ ist an der Stelle 0 stetig, aber nicht differenzierbar:

$$\lim_{x \to 0^+} \frac{|x| - |0|}{x - 0} = \lim_{x \to 0^+} \frac{x}{x} = +1,$$

$$\lim_{x \to 0^-} \frac{|x| - |0|}{x - 0} = \lim_{x \to 0^-} \frac{-x}{x} = -1.$$

Das Berechnen der Ableitung oder der Ableitungsfunktion nennt man auch *Differenzieren* oder *Differentiation* der Funktion.

Definition: Man nennt die auf $D_f \setminus \{x_0\}$ definierte Funktion

$$x \mapsto \frac{f(x) - f(x_0)}{x - x_0}$$

den *Differenzenquotient* von f an der Stelle x_0 und schreibt dafür auch

$$x \mapsto \frac{\Delta f}{\Delta x}(x_0, x).$$

II.2 Die Ableitung einer Funktion

Die Ableitung $f'(x_0)$ von f an der Stelle x_0 — also den Grenzwert des Differenzenquotienten von f an der Stelle x_0 — nennt man zuweilen auch den *Differentialquotient* von f an der Stelle x_0 und schreibt für diese Zahl auch

$$\frac{df}{dx}(x_0).$$

Die lineare Funktion

$$df(x_0) : x \mapsto \frac{df}{dx}(x_0) \cdot (x - x_0)$$

nennt man das *Differential* von f an der Stelle x_0. Ist die Funktion f an jeder Stelle ihrer Definitionsmenge D_f differenzierbar, dann nennt man die Funktion auf D_f differenzierbar. Die Funktion $x \mapsto f'(x)$ nennt man die *Ableitungsfunktion* von f. Ist die Ableitungsfunktion von f stetig, dann heißt f *stetig differenzierbar* (an einer Stelle bzw. auf der Definitionsmenge).

Beispiel 1: Jede konstante Funktion ist auf $\mathbb{R}$ differenzierbar, ihre Ableitungsfunktion ist die Nullfunktion.

Beispiel 2: Die identische Funktion $x \mapsto x$ ist überall auf $\mathbb{R}$ differenzierbar; ihre Ableitungsfunktion ist die konstante Funktion mit dem Wert 1.

Beispiel 3: Wir wollen die Ableitung der Sinusfunktion an der Stelle $x_0 \in \mathbb{R}$ berechnen. Zu diesem Zweck setzen wir $x = x_0 + h$ und betrachten in dem Differenzenquotient

$$\frac{\sin(x_0 + h) - \sin x_0}{h}$$

den Grenzübergang $h \to 0$. Wegen

$$\sin(x_0 + h) = \sin x_0 \cos h + \cos x_0 \sin h$$

läßt sich der Differenzenquotient umformen zu

$$\sin x_0 \cdot \frac{\cos h - 1}{h} + \cos x_0 \cdot \frac{\sin h}{h}.$$

Es gilt

$$\lim_{h \to 0} \frac{1 - \cos h}{h} = 0 \quad \text{und} \quad \lim_{h \to 0} \frac{\sin h}{h} = 1$$

(vgl. II.1). Daher ergibt sich als Ableitung von sin an der Stelle x_0 der Wert $\cos x_0$. Die Ableitungsfunktion der Sinusfunktion ist somit die Kosinusfunktion.

Beispiel 4: Es soll die Ableitungsfunktion der Exponentialfunktion $x \mapsto e^x$ bestimmt werden, wobei e die Eulersche Zahl sein soll. Dabei wollen wir uns hier mit einer heuristischen Argumentation begnügen, ein exakter Beweis soll in Aufgabe 6 geführt werden (vgl. auch II.5). Es ist

$$\frac{e^{x+h} - e^x}{h} = e^x \cdot \frac{e^h - 1}{h}.$$

Ersetzen wir e durch $\left(1+\dfrac{1}{n}\right)^n$ mit einem hinreichend großen n und setzen $h=\dfrac{1}{n}$, dann ist
$$\frac{e^h-1}{h}\approx\frac{1+\frac{1}{n}-1}{\frac{1}{n}}=1.$$

Dies zeigt, daß
$$\lim_{h\to 0}\frac{e^h-1}{h}=1$$
ist. Also ist $(e^x)'=e^x$.

Aufgrund der *Ableitungsregeln*, die wir nun behandeln, können wir die meisten Funktionen, die uns in der Analysis begegnen[50], mit Hilfe der vier in diesen Beispielen behandelten Funktionen differenzieren. Zur Vereinfachung der Formeln sprechen wir in Satz 1 einfach von der „Stelle x", im Beweis werden wir die ins Auge gefaßte Stelle aber wieder x_0 nennen.

Satz 1: Die Funktionen f,g seien an der Stelle $x\in\,]a;b[\,\subseteq D_f\cap D_g$ differenzierbar. Dann gilt:

Summenregel: $f+g$ ist an der Stelle x differenzierbar, und es ist
$$(f+g)'(x)=f'(x)+g'(x).$$

Produktregel: $f\cdot g$ ist an der Stelle x differenzierbar, und es ist
$$(f\cdot g)'(x)=f'(x)\cdot g(x)+f(x)\cdot g'(x).$$

Die Funktion f sei an der Stelle $x\in\,]a;b[\,\subseteq D_f$ differenzierbar, und es sei $f(x)\neq 0$. Dann gilt:

Kehrwertregel: $\dfrac{1}{f}$ ist an der Stelle x differenzierbar, und es ist
$$\left(\frac{1}{f}\right)'(x)=-\frac{f'(x)}{(f(x))^2}.$$

Die Funktion g sei an der Stelle $x\in\,]a;b[\,\subseteq D_g$ differenzierbar, und die Funktion f sei an der Stelle $g(x)\in\,]c;d[\,\subseteq D_f$ differenzierbar. Dann gilt:

Kettenregel: $f\circ g$ ist an der Stelle x differenzierbar und es ist
$$(f\circ g)'(x)=f'(g(x))\cdot g'(x).$$

Die Funktion f sei auf $]a;b[\,\subseteq D_f$ umkehrbar und an der Stelle $x\in\,]a;b[$ differenzierbar; ferner sei $f'(x)\neq 0$. Dann gilt:

---

[50]Gemeint sind die sog. elementaren Funktionen, vgl. II.1 und II.5.

II.2 Die Ableitung einer Funktion

Umkehrregel: Die Umkehrfunktion f^{-1} ist an der Stelle $f(x)$ differenzierbar und es ist
$$(f^{-1})'(f(x)) = \frac{1}{f'(x)}.$$

Beweis: Die Summenregel folgt aus der entsprechenden Grenzwertregel:
$$\lim_{x \to x_0} \frac{(f(x)+g(x)) - (f(x_0)+g(x_0))}{x-x_0} = \lim_{x \to x_0} \frac{f(x)-f(x_0)}{x-x_0} + \lim_{x \to x_0} \frac{g(x)-g(x_0)}{x-x_0}.$$

Zum Beweis der Produktregel macht man den Ansatz
$$\begin{aligned}\frac{f(x)g(x) - f(x_0)g(x_0)}{x-x_0} &= \frac{(f(x)-f(x_0))g(x_0) + (g(x)-g(x_0)f(x))}{x-x_0} \\ &= \frac{f(x)-f(x_0)}{x-x_0}g(x_0) + \frac{g(x)-g(x_0)}{x-x_0}f(x),\end{aligned}$$

der durch die Skizze in Fig. 2 nahegelegt wird. Der Grenzübergang $x \to x_0$ liefert aufgrund der Grenzwertregeln die Produktregel.

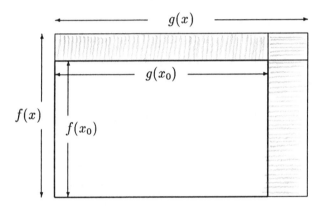

Fig. 2

Die Kehrwertregel ergibt sich aus der Umformung
$$\frac{\frac{1}{f(x)} - \frac{1}{f(x_0)}}{x-x_0} = -\frac{f(x)-f(x_0)}{f(x)f(x_0)(x-x_0)}.$$

Dabei muß man beachten, daß eine an der Stelle x_0 stetige Funktion mit $f(x_0) \neq 0$ in einem geeigneten offenen Intervall um x_0 nicht den Wert 0 annimmt. Der Beweis der Kettenregel beruht auf der Umformung
$$\frac{f(g(x)) - f(g(x_0))}{x-x_0} = \frac{f(g(x)) - f(g(x_0))}{g(x)-g(x_0)} \cdot \frac{g(x)-g(x_0)}{x-x_0}.$$

Man muß dabei aber voraussetzen, daß ein offenes Intervall um x_0 existiert, in welchem $g(x) \neq g(x_0)$ gilt; unter dieser Voraussetzung ergibt sich die Kettenregel sofort durch den Grenzübergang $x \to x_0$. Ist diese Voraussetzung aber nicht erfüllt, dann ist sowohl $g'(x_0) = 0$ als auch $f'(g(x_0)) = 0$, so daß auch in diesem Fall die Kettenregel gilt. Die Umkehrregel ergibt sich schließlich durch Grenzübergang in der Formel

$$\frac{f^{-1}(f(x)) - f^{-1}(f(x_0))}{f(x) - f(x_0)} = \frac{x - x_0}{f(x) - f(x_0)} = \frac{1}{\frac{f(x) - f(x_0)}{x - x_0}}.$$

Aus den Regeln in Satz 1 ergeben sich weitere nützliche Ableitungsregeln. Die *Faktorregel*

$$(cf)'(x) = cf'(x) \quad \text{für } c \in \mathbb{R}$$

folgt aus der Produktregel, ist aber auch unmittelbar einsichtig. Die *Quotientenregel*

$$\left(\frac{f}{g}\right)'(x) = \frac{f'(x)g(x) - f(x)g'(x)}{(g(x))^2}$$

folgt sofort aus der Produktregel und der Kehrwertregel.

Man merkt sich die Regeln für die Ableitungsfunktionen am besten in folgender Gestalt:

$$\begin{aligned}
(f + g)' &= f' + g' \\
(fg)' &= f'g + fg' \\
(cf)' &= cf' \\
\left(\frac{1}{f}\right)' &= -\frac{f'}{f^2} \\
\left(\frac{f}{g}\right)' &= \frac{f'g - fg'}{g^2} \\
(f \circ g)' &= (f' \circ g) \cdot g' \\
(f^{-1})' &= \frac{1}{f' \circ f^{-1}}
\end{aligned}$$

Beispiel 5 (*Differentiation der rationalen Funktionen*): Die Potenzfunktionen $x \mapsto x^n$ mit $n \in \mathbb{N}$, $n \neq 1$ lassen sich mit Hilfe der Produktregel differenzieren: Aus

$$(x^n)' = (x^{n-1} \cdot x)' = (x^{n-1})' \cdot x + x^{n-1} \cdot 1$$

ergibt sich mit vollständiger Induktion

$$(x^n)' = n \cdot x^{n-1}.$$

II.2 Die Ableitung einer Funktion

Aufgrund der Summenregel und der Faktorregel läßt sich nun jede *ganzrationale Funktion (Polynomfunktion)* differenzieren:

$$(a_n x^n + \ldots + a_i x^i + \ldots a_1 x + a_0)' = n a_n x^{n-1} + \ldots + i a_i x^{i-1} + \ldots + a_1.$$

Die Quotientenregel erlaubt dann die Differentiation jeder *rationalen Funktion*, also jeder Funktion, die Quotient zweier ganzrationaler Funktionen ist. Die spezielle rationale Funktion $x \mapsto \dfrac{1}{x^n}$ mit $n \in \mathbb{N}$ differenziert man mit Hilfe der Kehrwertregel:

$$\left(\frac{1}{x^n}\right)' = -\frac{nx^{n-1}}{(x^n)^2} = -\frac{n}{x^{n+1}}.$$

Es gilt also

$$(x^z)' = z \cdot x^{z-1} \quad \text{für alle } z \in \mathbb{Z}.$$

Beispiel 6 (*Differentiation der allgemeinen Potenzfunktion*): Die in Beispiel 5 gewonnene Regel für die Differentiation der Potenzfunktionen mit *ganzzahligen* Exponenten gilt auch für *rationale* Exponenten: Für $r \in \mathbb{Z}$ und $s \in \mathbb{N}$ differenziert man die Potenzfunktion mit dem Exponenten $\dfrac{r}{s}$ mit Hilfe der Kettenregel und der Umkehrregel:

$$\left(x^{\frac{r}{s}}\right)' = \left(\sqrt[s]{x^r}\right)' = \frac{1}{s(\sqrt[s]{x^r})^{s-1}} \cdot rx^{r-1} = \frac{r}{s} x^{r-1-(s-1)\frac{r}{s}} = \frac{r}{s} x^{\frac{r}{s}-1}.$$

Diese etwas komplizierte Rechnung hätte man sich sparen können, da man die allgemeine Potenzfunktion $x \mapsto x^\alpha$ für $\alpha \in \mathbb{R}$ leicht mit Hilfe der Kettenregel differenzieren kann:

$$(x^\alpha)' = (e^{\alpha \ln x})' = e^{\alpha \ln x} \cdot \alpha \cdot \frac{1}{x} = \alpha \cdot x^\alpha \cdot \frac{1}{x} = \alpha \cdot x^{\alpha-1}.$$

Wir halten also fest:

$$(x^\alpha)' = \alpha \cdot x^{\alpha-1} \quad \text{für alle } \alpha \in \mathbb{R}.$$

Dabei haben wir die Ableitung der Umkehrfunktion ln von $x \mapsto e^x$ benutzt, welche man mit Hilfe der Umkehrregel gewinnt:

$$(\ln x)' = \frac{1}{e^{\ln x}} = \frac{1}{x}.$$

Beispiel 7 (*Differentiation der trigonometrischen Funktionen*): Die Kosinusfunktion differenziert man mit Hilfe der Sinusfunktion und der Kettenregel:

$$(\cos x)' = (\sin(x + \frac{\pi}{2}))' = \cos(x + \frac{\pi}{2}) = -\sin x.$$

Die Ableitung der Tangensfunktion gewinnt man dann aus der Quotientenregel:

$$(\tan x)' = \left(\frac{\sin x}{\cos x}\right)'$$

$$= \frac{\cos x \cdot \cos x - (-\sin x) \cdot \sin x}{(\cos x)^2} = \frac{1}{\cos^2 x}$$

Ferner gilt auf den jeweiligen Definitionsmengen

$(\arcsin x)' = \dfrac{1}{\sqrt{1-x^2}},\quad$ denn $\cos(\arcsin x) = \sqrt{1 - \sin^2(\arcsin x)}$

$(\arccos x)' = -\dfrac{1}{\sqrt{1-x^2}},\quad$ denn $-\sin(\arccos x) = -\sqrt{1 - \cos^2(\arccos x)}$

$(\arctan x)' = \dfrac{1}{1+x^2},\quad$ denn $\cos^2(\arctan x) = \dfrac{1}{1 + \tan^2(\arctan x)}$

Ist die Ableitungsfunktion f' einer Funktion f selbst wieder differenzierbar, so kann man ihre Ableitungsfunktion $(f')'$ bilden; diese bezeichnet man mit f'' und nennt sie die *zweite Ableitungsfunktion* bzw. *zweite Ableitung* von f. Analog kann man die dritte, vierte, ... Ableitung definieren. Allgemein bezeichnet man die n^{te} Ableitung von f mit $f^{(n)}$. Existiert die n^{te} Ableitung einer Funktion, dann nennt man sie *n-mal differenzierbar*.

Aufgaben

1. Bilde die Ableitung der folgenden Funktionen:

a) $x \mapsto \dfrac{x}{1+x^2}$ b) $x \mapsto \sqrt[5]{\dfrac{1}{1+x}}$ c) $x \mapsto x^7 e^{x^2}$ d) $x \mapsto (x^2+1)^{x^2+1}$

2. Zeige, daß die Funktion

$$f : x \mapsto \begin{cases} x^2 & \text{für } x \geq 0 \\ x^3 & \text{für } x < 0 \end{cases}$$

an der Stelle 0 stetig differenzierbar, aber nicht zweimal differenzierbar ist.

3. Zeige, daß die Funktion $f : x \mapsto ae^{-x} + be^{-2x}$ für alle $a, b \in \mathbb{R}$ der *Differentialgleichung*

$$f'' + 3f' + 2f = 0$$

genügt. Bestimme Funktionen f, die der Differentialgleichung

$$f''' - 2f'' - f' + 2f = 0$$

genügen.

II.2 Die Ableitung einer Funktion

4. Die Funktionen f, g, h seien auf einem Intervall $]a; b[$ differenzierbar und sollen dort keine Nullstelle haben. Zeige, daß

$$\frac{(fgh)'}{fgh} = \frac{f'}{f} + \frac{g'}{g} + \frac{h'}{h}$$

auf $]a; b[$ gilt. Verallgemeinere diese Regel.

5. Die Funktionen f und g seien n-mal differenzierbar. Beweise die *Leibnizsche Regel*

$$(f \cdot g)^{(n)} = \sum_{i=0}^{n} \binom{n}{i} \cdot f^{(i)} \cdot g^{(n-i)}.$$

6. In dieser Aufgabe soll gezeigt werden, daß

$$\lim_{h \to 0} \frac{e^h - 1}{h} = 1.$$

a) Zeige, daß $\left(1 + \frac{1}{n}\right)^n < e < \left(1 + \frac{1}{n}\right)^{n+1}$ für alle $n \in \mathbb{N}$.

b) Zeige, daß $\sqrt[n]{1 + \frac{1}{n}} < 1 + \frac{1}{n^2}$ für alle $n \geq 2$.

c) Zeige, daß

$$\lim_{n \to \infty} n \left((1 + \frac{1}{n}) \sqrt[n]{1 + \frac{1}{n}} - 1 \right) = 1.$$

d) Beweise die eingangs genannte Grenzwertbeziehung.

7. Die überall auf $\mathbb{R}$ definierten Funktionen

$$\sinh : x \mapsto \frac{e^x - e^{-x}}{2} \quad \text{und} \quad \cosh : x \mapsto \frac{e^x + e^{-x}}{2}$$

haben ähnliche Eigenschaften wie sin und cos. Man nennt sie *hyperbolische Funktionen* (*Sinushyperbolicus*, *Cosinushyperbolicus*).

a) Zeige, daß $\sinh' = \cosh$ und $\cosh' = \sinh$.

b) Zeige, daß $\cosh^2 x - \sinh^2 x = 1$. Welche Kurve wird durch

$$\{(x, y) \mid x = \cosh t, \; y = \sinh t, \; t \in \mathbb{R}\}$$

dargestellt?

c) Die Funktion $\tanh := \dfrac{\sinh}{\cosh}$ heißt *Tangenshyperbolicus*. Bestimme die Ableitungsfunktion.

d) Skizziere die Graphen von sinh, cosh, tanh über dem Intervall $[-3; 3]$.

8. Bestimme eine auf $\mathbb{R}$ differenzierbare Funktion f, die der Differentialgleichung

a) $f^2 + (f')^2 = 1$ \quad b) $f^2 - (f')^2 = 1$

genügt, und für welche außerdem $f(0) = 1$ gilt.

II.3 Die Mittelwertsätze der Differentialrechnung

Wir beweisen nun eine Reihe von Sätzen über differenzierbare Funktionen, welche für die Anwendungen der Differentialrechnung von großer Bedeutung sind.

Satz 1 (*Satz über das lokale Extremum*): Die Funktion f sei differenzierbar an der Stelle $x_0 \in\,]a; b[\, \subseteq D_f$ und es gelte

$$f(x) \leq f(x_0) \quad \text{für alle } x \in\,]a; b[$$

(f hat an Stelle x_0 ein lokales Maximum) oder

$$f(x) \geq f(x_0) \quad \text{für alle } x \in\,]a; b[$$

(f hat an Stelle x_0 ein lokales Minimum). Dann gilt

$$f'(x_0) = 0.$$

Beweis: Es genügt, den Fall zu betrachten, daß an der Stelle x_0 ein lokales Maximum vorliegt, andernfalls untersuche man die Funktion $-f$. Die Behauptung folgt dann aus

$$0 \leq \lim_{n \to \infty} \frac{f\left(x_0 - \frac{1}{n}\right) - f(x_0)}{-\frac{1}{n}} = f'(x_0) = \lim_{n \to \infty} \frac{f\left(x_0 + \frac{1}{n}\right) - f(x_0)}{\frac{1}{n}} \leq 0.$$

Satz 2 (*Satz von Rolle*[51]): Die Funktion f sei stetig auf dem abgeschlossenen Intervall $[a; b] \subseteq D_f$ und differenzierbar auf dem offenen Intervall $]a; b[$. Ist $f(a) = f(b)$, dann existiert eine Zahl $\xi \in\,]a; b[$ mit $f'(\xi) = 0$.

Beweis: Ist f konstant auf $[a; b]$, dann ist $f'(x) = 0$ für alle $x \in\,]a; b[$. Andernfalls existiert nach Satz 5 aus II.1 eine Stelle $\xi \in\,]a; b[$, an welcher f ein Extremum (Maximum, Minimum) annimmmt. Nach Satz 1 gilt dann $f'(\xi) = 0$.

Satz 3 (*1. Mittelwertsatz der Differentialrechnung*; vgl. Fig. 1): Die Funktion f sei stetig auf $[a; b] \subseteq D_f$ und differenzierbar auf $]a; b[$. Dann existiert ein $\xi \in\,]a; b[$ mit

$$\frac{f(b) - f(a)}{b - a} = f'(\xi).$$

Beweis: Man wende den Satz von Rolle auf folgende Funktion an:

$$x \mapsto f(x) - \frac{f(b) - f(a)}{b - a} \cdot (x - a).$$

---

[51] Michel Rolle, französischer Mathematiker, 1652–1719

II.3 Die Mittelwertsätze der Differentialrechnung

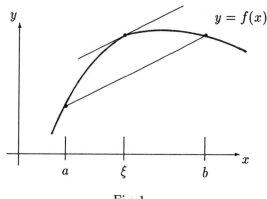

Fig. 1

Satz 4: Die Funktion f sei stetig auf $[a;b] \subseteq D_f$ und differenzierbar auf $]a;b[$. Gilt $f'(x) = 0$ für alle $x \in]a;b[$, dann ist f konstant auf $[a;b]$.

Beweis: Für jedes $x_0 \in]a;b[$ existiert nach Satz 3 ein $\xi_0 \in]a;x_0[$ mit

$$\frac{f(x_0) - f(a)}{x_0 - a} = f'(\xi_0).$$

Aus $f'(\xi_0) = 0$ folgt $f(x_0) = f(a)$.

Satz 5: Die Funktionen f und g seien stetig auf $[a;b] \subseteq D_f \cap D_g$ und differenzierbar auf $]a;b[$. Gilt $f'(x) = g'(x)$ für alle $x \in]a;b[$, dann unterscheiden sich f und g nur durch eine additive Konstante.

Beweis: Man wende Satz 4 auf die Funktion $f - g$ an.

Satz 6 (*Monotoniekriterium*): Die Funktion f sei stetig auf $[a;b] \subseteq D_f$ und differenzierbar auf $]a;b[$. Nimmt f' auf $]a;b[$ nur positive (nur negative) Werte an, dann ist f auf $[a;b]$ streng monoton wachsend (fallend).

Beweis: Wir nehmen an, f' habe nur positive Werte auf $]a;b[$ (im anderen Fall betrachte man $-f$). Für $a \leq x_1 < x_2 \leq b$ existiert nach dem 1. Mittelwertsatz ein $\xi \in]x_1;x_2[$ mit

$$f(x_2) - f(x_1) = f'(\xi)(x_2 - x_1),$$

und diese Zahl ist positiv.

Satz 7 (*2. Mittelwertsatz der Differentialrechnung*): Die Funktionen f und g seien stetig auf $[a;b] \subseteq D_f \cap D_g$ und differenzierbar auf $]a;b[$. Ist $g'(x) \neq 0$ für alle $x \in]a;b[$, dann gibt es ein $\xi \in]a;b[$ mit

$$\frac{f(b) - f(a)}{g(b) - g(a)} = \frac{f'(\xi)}{g'(\xi)}.$$

Beweis: Zunächst beachte man, daß aufgrund des Satzes von Rolle $g(a) \neq g(b)$. Nun wende man den Satz von Rolle auf folgende Funktion an:

$$x \mapsto f(x) - \frac{f(b) - f(a)}{g(b) - g(a)} \cdot (g(x) - g(a)).$$

Satz 8 (*1. Regel von de L'Hospital*[52]): Die Funktionen f und g seien stetig auf $[a;b] \subseteq D_f \cap D_g$ und differenzierbar auf $]a;b[$, und es sei $g'(x) \neq 0$ für alle $x \in]a;b[$. Ist $f(b) = g(b) = 0$ und existiert der linksseitige Grenzwert von $\dfrac{f'(x)}{g'(x)}$ an der Stelle b, dann ist

$$\lim_{x \to b^-} \frac{f(x)}{g(x)} = \lim_{x \to b^-} \frac{f'(x)}{g'(x)}.$$

Beweis: Für $x \in]a;b[$ existiert nach dem 2. Mittelwertsatz ein $\xi \in]x;b[$ mit

$$\frac{f(x)}{g(x)} = \frac{f(x) - f(b)}{g(x) - g(b)} = \frac{f'(\xi)}{g'(\xi)}.$$

Die Regel in Satz 8 gilt natürlich auch für rechtsseitige Grenzwerte und für beidseitige Grenzwerte, sofern diese existieren. Ferner gilt sie für die Grenzübergänge $x \to \infty$ und $x \to -\infty$ (Aufgabe 5).

Beispiele:

a) $\lim\limits_{x \to 0} \dfrac{e^x - x - 1}{x^2} = \lim\limits_{x \to 0} \dfrac{e^x - 1}{2x} = \lim\limits_{x \to 0} \dfrac{e^x}{2} = \dfrac{1}{2}$

b) $\lim\limits_{x \to 0} \dfrac{\ln(1 - x^2)}{x\sqrt{x}} = \lim\limits_{x \to 0} \dfrac{-2x \cdot 2}{(1 - x^2) \cdot 3\sqrt{x}} = \lim\limits_{x \to 0} \dfrac{-4\sqrt{x}}{3(1 - x^2)} = 0$

Satz 9 (*2. Regel von de L'Hospital*): Die Funktionen f und g seien auf $]a;b[\subseteq D_f \cap D_g$ differenzierbar und es sei $f(x), g(x), g'(x) \neq 0$ für alle $x \in]a;b[$. Ist dann

$$\lim_{x \to b^-} f(x) = \lim_{x \to b^-} g(x) = \infty$$

und existiert der linksseitige Grenzwert von $\dfrac{f'(x)}{g'(x)}$ an der Stelle b, dann ist

$$\lim_{x \to b^-} \frac{f(x)}{g(x)} = \lim_{x \to b^-} \frac{f'(x)}{g'(x)}.$$

---

[52] Marquis Guillaume Francois Antoine de L'Hospital, Marquis de Sainte-Mesme, Comte d'Entremont, französischer Naturforscher und Mathematiker, 1661–1704; er verfaßte — basierend auf Vorlesungen von Johann Bernoulli (1667–1748) — das erste Lehrbuch zur Differentialrechnung.

II.3 Die Mittelwertsätze der Differentialrechnung

Beweis: Für $a < x_1 < x < b$ gibt es nach dem 2. Mittelwertsatz ein $x_2 \in]x_1, x[$ mit

$$\frac{f(x) - f(x_1)}{g(x) - g(x_1)} = \frac{f(x)}{g(x)} \cdot \frac{1 - \frac{f(x_1)}{f(x)}}{1 - \frac{g(x_1)}{g(x)}} = \frac{f'(x_2)}{g'(x_2)}.$$

Bezeichnen wir mit A den linksseitigen Grenzwert von $\dfrac{f'(x)}{g'(x)}$ an der Stelle b, dann können wir x_1 zu einem vorgegebenen $\varepsilon > 0$ so wählen, daß

$$\left|\frac{f'(x)}{g'(x)} - A\right| < \varepsilon \quad \text{für alle } x \in]x_1, b[,$$

also

$$A - \varepsilon < \frac{f(x)}{g(x)} \cdot \frac{1 - \frac{f(x_1)}{f(x)}}{1 - \frac{g(x_1)}{g(x)}} < A + \varepsilon.$$

Wegen

$$\lim_{x \to b^-} \frac{f(x_1)}{f(x)} = \lim_{x \to b^-} \frac{g(x_1)}{g(x)} = 0$$

(bei festgehaltenem x_1) gibt es ein $x_3 \in]x_1, b[$ mit

$$A - \varepsilon < \frac{f(x)}{g(x)} < A + \varepsilon \quad \text{für alle } x \in]x_3; b[.$$

Daher existiert der linksseitige Grenzwert von $\dfrac{f(x)}{g(x)}$ an der Stelle b und hat den Wert A.

Die Regel in Satz 9 gilt natürlich auch für rechtsseitige Grenzwerte und für beidseitige Grenzwerte, sofern diese existieren. Ferner gilt sie für die Grenzübergänge $x \to \infty$ und $x \to -\infty$ (Aufgabe 5).

Beispiele:

c) $\displaystyle\lim_{x \to \infty} \frac{x^n}{e^x} = \lim_{x \to \infty} \frac{nx^{n-1}}{e^x} = \lim_{x \to \infty} \frac{n(n-1)x^{n-2}}{e^x} = \ldots = \lim_{x \to \infty} \frac{n!}{e^x} = 0 \ (n \in \mathbb{N})$

d) $\displaystyle\lim_{x \to 0^+} x \ln x = -\lim_{x \to 0^+} \frac{\ln \frac{1}{x}}{\frac{1}{x}} = -\lim_{x \to 0^+} \frac{x(-\frac{1}{x^2})}{-\frac{1}{x^2}} = -\lim_{x \to 0^+} x = 0$

e)[53] $\displaystyle\lim_{x \to 0^+} x^x = \lim_{x \to 0^+} \exp(x \ln x) = \exp(\lim_{x \to 0^+} x \ln x) = \exp(0) = 1.$

---

[53] Der Übergang von $\lim e^{\ldots}$ zu $e^{\lim \ldots}$ ist für $x \to x_0$ ($x_0 \in \mathbb{R}$) durch die Stetigkeit von $x \mapsto e^x$ gerechtfertigt; für $x \to \infty$ beruft man sich vermöge der Substitution $t := \frac{1}{x}$ auf die Stetigkeit der Exponentialfunktion an der Stelle 0. Statt $e^{\ldots}$ schreiben wir hier $\exp(\ldots)$.

f) $\lim_{x\to\infty} x^{\frac{1}{x}} = \lim_{x\to\infty} \exp\left(\frac{\ln x}{x}\right) = \exp\left(\lim_{x\to\infty} \frac{\ln x}{x}\right) = \exp\left(\lim_{x\to\infty} \frac{1}{x}\right) = \exp(0) = 1$

Mit Beispiel e) ist der schon früher gewonnene Folgengrenzwert $\lim \langle \sqrt[n]{n} \rangle = 1$ erneut berechnet worden, denn aus $\lim_{x\to\infty} F(x) = a$ folgt $\lim \langle F(n) \rangle = a$.

Aufgaben

1. Beweise mit Hilfe des 1. Mittelwertsatzes:

a) $1 + x < e^x < \dfrac{1}{1-x}$ für $0 < x < 1$

b) $\dfrac{x}{1+x} < \ln(1+x) < x$ für $x \in \mathbb{R}^+$

2. a) Beweise, daß $x \mapsto \dfrac{x-1}{x \ln x}$ für $x > 1$ monoton fällt.

b) Beweise, daß $x \mapsto \left(1 + \dfrac{1}{x}\right)^x$ für $x > 0$ monoton wächst.

Hinweis: Man benötigt die Ungleichungen aus Aufgabe 1b).

c) Bestimme die Grenzwerte von $x \mapsto \left(1 + \dfrac{1}{x}\right)^x$ für $x \to 0$ und $x \to \infty$.

3. Wie oft ist die Funktion $h : x \mapsto 3x^2 - x^3 \operatorname{sgn} x$ an der Stelle 0 differenzierbar?

4. Die Funktionen f und g seien auf $]a; b[$ differenzierbar und es gelte dort $f' = g$ und $g' = f$. Ferner sei

$$f\left(\frac{a+b}{2}\right) = 1 \quad \text{und} \quad g\left(\frac{a+b}{2}\right) = 0.$$

Zeige, daß $f^2(x) - g^2(x) = 1$ für alle $x \in]a; b[$.

5. Zeige ausführlich, daß die l'Hospitalschen Regeln auch für den Grenzübergang $x \to \infty$ gelten.

6. Bestimme folgende Grenzwerte:

a) $\lim\limits_{x\to 0} \dfrac{3^x - 2^x}{x}$
b) $\lim\limits_{x\to 1} \dfrac{x^x - x}{1 - x + \ln x}$

c) $\lim\limits_{x\to 0+} \dfrac{\ln(1 - x^2)}{x^r}$
d) $\lim\limits_{x\to 1} x^{\frac{1}{1-x}}$

7. Berechne mit Hilfe der 1. Regel von l'Hospital:

a) $\lim \langle \sqrt[2n]{5n} \rangle$
b) $\lim \left\langle \dfrac{(\ln n)^{10}}{\sqrt[10]{n}} \right\rangle$
c) $\lim \left\langle \dfrac{\sqrt[n]{n} - 1}{\frac{1 + \ln n}{n}} \right\rangle$.

II.4 Iterationsverfahren

Eine Folge $\langle x_n \rangle$ reeller Zahlen sei durch einen Startwert x_0 und eine Funktion f rekursiv definiert:
$$x_{n+1} = f(x_n) \qquad (n \in \mathbb{N}_0).$$
Wir wollen untersuchen, unter welchen Voraussetzungen über x_0 und f diese Folge konvergiert. Ist dies der Fall, dann ist es naheliegend, daß sich der Grenzwert x^* aus der Gleichung $x = f(x)$ ergibt.

Beispiel 1: Es sei $x_0 = 1$ und $x_{n+1} = \sqrt{7x_n}$. Diese Folge beginnt also mit
$$1, \sqrt{7}, \sqrt{7\sqrt{7}}, \sqrt{7\sqrt{7\sqrt{7}}}, \ldots .$$
Ihr Grenzwert ergibt sich (vermutlich) aus der Gleichung $x = \sqrt{7x}$ zu $x^* = 7$. Dies ist einleuchtend, denn
$$7 = \sqrt{7 \cdot 7} = \sqrt{7\sqrt{7 \cdot 7}} = \sqrt{7\sqrt{7\sqrt{7 \cdot 7}}} = \ldots .$$

Beispiel 2: Es sei $x_0 = 1$ und $x_{n+1} = \sqrt{2 + x_n}$. Diese Folge beginnt mit
$$1, \sqrt{2}, \sqrt{2 + \sqrt{2}}, \sqrt{2 + \sqrt{2 + \sqrt{2}}}, \ldots .$$
Ihr Grenzwert ergibt sich (vermutlich) aus der Gleichung $x = \sqrt{2+x}$ zu $x^* = 2$. Dies ist einleuchtend, denn
$$2 = \sqrt{2+2} = \sqrt{2 + \sqrt{2+2}} = \sqrt{2 + \sqrt{2 + \sqrt{2+2}}} = \ldots .$$

Beispiel 3: Es sei $x_0 = 1$ und
$$x_{n+1} = 1 + \frac{1}{1 + x_n} = \frac{2 + x_n}{1 + x_n}.$$
Diese Folge ist konvergent (Aufgabe 1). Ihr Grenzwert ergibt sich (vermutlich) aus der Gleichung $x = \dfrac{2+x}{1+x}$ bzw. $x^2 = 2$ zu $x^* = \sqrt{2}$.

Satz 1: Die Funktion f sei differenzierbar[53] auf $[a;b]$, es sei $f(x) \in [a;b]$ für alle $x \in [a;b]$, und es existiere eine positive Konstante $L < 1$ mit
$$|f'(x)| \leq L \quad \text{für alle } x \in [a;b].$$

---

[53]Die Differenzierbarkeit auf einem abgeschlossenen Intervall beinhaltet auch die *einseitige* Differenzierbarkeit an den Intervallgrenzen.

Dann hat $x = f(x)$ genau eine Lösung x^* in $[a;b]$, und die Folge $\langle x_n \rangle$ mit
$$x_{n+1} = f(x_n) \quad (n \in \mathbb{N}_0)$$
konvergiert für jeden Startwert $x_0 \in [a;b]$ gegen x^*.

Beweis: Wegen $a \leq f(x) \leq b$ für alle x mit $a \leq x \leq b$ gilt für die Funktion $g : x \mapsto x - f(x)$
$$g(a) \leq 0 \quad \text{und} \quad g(b) \geq 0.$$
Nach dem Zwischenwertsatz existiert also ein $s \in [a;b]$ mit $g(s) = 0$, also $s = f(s)$. Hat die Gleichung $x = f(x)$ die Lösungen s_1, s_2 in $[a;b]$, dann folgt nach dem 1. Mittelwertsatz
$$|s_1 - s_2| = |f(s_1) - f(s_2)| = |f'(\sigma) \cdot (s_1 - s_2)| \leq L|s_1 - s_2|$$
(mit $s_1 \leq \sigma \leq s_2$), was wegen $L < 1$ nur für $s_1 = s_2$ möglich ist. Also besitzt die Gleichung $x = f(x)$ genau eine Lösung in $[a;b]$, welche wir mit x^* bezeichnen. Für alle $x_1, x_2 \in [a;b]$ gilt nun nach dem 1. Mittelwertsatz
$$|f(x_1) - f(x_2)| = |f'(\xi)||x_1 - x_2| \leq L|x_1 - x_2|$$
mit $\xi \in [a;b]$. Also ist für $n \in \mathbb{N}_0$
$$|x_{n+1} - x^*| = |f(x_n) - f(x^*)| \leq L|x_n - x^*|$$
und somit
$$|x_{n+1} - x^*| \leq L^{n+1}|x_0 - x^*|.$$
Wegen $L < 1$ ergibt sich $\lim \langle x_n \rangle = x^*$.

In Beispiel 1 ist $f(x) = \sqrt{7x}$ und $f(x) \in [2;8]$ für $x \in [2;8]$, ferner
$$|f'(x)| = \left|\frac{1}{2}\sqrt{\frac{7}{x}}\right| \leq \sqrt{\frac{7}{8}} < 1 \quad \text{für } x \in]2;8[.$$

Mit einem Startwert aus $[2;8]$ konvergiert die Folge also gegen 7. Daß sie auch mit anderen Startwerten (etwa 1) konvergiert, wird in obigem Satz nicht ausgeschlossen.

In Beispiel 2 ist $f(x) = \sqrt{2+x}$ und $f(x) \in [1;3]$ für $x \in [1;3]$, ferner
$$|f'(x)| = \left|\frac{1}{2\sqrt{x+2}}\right| \leq \frac{1}{2\sqrt{3}} < 1 \quad \text{für } x \in [1;3].$$

Mit dem Startwert 1 muß sich also der Grenzwert 2 ergeben.

In Beispiel 3 ist $f(x) = \dfrac{2+x}{1+x}$ und $f(x) \in [1;2]$ für $x \in [1;2]$, ferner
$$|f'(x)| = |-(x+1)^{-2}| \leq \frac{1}{4} < 1 \quad \text{für } x \in [1;2].$$

II.4 Iterationsverfahren

Mit dem Startwert 1 muß sich also der Grenzwert $\sqrt{2}$ ergeben.

Wir betrachten einige weitere Beispiele.

Beispiel 4: Es sei $x_0 := 1$ und $x_{n+1} = 1+qx_n$ mit $q \in \mathbb{R}^+$. Dann ist $f(x) = 1+qx$ und $f'(x) = q$. Ist $q < 1$, dann sind die Voraussetzungen von Satz 1 mit $L = q$ und $[a; b] = \left[1; \dfrac{1}{1-q}\right]$ erfüllt. Der Grenzwert ist die Lösung von $x = 1 + qx$, also $x^* = \dfrac{1}{1-q}$. Damit haben wir erneut die Summenformel für die geometrische Reihe gewonnen. (Den Fall $-1 < q < 0$ behandelt man entsprechend.)

Beispiel 5: Es sei F_n die n^{te} Fibonacci-Zahl (vgl. I.1) und $a_n = \dfrac{F_{n+1}}{F_n}$. Aus den Eigenschaften der Fibonacci-Zahlen folgt $a_0 = 1$ und

$$a_{n+1} = 1 + \frac{1}{a_n} \quad \text{für } n \in \mathbb{N}_0.$$

Satz 1 ist anwendbar, der Grenzwert von $\langle a_n \rangle$ ist also die positive Lösung von $x = 1 + \dfrac{1}{x}$ bzw. $x^2 - x - 1 = 0$, nämlich $\dfrac{1}{2}(1 + \sqrt{5})$. Es gilt also

$$\lim \left\langle \frac{F_{n+1}}{F_n} \right\rangle = \frac{1 + \sqrt{5}}{2}.$$

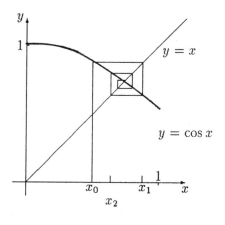

Fig. 1

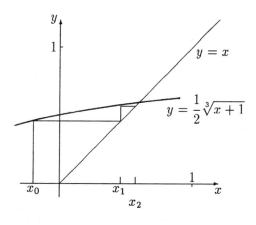

Fig. 2

Beispiel 6: Die Gleichung $x = \cos x$ hat eine Lösung zwischen 0,5 und 1, wie man an einer Skizze erkennt. Diese ergibt sich mit beliebiger Genauigkeit anhand der *Iterationsfolge*

$$x_0 = 0{,}5 \quad \text{und} \quad x_{n+1} = \cos x_n \quad (n \in \mathbb{N}_0).$$

Daß Satz 1 anwendbar ist, erkennt man sofort. In Fig. 1 ist dieses Näherungsverfahren graphisch dargestellt.

Beispiel 7: Fig. 2 zeigt das Näherungsverfahren zur Lösung von $\sqrt[3]{x+1} = 2x$.

Satz 1 dient also außer zur Berechnung von Grenzwerten aus der Gleichung $x = f(x)$ zur *näherungsweisen Lösung* einer solchen Gleichung (vgl. Beispiele 6 und 7).

Möchte man eine Nullstelle einer Funktion f bestimmen, so kann man anstelle der Gleichung $f(x) = 0$ auch die Gleichung $x = x + f(x)$ betrachten, also $x = \Phi(x)$ mit $\Phi(x) = x + f(x)$. Es gibt i. allg. aber günstigere Verfahren zum näherungsweisen Lösen der Gleichung $f(x) = 0$. Das bekannteste Verfahren wollen wir nun vorstellen.

Satz 2 (*Newtonsches Verfahren*[54]): Auf $[a;b]$ sei f zweimal stetig differenzierbar und $f'(x) \neq 0$. Dann definiere man für $x_0 \in [a;b]$ eine Folge $\langle x_n \rangle$ durch

$$x_{n+1} := x_n - \frac{f(x_n)}{f'(x_n)} \qquad (n \in \mathbb{N}_0).$$

Es sei dabei[55] $x_n \in [a;b]$ für alle $n \in \mathbb{N}$. Ferner existiere eine positive Konstante $L < 1$ mit

$$\left| \frac{f(x)f''(x)}{(f'(x))^2} \right| \leq L \qquad \text{für alle } x \in [a;b].$$

Dann konvergiert die Folge, und ihr Grenzwert x^* ist die einzige Lösung von $f(x) = 0$ in $[a;b]$.

Beweis: Die Funktion $\Phi : x \mapsto x - \dfrac{f(x)}{f'(x)}$ erfüllt die Voraussetzungen von Satz 1, denn

$$\Phi'(x) = 1 - \frac{(f'(x))^2 - f(x)f''(x)}{(f'(x))^2} = \frac{f(x)f''(x)}{(f'(x))^2}.$$

Wie in Satz 1 kann man die *Konvergenzgeschwindigkeit* auch beim Newton-Verfahren mit Hilfe der Konstanten L abschätzen:

$$|x_n - x^*| \leq L^n |x_0 - x^*|.$$

Das Newton-Verfahren läßt sich folgendermaßen geometrisch interpretieren: Man wähle eine Stelle x_n und berechne $f(x_n)$. Ist $f(x_n) \neq 0$, dann berechne man $f'(x_n)$ und betrachte die Tangente an den Graph von f im Punkt $(x_n, f(x_n))$. Diese hat die Gleichung

$$y = f(x_n) + (x - x_n) \cdot f'(x_n).$$

---

[54]Isaac Newton, 1643–1727. Newton gilt als Begründer der klassischen theoretischen Physik; er teilt sich mit Leibniz in den Ruhm, die Differentialrechnung erfunden zu haben.

[55]Dies ist bei geeigneter Wahl von $[a;b]$ gewährleistet, wenn f'' in $[a;b]$ nicht das Vorzeichen wechselt.

Ist $f'(x_n) \neq 0$, dann schneidet diese Tangente die x-Achse an der Stelle x_{n+1}; diese ergibt sich durch Auflösen der Gleichung (Fig. 3)

$$0 = f(x_n) + (x - x_n) \cdot f'(x_n).$$

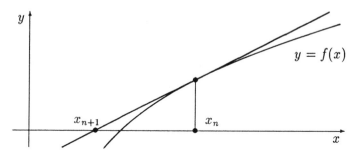

Fig. 3

Beispiel 8 (*Newtonsches Verfahren zur Wurzelberechnung*): Es sei $p \in \mathbb{N}$. Die Folge $\langle x_n \rangle$ mit $x_0 := 1$ und

$$x_{n+1} := \frac{1}{2}\left(x_n + \frac{p}{x_n}\right) \qquad (n \in \mathbb{N}_0)$$

konvergiert gegen $\sqrt{p}$. Dies ist nämlich das Newton-Verfahren mit $f(x) = x^2 - p$. Das Newton-Verfahren mit $f(x) = x^k - p$ ($k \in \mathbb{N}$) liefert entsprechend ein Iterationsverfahren für die Berechnung der k-ten Wurzel aus p: man setze $x_0 := 1$ und

$$x_{n+1} := \frac{1}{k}\left((k-1)x + \frac{p}{x^{k-1}}\right) \qquad (n \in \mathbb{N}_0).$$

Im Fall der Quadratwurzelberechnung nennt man dieses Verfahren auch *Heronsches Verfahren*[56]. Es ist ein sehr naheliegendes Verfahren: Hat man eine Näherung x für $\sqrt{p}$ berechnet, dann ist auch $\frac{p}{x}$ eine Näherung, und das arithmetische Mittel aus beiden, nämlich $\frac{1}{2}\left(x + \frac{p}{x}\right)$, ist eine noch bessere Näherung.

Ein Verfahren zur näherungsweisen Berechnung von Nullstellen einer Funktion, bei welchem man ohne den Begriff der Ableitung auskommt, ist die *Regula falsi*[57]: Die Funktion f sei stetig auf $[a; b]$. Mit $x_0, x_1 \in [a; b]$ setze man

$$x_{n+2} := x_{n+1} - f(x_{n+1}) \cdot \frac{x_{n+1} - x_n}{f(x_{n+1}) - f(x_n)} \qquad (n \in \mathbb{N}_0),$$

sofern $f(x_{n+1}) \neq f(x_n)$, in welchem Falle das Verfahren abbricht. Ist dies nicht der Fall, dann konvergiert die Folge $\langle x_n \rangle$ im allgemeinen gegen eine Lösung von

---

[56] Heron von Alexandria, Ende des 1. Jahrhunderts n. Chr.
[57] „Regel des falschen Ansatzes"

$f(x) = 0$. Die Regula falsi wird in Fig. 4 veranschaulicht: Die Gerade durch die Punkte
$$(x_n, f(x_n)) \quad \text{und} \quad (x_{n+1}, f(x_{n+1}))$$
hat die Gleichung
$$y = f(x_{n+1}) + (x - x_{n+1}) \cdot \frac{f(x_{n+1}) - f(x_n)}{x_{n+1} - x_n};$$
sie schneidet die x-Achse an der Stelle x_{n+2}.

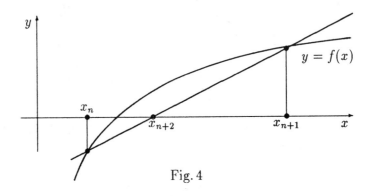

Fig. 4

Aufgaben

1. Beweise die Konvergenz der Folge in Beispiel 3.

2. Benutze Satz 1 zur näherungsweisen Bestimmung einer positiven Lösung von

a) $x = \dfrac{1}{1+x^2}$ \quad b) $x = \sqrt{\sin x}$

3. Bestimme mit Hilfe des Newton-Verfahrens eine Näherungslösung[58] von

a) $x \lg x = 1$ \quad b) $e^x = x^2$ \quad c) $x \ln x + 2x - 1 = 0$

4. Die quadratische Gleichung $x^2 - 7x + 10 = 0$ hat die Lösungen 2 und 5. Führe das Newton-Verfahren einmal mit dem Startwert 1 und einmal mit dem Startwert 7 aus.

---

[58] Steht kein programmierbarer Rechner zur Verfügung, so begnüge man sich mit der Wahl eines geeigneten Startwerts und den beiden ersten Iterationsschritten.

II.5 Stammfunktionen und Flächeninhalte

Es sei f eine auf einem offenen Intervall I stetige Funktion. Für $a, x \in I$ bezeichnen wir mit $F_a(x)$ den Flächeninhalt zwischen der x-Achse und dem Graph von f zwischen den Stellen a und x. Daß dieser Flächeninhalt existiert, werden wir erst im nächsten Abschnitt streng beweisen, hier entnehmen wir seine Existenz der Anschauung. Zunächst betrachten wir den Fall, daß $f(x) \geq 0$ im Intervall I gilt. Wir wollen untersuchen, wie die *Flächeninhaltsfunktion* F_a mit der Funktion f zusammenhängt. Es gilt für $x, x_0 \in I$ mit $x \neq x_0$

$$|x - x_0| \cdot f_{\min} \leq |F_a(x) - F_a(x_0)| \leq |x - x_0| \cdot f_{\max},$$

wobei $f_{\min}$ und $f_{\max}$ das Minimum bzw. das Maximum von f im Intervall $[x_0, x]$ (im Fall $x_0 < x$) oder $[x, x_0]$ (im Fall $x < x_0$) ist. Die Existenz von $f_{\min}$ und $f_{\max}$ wird durch die Stetigkeit von f gesichert (vgl. Satz 5 in Abschnitt II.1). Nun gilt aufgrund der Stetigkeit von f

$$\lim_{x \to x_0} f_{\min} = \lim_{x \to x_0} f_{\max} = f(x_0),$$

also ist

$$\lim_{x \to x_0} \frac{F_a(x) - F_a(x_0)}{x - x_0} = f(x_0).$$

Das bedeutet, daß F_a an der Stelle x_0 differenzierbar ist und daß

$$F_a'(x_0) = f(x_0)$$

gilt. Dies gilt an jeder Stelle $x_0 \in I$, also ist F_a eine auf I differenzierbare Funktion mit der Ableitungsfunktion f.

Definition: Ist F eine auf dem offenen Intervall I differenzierbare Funktion und gilt $F' = f$, dann nennt man F eine *Stammfunktion* von f auf I.

Zwei Stammfunktionen von F unterscheiden sich nur um eine additive Konstante: Ist $F_1' = f$ und $F_2' = f$, dann ist $(F_1 - F_2)' = 0$ (Nullfunktion), also $F_1 - F_2$ nach Satz 4 aus Abschnitt II.3 konstant. Umgekehrt ist mit F auch $F + c$ für jedes $c \in \mathbb{R}$ eine Stammfunktion von f.

Definition: Die Menge aller Stammfunktionen von f auf einem gegebenen offenen Intervall I bezeichnen wir mit[59]

$$\int f$$

und nennen diese Menge das *unbestimmte Integral* von f.

---

[59]Das *Integralzeichen* $\int$ ist ein stilisiertes „S"; es ist von Leibniz eingeführt worden. Eigentlich müßte man noch das Intervall I in die Bezeichnung aufnehmen.

Ist F_a die oben betrachtete Flächeninhaltsfunktion von f und F eine beliebige Stammfunktion von f, dann ist $F_a = F + c$ mit einer Konstanten c. Wegen $F_a(a) = 0$ ist $c = -F(a)$, also

$$F_a(x) = F(x) - F(a).$$

Den Flächeninhalt, der über dem Intervall $[a; b]$ von der x-Achse und dem Graph von f eingeschlossen wird, kann man also folgendermaßen berechnen:

$$F_a(b) = F(b) - F(a).$$

Beispiel 1: Der Flächeninhalt unter der Parabel mit der Gleichung $y = x^2$ zwischen den Stellen 1 und 4 ist

$$\frac{1}{3} \cdot 4^3 - \frac{1}{3} \cdot 1^3 = 5,$$

denn $x \mapsto \frac{1}{3}x^3$ ist eine Stammfunktion von $x \mapsto x^2$, wie man durch Differenzieren des Funktionsterms $\frac{1}{3}x^3$ feststellt.

Für obigen Flächeninhalt $F(b) - F(a)$ benutzt man traditionsgemäß die Bezeichnung

$$\int_a^b f(x)\,dx$$

und nennt dies das *bestimmte Integral* von f von a bis b. Dabei darf auch $b \leq a$ sein, denn man vereinbart sinnvollerweise

$$\int_a^a f(x)\,dx = 0 \quad \text{und} \quad \int_b^a f(x)\,dx = -\int_a^b f(x)\,dx.$$

Läßt man nun die Beschränkung auf Funktionen mit nichtnegativen Werten fallen, so vereinbart man, Flächeninhalte *unter* der x-Achse negativ zu zählen; man benutzt also die Regel

$$\int_a^b (-f(x))\,dx = -\int_a^b f(x)\,dx.$$

Diese Vereinbarungen sind verträglich mit der *Intervalladditivität* des bestimmten Integrals:

$$\int_a^b f(x)\,dx + \int_b^c f(x)\,dx = \int_a^c f(x)\,dx$$

Beispiel 2: $\int_{-1}^{1} x^3\,dx = \frac{1}{4} \cdot 1^4 - \frac{1}{4} \cdot (-1)^4 = 0.$

II.5 Stammfunktionen und Flächeninhalte

Auf den Integralbegriff für Funktionen, die nicht notwendigerweise stetig sind, gehen wir erst im nächsten Abschnitt ein. Hier wollen wir uns nur noch mit der Frage beschäftigen, wie man zu einer gegebenen *stetigen* Funktion das unbestimmte Integral bzw. eine Stammfunktion findet. Dazu muß man im wesentlichen nur die Differentiationsregeln „umgekehrt lesen". Im folgenden bedeutet ein Rechenzeichen zwischen zwei unbestimmten Integralen, die ja Mengen von Funktionen sind, daß je ein Element der einen Menge mit je einem Element der anderen Menge verknüpft wird.[60]

Satz 1: Für auf einem offenen Intervall I stetige Funktionen f, g gilt dort:

$$\int (f+g) = \int f + \int g$$
$$\int (cf) = c \int f \quad (c \in \mathbb{R})$$

Sind f und g auf I stetig differenzierbar, dann gilt

$$\int (f \cdot g') = f \cdot g - \int (f' \cdot g).$$

Es sei φ auf I stetig differenzierbar und f auf $\varphi(I)$ stetig. Dann gilt

$$\int (f \circ \varphi) \cdot \varphi' = \left(\int f \right) \circ \varphi.$$

Ist ferner $\varphi'(t) \neq 0$ für alle $t \in I$ (also φ auf I umkehrbar), dann gilt

$$\int f = \left(\int (f \circ \varphi) \cdot \varphi' \right) \circ \varphi^{-1}.$$

Man verifiziert die Behauptungen von Satz 1 durch Differenzieren. Die dritte Formel beinhaltet die *partielle Integration* oder *Produktintegration*. Bei den beiden im Fall der Invertierbarkeit von φ gleichwertigen letzten Formeln spricht man von der *Integration durch Substitution*.

In Beispielen mit konkreten Funktionstermen $f(x)$ schreibt man auch

$$\int f(x) \, dx \quad \text{statt} \quad \int f.$$

Ist $F \in \int f$, dann schreibt man meistens

$$\int f(x) \, dx = F(x) + \text{const.},$$

---

[60]In der Algebra nennt man das eine *Komplexverknüpfung*.

wir wollen hier aber auf „+ const." verzichten, da diese Schreibweise ohnehin interpretationsbedürftig ist.

Beispiel 3 (zur partiellen Integration):

a) $$\int x e^x \, dx = x e^x - \int e^x \, dx = x e^x - e^x$$

b) $$\int \ln x \, dx = \int 1 \cdot \ln x \, dx = x \ln x - \int \frac{x}{x} \, dx = x \ln x - x$$

Beispiel 4 (zur Integration durch Substitution):

a) $$\int \frac{f'(x)}{f(x)} \, dx = \ln f(x)$$

b) $$\int f(x) \cdot f'(x) \, dx = \frac{1}{2} (f(x))^2$$

Für alle $\alpha \in \mathbb{R}$ mit $\alpha \neq -1$ gilt

$$\int x^\alpha \, dx = \frac{1}{\alpha + 1} x^{\alpha + 1},$$

wie man sofort durch Differentiation findet. Der Ausnahmefall $\alpha = -1$ kann benutzt werden, um die Funktion ln zu *definieren*; man kann damit also einen neuen Zugang zu den Expontial- und Logarithmusfunktionen finden: Für $x > 0$ sei

$$\ln x := \int_1^x \frac{1}{t} \, dt.$$

Dann ist ln eine auf $\mathbb{R}^+$ differenzierbare Funktion mit

$$(\ln x)' = \frac{1}{x} > 0,$$

also ist ln umkehrbar auf $\mathbb{R}^+$. Die Umkehrfunktion von ln nennen wir exp; ihre Definitionsmenge ist die Bildmenge von ln (also $\mathbb{R}$, wie wir sogleich sehen werden). Nach der Umkehrregel der Differentiation gilt

$$\exp' = \frac{1}{\ln' \circ \exp} = \exp,$$

die Funktion exp stimmt also mit ihrer Ableitungsfunktion überein. Für $x > 0$ und ein festes $a > 0$ gilt $\ln ax = \ln a + \ln x$; denn

$$(\ln ax)' = \frac{1}{ax} \cdot a = \frac{1}{x} = (\ln x)',$$

II.5 Stammfunktionen und Flächeninhalte

es ist also $\ln ax = \ln x + c$, und die Konstante c ergibt sich für $x = 1$ zu $\ln a$. Es gilt also für alle $x_1, x_2 > 0$

$$\ln x_1 x_2 = \ln x_1 + \ln x_2.$$

Aus dieser Beziehung folgt

$$\ln \frac{1}{x} = -\ln x \quad \text{für alle } x > 0.$$

Daraus ergibt sich, daß $\ln$ die Bildmenge $\mathbb{R}$ hat. Mit $y_1 = \ln x_1$, $y_2 = \ln x_2$ ergibt sich

$$\exp(y_1 + y_2) = \exp(\ln x_1 x_2) = x_1 x_2 = \exp y_1 \cdot \exp y_2.$$

Für $x > 0$ und festes $a \in \mathbb{R}$ gilt

$$\ln x^a = a \ln x,$$

denn

$$(\ln x^a)' = \frac{1}{x^a} \cdot a x^{a-1} = \frac{a}{x} = (a \ln x)',$$

also $\ln x^a = a \ln x + c$, wobei sich die Konstante c als 0 ergibt ($x = 1$ setzen). Dies bedeutet für die Funktion $\exp$, daß

$$\exp ay = (\exp y)^a$$

für alle $a, y \in \mathbb{R}$ gilt. Es folgt für alle $a \in \mathbb{R}$

$$\exp a = (\exp 1)^a.$$

Setzen wir $e := \exp 1$, also $\ln e = 1$, dann ergibt sich

$$\exp a = e^a.$$

Damit haben wir einen völlig neuen Zugang zur Exponentialfunktion gefunden. Die oben definierte Zahl e ist tatsächlich die Eulersche Zahl, denn wegen

$$n \cdot \frac{1}{n+1} < n \ln\left(1 + \frac{1}{n}\right) < n \cdot \frac{1}{n}$$

(vgl. obige Definition der Funktion $\ln$) ist

$$e = \lim_{n \to \infty} \left(1 + \frac{1}{n}\right)^n.$$

Man kann in ähnlicher Weise die trigonometrischen Funktionen mit Hilfe der Integralrechnung einführen, wenn man z. B. an die Beziehung

$$\arctan x = \int_0^x \frac{1}{1+t^2} \, dt \quad (x \in \mathbb{R})$$

denkt. Man betrachtet also die durch dieses Integral definierte Funktion α auf $\mathbb{R}$, welche wegen

$$\alpha'(x) = \frac{1}{1+x^2} \quad \text{für alle } x \in \mathbb{R}$$

auf $\mathbb{R}$ umkehrbar ist, definiert $\tan x := \alpha^{-1}(x)$ auf der Bildmenge von α und schließlich die Sinusfunktion[61] durch

$$\sin = \frac{\tan}{\sqrt{1+\tan^2}}.$$

Hier sind die Überlegungen etwas komplizierter als bei der Exponentialfunktion — insbesondere macht die Definition der Bogenlänge und der Kreiszahl mit Hilfe von Integralen etwas Mühe —, so daß wir es bei der geometrischen Definition der trigonometrischen Funktionen (Abschnitt II.1) belassen wollen.

Mit $\mathcal{A}$ bezeichnen wir die Menge aller Funktionen, die aus den Funktionen

$$\underline{1} : x \mapsto 1 \quad \text{und} \quad \text{id} : x \mapsto x$$

durch endlich oftmalige Anwendung folgender Operationen entstehen können:

— Einschränkung der Definitionsmenge auf ein Teilintervall

— Addition zweier Funktionen

— Vervielfachung mit einer reellen Zahl

— Multiplikation zweier Funktionen

— Bildung der Kehrfunktion

— Verkettung zweier Funktionen

— Bildung der Umkehrfunktion

Die Ableitungsregeln (Abschnitt II.2) garantieren, daß jede Funktion aus $\mathcal{A}$ auf ihrer Definitionsmenge differenzierbar ist und daß ihre Ableitungsfunktion wieder in $\mathcal{A}$ liegt. Eine Stammfunktion einer Funktion aus $\mathcal{A}$ muß aber nicht wieder in $\mathcal{A}$ liegen; Beispiele dafür[62] sind die Stammfunktionen ln und arctan von

$$x \mapsto \frac{1}{x} \quad \text{bzw.} \quad x \mapsto \frac{1}{1+x^2}.$$

Nehmen wir nun die Funktionen ln und arctan (oder auch exp und sin) zu der betrachteten Funktionenmenge hinzu und erlauben wieder die oben angegebenen Operationen, dann entsteht eine Menge $\mathcal{C}$ von Funktionen, welche man die *Menge*

---

[61] mit geeigneter stetiger Fortsetzung an den Definitionslücken von tan

[62] Auf den Nachweis, daß ln und arctan nicht in $\mathcal{A}$ liegen, müssen wir hier verzichten.

II.5 Stammfunktionen und Flächeninhalte

der elementaren Funktionen[63] nennt. Die Ableitungsregeln garantieren wieder, daß die Menge $\mathcal{C}$ abgeschlossen gegenüber der Bildung der Ableitungsfunktion ist. Sie ist aber nicht abgeschlossen gegenüber der Bildung einer Stammfunktion; beispielsweise gehört eine Stammfunktion von $x \mapsto \exp(x^2)$ nicht zu $\mathcal{C}$. Es ist oft sehr schwer festzustellen, ob die Stammfunktion einer Funktion elementar ist oder nicht.

Ist die Stammfunktion einer elementaren Funktion f nicht elementar, so sagt man, f sei *nicht elementar integrierbar*.[64]

Aufgaben

1. Bestimme eine Stammfunktion zu der Funktion mit folgendem Funktionsterm:

a) $\dfrac{1}{x-1}$ b) $(x+1)^2$ c) $\dfrac{1}{\sqrt{x^2-1}}$ d) $\dfrac{2^x}{3^{x+1}}$ e) $3^{\sqrt{2x+1}}$

f) $x^7 \ln x$ g) $x^4 e^x$ h) $x^2 2^x$ i) $x^2 \sin x$ j) $\tan x$

2. Berechne durch partielle Integration:

a) $\displaystyle\int_0^2 x^2 e^x \, dx$ b) $\displaystyle\int_1^2 (\ln x)^3 \, dx$ c) $\displaystyle\int_e^{e^2} \frac{\ln(\ln x)}{x} \, dx$

3. Berechne durch Substitution:

a) $\displaystyle\int_1^4 \frac{e^{\sqrt{x}}}{\sqrt{x}} \, dx$ b) $\displaystyle\int_0^1 e^{e^x} e^x \, dx$ c) $\displaystyle\int_e^{e^2} \frac{\ln \ln x}{x \ln x} \, dx$

4. Bestimme Rekursionsformeln für

a) $\displaystyle\int_0^2 x^n e^x \, dx$ b) $\displaystyle\int_1^e (\ln x)^n \, dx$ c) $\displaystyle\int_1^e x^3 (\ln x)^n \, dx$

5. Beweise

a) $\displaystyle\int_0^1 x^n (1-x)^m \, dx = \int_0^1 x^m (1-x)^n \, dx$ für alle $m, n \in \mathbb{N}$;

b) $\displaystyle\int_t^1 \frac{1}{1+x^2} \, dx = \int_1^{t^{-1}} \frac{1}{1+x^2} \, dx$ für alle $t > 0$.

---

[63] Diese Sprechweise haben wir schon in Abschnitt II.1 benutzt. Wir weisen nochmals darauf hin, daß diese Sprechweise nicht allgemein gebräuchlich ist und daß die Erklärung des Begriffs der elementaren Funktion hier etwas vage bleibt.

[64] Natürlich ist jede elementare Funktion integrierbar in dem Sinne, daß sie eine Stammfunktion besitzt.

II.6 Das Riemannsche Integral

Wir betrachten eine auf dem Intervall $[a;b]$ *beschränkte* Funktion f und denken uns das Intervall durch Teilpunkte in Teilintervalle zerlegt:

$$a = x_0 < x_1 < x_2 < \ldots < x_{n-1} < x_n = b$$

Die Menge

$$Z = \{x_0, x_1, x_2, \ldots, x_{n-1}, x_n\}$$

nennen wir eine *Zerlegung* des Intervalls. Wir setzen

$$m_k := \inf_{x \in [x_{k-1}, x_k]} f(x) \quad \text{und} \quad M_k := \sup_{x \in [x_{k-1}, x_k]} f(x)$$

für $k = 1, 2, \ldots, n$. Supremun und Infimum existieren nach Satz 3 aus Abschnitt I.6. Dann nennt man

$$\underline{S}_Z(f) := \sum_{k=1}^{n} m_k \cdot (x_k - x_{k-1}) \quad \text{und} \quad \overline{S}_Z(f) := \sum_{k=1}^{n} M_k \cdot (x_k - x_{k-1})$$

die *Untersumme* bzw. die *Obersumme* von f bezüglich der Zerlegung Z.

Nun betrachten wir *alle* denkbaren Zerlegungen von $[a;b]$ in endlich viele Intervalle, betrachten jeweils die zugehörigen Unter- und Obersummen von f und definieren

$$\underline{S}(f) := \sup_Z \underline{S}_Z(f) \quad \text{und} \quad \overline{S}(f) := \inf_Z \overline{S}_Z(f).$$

Die Existenz von Supremum und Infimum ist wiederum durch Satz 3 in Abschnitt I.6 gesichert. Trivialerweise gilt

$$\underline{S}(f) \leq \overline{S}(f).$$

Definition: Gilt in obigen Bezeichnungen

$$\underline{S}(f) = \overline{S}(f),$$

dann nennt man diesen gemeinsamen Wert von $\underline{S}(f)$ und $\overline{S}(f)$ das *Riemann-Integral*[66] oder auch kurz das *Integral* von f über $[a;b]$ und schreibt dafür

$$\int_a^b f(x)\,dx.$$

Man nennt dann f *Riemann-integrierbar* oder kurz *integrierbar* über $[a;b]$.

Anschaulich ist klar, daß wir im Fall einer stetigen Funktion f mit dem Integral wie in Abschnitt II.5 den Flächeninhalt zwischen der x-Achse und dem Graph

---

[66]Bernhard Riemann, 1826–1866

II.6 Das Riemannsche Integral

von f berechnen können. Wir werden diesen Zusammenhang hier noch näher begründen, wollen aber zunächst einige einfache Eigenschaften des Riemann-Integrals notieren. Man setzt

$$\int_a^a f(x)\,\mathrm{d}x = 0 \quad \text{und} \quad \int_b^a f(x)\,\mathrm{d}x = -\int_a^b f(x)\,\mathrm{d}x.$$

Ohne große Mühe ergeben sich die folgenden Formeln:

$$\int_a^b (cf)(x)\,\mathrm{d}x = c\int_a^b f(x)\,\mathrm{d}x \quad (c \in R)$$
$$\int_a^b (f+g)(x)\,\mathrm{d}x = \int_a^b f(x)\,\mathrm{d}x + \int_a^b g(x)\,\mathrm{d}x$$
$$\int_a^b f(x)\,\mathrm{d}x \leq \int_a^b g(x)\,\mathrm{d}x, \text{ falls } f(x) \leq g(x) \text{ auf } [a;b]$$
$$\left|\int_a^b f(x)\,\mathrm{d}x\right| \leq \int_a^b |f(x)|\,\mathrm{d}x$$

Die dabei auftretenden Funktionen f und g sind natürlich als integrierbar vorausgesetzt. Die Integrierbarkeit von $cf, f+g$ und $|f|$ ergibt sich leicht.

Eine wichtige Eigenschaft ist die *Intervalladditivität* des Integrals: Ist $a < b < c$ und ist f auf $[a;b]$ und $[b;c]$ integrierbar, dann ist f auch auf $[a;c]$ integrierbar und es gilt[67]

$$\int_a^c f(x)\,\mathrm{d}x = \int_a^b f(x)\,\mathrm{d}x + \int_b^c f(x)\,\mathrm{d}x.$$

Ist f auf einem Intervall I integrierbar, dann ist f auch auf jedem Teilintervall von I integrierbar; auch dies läßt sich leicht einsehen. Ist f auf dem Intervall I integrierbar und $x_0 \in I$, dann heißt die auf I definierte Funktion

$$F: x \mapsto \int_{x_0}^x f(t)\,\mathrm{d}t$$

(umständlich!)

ein *Integral von f als Funktion der oberen Grenze*. Die Funktion F ist stetig auf I, denn ist M eine Schranke für $|f(x)|$ auf I, dann gilt

$$|F(x_1) - F(x_2)| = \left|\int_{x_0}^{x_1} f(t)\,\mathrm{d}t - \int_{x_0}^{x_2} f(t)\,\mathrm{d}t\right| = \left|\int_{x_1}^{x_2} f(t)\,\mathrm{d}t\right|$$
$$\leq \left|\int_{x_1}^{x_2} |f(t)|\,\mathrm{d}t\right| \leq |x_1 - x_2| \cdot M.$$

---

[67] Ausführliche Beweise dieser und der oben angeführten Eigenschaften findet man in fast allen Lehrbüchern der Analysis, obwohl sie fast unmittelbar einsichtig sind.

Satz 1 (*Hauptsatz der Differential- und Integralrechnung*): Ist f stetig an der Stelle $x \in I$, dann ist F differenzierbar an der Stelle I und es gilt

$$F'(x) = f(x).$$

Beweis: Für $x, x+h \in I$ gilt

$$\begin{aligned}
\left| \frac{F(x+h) - F(x)}{h} - f(x) \right| &= \left| \frac{1}{h} \left(\int_x^{x+h} f(t)\,dt - \int_x^{x+h} f(x)\,dt \right) \right| \\
&= \frac{1}{|h|} \left| \int_x^{x+h} (f(t) - f(x))\,dt \right| \\
&\leq \frac{1}{|h|} \cdot |h| \cdot \max_{|t-x| \leq |h|} |f(t) - f(x)| \\
&= \max_{|t-x| \leq |h|} |f(t) - f(x)|.
\end{aligned}$$

Dieser Satz heißt *Hauptsatz* der Differential- und Integralrechnung, weil er eine Verbindung zwischen dem Differenzieren und dem Integrieren herstellt, indem er das Integrieren stetiger Funktionen auf das Bestimmen einer Stammfunktion zurückführt, also in gewisser Weise auf die Umkehrung der Differentiation. Ist f stetig und $F' = f$ auf $[a; b]$, dann ist

$$\int_a^b f(x)\,dx = F(b) - F(a),$$

wie wir schon in Abschnitt II.5 gesehen haben.

Wir wollen nun ein typisches Beispiel für eine integrierbare, aber nicht stetige Funktionen vorstellen.

Beispiel 1: Wir betrachten auf dem Intervall $[0,1]$ die Funktion f mit $f(0) = 1$ und $f(x) = [x^{-1}]^{-1}$ für $x \neq 0$. Das Supremum der Untersummen und das Infimum der Obersummen haben beide den Wert

$$\begin{aligned}
&\left(1 - \frac{1}{2}\right) \cdot 1 + \left(\frac{1}{2} - \frac{1}{3}\right) \cdot \frac{1}{2} + \left(\frac{1}{3} - \frac{1}{4}\right) \cdot \frac{1}{3} + \cdots \\
&= \sum_{i=1}^{\infty} \left(\frac{1}{i} - \frac{1}{i+1}\right) \frac{1}{i} = \sum_{i=1}^{\infty} \frac{1}{i^2} - 1.
\end{aligned}$$

Das Integral existiert also und hat den soeben angegebenen Wert.

Dieses Beispiel haben wir „typisch" genannt, weil es ein Beispiel für jeden der beiden folgenden Sätze ist, welche die wesentlichen nicht stetigen, aber integrierbaren Funktionen beschreiben[68]:

---

[68] Beweise dieser beiden Sätze findet man in den meisten Lehrbüchern zur Analysis.

Satz 2: Ist die Funktion f auf dem Intervall $[a;b]$ monoton, dann ist sie auf diesem Intervall integierbar.

Satz 3: Besitzt die Funktion f auf dem Intervall $[a;b]$ nur abzählbar viele Unstetigkeitsstellen, dann ist sie auf diesem Intervall integrierbar.

Wir stellen noch ein einfaches Beispiel für eine nicht integrierbare Funktion vor:

Beispiel 2: Auf $[0;1]$ sei die Funktion f definiert durch

$$f(x) := \begin{cases} 1, & \text{wenn } x \text{ rational ist,} \\ 0, & \text{wenn } x \text{ irrational ist.} \end{cases}$$

Diese Funktion[69] ist nicht integrierbar: Weil jedes Intervall aus $\mathbb{R}$ sowohl rationale als auch irrationale Zahlen enthält, hat jede Untersumme den Wert 0 und jede Obersumme den Wert 1.

Bemerkung: Wie Beispiel 1 oder schon das einfachere Beispiel $x \mapsto [x]$ zeigt, muß eine integrierbare Funktion nicht unbedingt eine Stammfunktion besitzen, wenn sie nicht stetig ist. Umgekehrt gibt es Funktionen, die auf einem offenen Intervall eine Stammfunktion besitzen, dort aber nicht integrierbar sind: Auf $]-1;1[$ ist die Funktion F mit $F(0) := 0$ und

$$F(x) := x^2 \cos \frac{\pi}{x^2} \quad \text{für } x \neq 0$$

differenzierbar; ihre Ableitungsfunktion ist f mit $f(0) := 0$ und

$$f(x) := 2x \cos \frac{\pi}{x^2} + \frac{2\pi}{x} \sin \frac{\pi}{x^2}.$$

Die Funktion f ist auf dem betrachteten Intervall nicht integrierbar, weil sie an der Stelle 0 nicht beschränkt ist. Die wesentliche Voraussetzung der Beschränktheit des Integranden im Integrationsintervall werden wir im folgenden Abschnitt fallenlassen und damit einen erweiterten Integrierbarkeitsbegriff definieren.

Von ähnlich goßer Bedeutung wie die Mittelwertsätze der Differentialrechnung sind die folgenden Mittelwertsätze der Integralrechnung.

Satz 4 (*1. Mittelwertsatz der Integralrechnung*[70]): Ist f stetig auf $[a;b]$, dann existiert ein $\xi \in]a;b[$ mit

$$\int_a^b f(x)\,dx = f(\xi) \cdot (b-a).$$

---

[69] Man beachte, daß f an *jeder* Stelle des Intervalls $[0;1]$ unstetig ist.

[70] Für eine auf $[a;b]$ positive Funktion f besagt dieser Satz, daß die Fläche unter dem Graph von f für ein geeignetes $\xi \in]a;b[$ gleich dem Inhalt des Rechtecks mit den Seiten $b-a$ und $f(\xi)$ ist.

Beweis: Für die auf $]a;b[$ differenzierbare Funktion F mit

$$F(x) := \int_a^x f(t)\,\mathrm{d}t$$

gibt es nach dem 1. Mittelwertsatz der Differentialrechnung ein $\xi \in\,]a;b[$ mit

$$F(b) - F(a) = F'(\xi)(b-a).$$

Satz 5 (*Erweiterter 1. Mittelwertsatz der Integralrechnung*[71]): Ist f stetig, g integrierbar und $g(x) \geq 0$ auf $[a;b]$, dann gibt es ein $\xi \in [a;b]$ mit

$$\int_a^b f(x)g(x)\,\mathrm{d}x = f(\xi)\int_a^b g(x)\,\mathrm{d}x.$$

Ist g stetig auf $[a;b]$, dann gibt es sogar ein ξ in dem offenen Intervall $]a;b[$ mit dieser Eigenschaft.

Beweis: Es sei m das Minimum und M das Maximum von f auf $[a;b]$. Aus

$$mg(x) \leq f(x)g(x) \leq Mg(x) \quad \text{für alle } x \in [a;b]$$

folgt

$$m\int_a^b g(x)\,\mathrm{d}x \leq \int_a^b f(x)g(x)\,\mathrm{d}x \leq M\int_a^b g(x)\,\mathrm{d}x.$$

Ist $\int_a^b g(x)\,\mathrm{d}x = 0$, so folgt daraus $\int_a^b f(x)g(x)\,\mathrm{d}x = 0$, die Behauptung gilt also für jedes $\xi \in [a;b]$. Ist aber $\int_a^b g(x)\,\mathrm{d}x > 0$, dann betrachten wir die Zahl

$$\mu := \frac{\int_a^b f(x)g(x)\,\mathrm{d}x}{\int_a^b g(x)\,\mathrm{d}x}.$$

Es gilt $m \leq \mu \leq M$. Nach dem Zwischenwertsatz existiert also ein $\xi \in [a;b]$ mit $f(\xi) = \mu$. Nun sei g stetig. Im Falle $m < \mu < M$ existiert nach dem Zwischenwertsatz ein $\xi \in\,]a;b[$ mit $f(\xi) = \mu$. Ist $m = \mu$, dann folgt aus

$$\int_a^b (f(x) - \mu)g(x))\,\mathrm{d}x = 0 \quad \text{und} \quad (f(x) - \mu)g(x) \geq 0$$

aufgrund der Stetigkeit $(f(x) - \mu)g(x) = 0$ auf $[a;b]$. Ebenfalls aufgrund der Stetigkeit von g gibt es ein $x_0 \in\,]a;b[$ mit $g(x_0) > 0$, also gilt $f(x_0) - \mu = 0$.

---

[71]Wählt man $g(x) = 1$ auf $[a;b]$, dann ergibt sich die Aussage von Satz 4. Ein zu Satz 5 analoger Satz gilt natürlich auch im Fall $g(x) \leq 0$ auf $[a;b]$.

II.6 Das Riemannsche Integral

Mit $\xi = x_0$ ist demnach $\mu = f(\xi)$. Ist $\mu = M$, dann verläuft die Argumentation entsprechend.

Satz 6 (*2. Mittelwertsatz der Integralrechnung*): Die Funktion f sei monoton und stetig differenzierbar, die Funktion g sei stetig auf $[a;b]$. Dann existiert ein $\xi \in]a;b[$ mit

$$\int_a^b f(x)g(x)\,dx = f(a)\int_a^\xi g(x)\,dx + f(b)\int_\xi^b g(x)\,dx.$$

Beweis: Wir können $f(a) \neq f(b)$ annehmen, da andernfalls f wegen der Monotonie konstant und die Aussage des Satzes damit trivial wäre. Es sei $f(a) < f(b)$[72] und damit $f'(x) \geq 0$ auf $]a;b[$. Mit $G(x) := \int_a^x g(t)\,dt$ erhält man mit partieller Integration

$$\int_a^b f(x)g(x)\,dx = f(b)G(b) - \int_a^b G(x)f'(x)\,dx.$$

Nach Satz 5 existiert wegen der Stetigkeit von f' ein $\xi \in]a;b[$ mit

$$\int_a^b G(x)f'(x)\,dx = G(\xi)\int_a^b f'(x)\,dx = G(\xi)(f(b) - f(a)).$$

Es ergibt sich damit

$$\int_a^b f(x)g(x)\,dx = f(a)G(\xi) + f(b)(G(b) - G(\xi)).$$

Beispiel 3: Wir wenden Satz 5 auf das Integral

$$A := \int_{-1}^1 (x^3 - x + 2)\ln(x+3)\,dx$$

an. Es existiert ein $\xi \in]-1;1[$ mit

$$A = (\xi^3 - \xi + 2)\int_{-1}^1 \ln(x+3)\,dx.$$

Das letzte Integral hat den Wert $6\ln 2 - 2$. Die Funktion $f: x \mapsto x^3 - x + 2$ hat das Minimum $f(\tfrac{1}{3}\sqrt{3}) = 2 - \tfrac{2}{9}\sqrt{3}$, das Maximum $f(-\tfrac{1}{3}\sqrt{3}) = 2 + \tfrac{2}{9}\sqrt{3}$.

Also ist

$$3,48 < (2 - \tfrac{2}{9}\sqrt{3})(6\ln 2 - 2) < A < (2 + \tfrac{2}{9}\sqrt{3})(6\ln 2 - 2) < 5,15.$$

---

[72]Im Fall $f(a) > f(b)$ betrachte man statt f die Funktion $-f$.

Vertauschung der Faktoren des Integranden bei Anwendung von Satz 5 liefert

$$A = \ln(\xi + 3) \int_{-1}^{1} (x^3 - x + 2)\,dx$$

mit $\xi \in [-1; 1]$. Das Integral hat den Wert 4, daher ist

$$2,77 < 4\ln 2 < A < 4\ln 4 < 5,55.$$

Die erste Abschätzung war also etwas besser. Anwendung von Satz 6 liefert

$$\begin{aligned} A &= \ln 2 \int_{-1}^{\xi} (x^3 - x + 2)\,dx + \ln 4 \int_{\xi}^{1} (x^3 - x + 2)\,dx \\ &= \left(\frac{23}{2} - \frac{1}{4}\xi^4 + \frac{1}{2}\xi^2 - 2\xi\right) \ln 2. \end{aligned}$$

Bestimmt man die Extremwerte des Ausdrucks in der Klammer, so kommt man schließlich wieder zu der oben gefundenen Abschätzung $4\ln 2 < A < 8\ln 2$.

Aufgaben

1. Berechne $\int_{1}^{10} \frac{(-1)^{[x]}}{x}\,dx$.

2. Jede reelle Zahl aus [0;1] sei als Dezimalbruch dargestellt, wobei der Eindeutigkeit zuliebe die Periode $\ldots 9999\ldots$ nicht vorkommen soll. Ist $a(x)$ die erste von 0 verschiedene Ziffer in der Dezimalbruchdarstellung von x, so setzen wir $f(0) := 0$ und

$$f(x) = \frac{1}{a(x)} \quad \text{für } x \in {]0; 1]}.$$

a) Zeige, daß f nur abzählbar viele Unstetigkeitsstellen besitzt.
b) Zeige, daß

$$\int_{0}^{1} f(x)\,dx = \frac{1}{9}\sum_{i=1}^{9} \frac{1}{i} \approx 0,314.$$

3. Die Funktion f sei auf $[0; 1]$ definiert durch $f(0) = 1$, $f(x) = 0$ für irrationales x und

$$f(x) = \frac{p}{q}, \quad \text{falls } x = \frac{p}{q} \text{ mit } p, q \in \mathbb{N} \text{ und } \mathrm{ggT}(p, q) = 1.$$

a) Zeige: f ist stetig an den irrationalen und unstetig an den rationalen Stellen.
b) Zeige, daß das Integral von f über $[0; 1]$ existiert und den Wert 0 hat.

4. Zeige, daß

$$\int_{0}^{x} \operatorname{sgn} t\,dt = |x| \quad \text{und} \quad \int_{0}^{x} |t|\,dt = \frac{1}{2}x^2 \cdot \operatorname{sgn} x.$$

5. Die Funktion f sei intergrierbar auf $[0;1]$ und es gelte $\lim_{x\to 1^-} f(x) = \alpha$. Zeige, daß dann gilt:
$$\lim_{n\to\infty} n \int_0^1 x^n f(x)\,dx = \alpha.$$

6. Bestimme alle $\xi \in]-1,1[$, für welche das Integral von f über $[-1;1]$ den Wert $2f(\xi)$ hat.

a) $f(x) = x^2$ b) $f(x) = \dfrac{1}{x+2}$ c) $f(x) = \dfrac{x}{x^2+1}$

7. Bestimme alle $\xi \in]0,1[$, für welche das Integral von $f \cdot g$ über $[0;1]$ den Wert $f(\xi) \int_0^1 g(x)\,dx$ hat.

a) $f(x) = \sqrt{x+1}$, $g(x) = x^2$ b) $f(x) = \dfrac{1}{x^2+1}$, $g(x) = x$

II.7 Näherungsverfahren zur Integration

In vielen Fällen läßt sich das Integral einer stetigen Funktion f über einem (nicht zu großen) Intervall $[a;b]$ näherungsweise durch $(b-a) \cdot \eta$ angeben, wobei
$$\eta = f(a) \quad \text{oder} \quad \eta = \frac{f(a)+f(b)}{2} \quad \text{oder} \quad \eta = f\left(\frac{a+b}{2}\right)$$
ist. Diese Abschätzung wird wesentlich besser, wenn man das Intervall in n Teilintervalle $[x_{i-1};x_i]$ der Länge $h := \dfrac{b-a}{n}$ zerlegt und in jedem dieser Teilintervalle diese Näherung verwendet. Man gelangt so zu folgenden Regeln: Das Integral $\int_a^b f(x)\,dx$ hat näherungweise den Wert

$$h \cdot \sum_{i=0}^{n-1} f(x_i) \quad \text{(Rechtecksregel)}$$

oder

$$h \cdot \left(\frac{f(a)+f(b)}{2} + \sum_{i=1}^{n-1} f(x_i)\right) \quad \text{(Trapezregel)}$$

oder

$$h \cdot \sum_{i=1}^{n} f\left(\frac{x_{i-1}+x_i}{2}\right) \quad \text{(Tangentenregel)}.$$

Die Namen dieser Regeln kann man sich leicht an einer Skizze klarmachen (Aufgabe 1).

Die Approximation eines Integrals wird i. allg. besser, wenn man die Funktion f über $[a;b]$ durch eine Polynomfunktion p vom Grad 2 (Parabel) annähert, für welche

$$p(a) = f(a), \quad p\left(\frac{a+b}{2}\right) = f\left(\frac{a+b}{2}\right), \quad p(b) = f(b)$$

gilt und dann das Integral über f durch das Integral über p annähert. Man findet mit $h := \frac{b-a}{2}$ (also $b = a + 2h$) für den Term $p(x)$ (Aufgabe 2)

$$f(a) + \frac{f(a+h) - f(a)}{h}(x - a) + \frac{f(a+2h) - 2f(a+h) + f(a)}{2h^2}(x-a)(x-a-h).$$

Aus

$$\int_a^{a+2h} f(x)\,dx \approx \int_a^{a+2h} p(x)\,dx$$

folgt damit

$$\int_a^{a+2h} f(x)\,dx \approx \frac{h}{3}(f(a) + 4f(a+h) + f(a+2h))$$

(Aufgabe 2). Die damit gewonnene Approximationsformel

$$\int_a^b f(x)\,dx \approx \frac{b-a}{6}\left(f(a) + 4f\left(\frac{a+b}{2}\right) + f(b)\right)$$

heißt Simpson-Formel[73]. Durch Einteilung von $[a;b]$ in eine gerade Anzahl von Teilintervallen und Anwendung der Simpson-Formel auf immer zwei benachbarte Teilintervalle kann man sehr genaue Formeln zur näherungsweisen Integration gewinnen.

Beispiel 1: Wir wollen den Wert

$$\ln 2 = \int_1^2 \frac{1}{x}\,dx$$

mit Hilfe der Simpson-Formel bestimmen. Es ergibt sich

$$\frac{1}{6}\left(1 + 4 \cdot \frac{1}{1{,}5} + \frac{1}{2}\right) = \frac{25}{36} = 0{,}69\overline{4}.$$

Dies ist eine sehr gute Näherung für $\ln 2 = 0{,}693147\ldots$; der relative Fehler beträgt weniger als 0,2%.

---

[73]Thomas Simpson, 1716-1761. Diese Regel heißt auch *Keplersche Faßregel* nach Johannes Kepler, 1571-1630.

Beispiel 2: Es ist für $n \in \mathbb{N}$

$$\int_{-\frac{1}{n}}^{\frac{1}{n}} e^x \, dx \approx \frac{1}{3n}\left(e^{-\frac{1}{n}} + 4 + e^{\frac{1}{n}}\right).$$

Andererseits ist

$$\int_{-\frac{1}{n}}^{\frac{1}{n}} e^x \, dx = e^{\frac{1}{n}} - e^{-\frac{1}{n}}.$$

Aus der Beziehung

$$e^{\frac{1}{n}} - e^{-\frac{1}{n}} \approx \frac{1}{3n}\left(e^{-\frac{1}{n}} + 4 + e^{\frac{1}{n}}\right)$$

ergibt sich

$$e \approx \left(\frac{2 + \sqrt{3 + 9n^2}}{3n - 1}\right)^n.$$

Die Folge mit diesem Term konvergiert in der Tat gegen e (vgl. Aufgabe 4 in Abschnitt I.10).

Aufgaben

1. Erläutere die Rechtecksregel, die Trapezregel und die Tangentenregel jeweils anhand einer Skizze.

2. Bestimme den Term $p(x)$ der Polynomfunktion p vom Grad 2, für welche

$$p(a) = f(a), \quad p(m) = f(m), \quad p(b) = f(b)$$

gilt, wobei $m := \frac{a+b}{2}$. Setze dabei $h := \frac{b-a}{2}$ und gehe von folgendem Ansatz aus:

$$p(x) = r + s(x - a) + t(x - a)(x - m).$$

Leite dann damit die Simpson-Regel her.

3. Berechne mit der Simpson-Regel Näherungswerte für

$$\int_0^\pi \frac{\sin x}{x} \, dx \quad \text{und} \quad \int_0^1 e^{x^2} \, dx.$$

4. Es gilt $\int_0^1 \frac{dx}{1 + x^2} = \arctan 1 = \frac{\pi}{4}$. Berechne daraus einen Näherungswert von π mit Hilfe der Simpson-Formel und schätze den relativen Fehler ab.

II.8 Uneigentliche Integrale

Das Riemann-Integral ist nur definiert für *beschränkte* Funktionen auf einem *beschränkten* Integrationsintervall. Machen wir uns von diesen Voraussetzungen frei, dann erhalten wir den Begriff des *uneigentlichen Integrals*, dem wir uns nun widmen wollen.

Definition 1: Die Funktion f sei auf dem halboffenen Intervall $[a;b[$ definiert und für jedes $x \in [a;b[$ auf $[a;x]$ Riemann-integrierbar. Wenn der Grenzwert

$$\lim_{x \to b^-} \int_a^x f(t)\,dt$$

existiert, dann bezeichnen wir ihn als das *uneigentliche Integral* von f über $[a;b]$ und bezeichnen ihn wie das Riemann-Integral mit

$$\int_a^b f(x)\,dx.$$

Entsprechend definiert man das uneigentliche für den Fall, daß f an der Stelle a nicht definiert ist, durch einen rechtsseitigen Grenzwert. Ist die Funktion an einer inneren Stelle von $[a;b]$ nicht definiert, dann erklärt man das uneigentliche Integral als eine Summe eines links- und eines rechtsseitigen Grenzwerts. Ist f auf $[a;b]$ Riemann-integrierbar, dann existieren alle betrachteten Grenzwerte, und das uneigentliche Integral stimmt mit dem Riemann-Integral überein. Das uneigentliche Integral ist also eine Verallgemeinerung des Riemann-Integrals.

Beispiel 1: Die Funktion $x \mapsto x^{-\alpha}$ ist für $\alpha > 0$ an der Stelle 0 nicht definiert; in der Umgebung von 0 wächst sie unbeschränkt. Für $\alpha \neq 1$ und $\varepsilon > 0$ ist

$$\int_\varepsilon^1 \frac{1}{x^\alpha}\,dx = \frac{1}{1-\alpha}(1 - \varepsilon^{1-\alpha}).$$

Der Grenzwert von $\varepsilon^{1-\alpha}$ für $\varepsilon \to 0^+$ existiert nicht für $\alpha > 1$; er existiert und ist gleich 0 für $\alpha < 1$. Also gilt

$$\int_0^1 \frac{1}{x^\alpha}\,dx = \frac{1}{1-\alpha} \quad \text{für } 0 \leq \alpha < 1.$$

Definition 2: Die Funktion f sei auf $[a;\infty[$ definiert und für jedes $x \in [a;\infty[$ auf $[a;x]$ Riemann-integrierbar. Wenn der Grenzwert

$$\lim_{x \to \infty} \int_a^x f(t)\,dt$$

existiert, dann bezeichnen wir ihn als das *uneigentliche Integral* von f über $[a;\infty[$ und bezeichnen ihn mit

$$\int_a^\infty f(x)\,dx.$$

II.8 Uneigentliche Integrale

Entsprechend definiert man das uneigentliche Integral für den Fall, daß der Integrationsbereich nach unten unbeschränkt ist, und schließlich definiert man ein uneigentliches Integral über den Integrationsbereich $\mathbb{R}$ als Summe zweier uneigentlicher Integrale: Es ist

$$\int_{-\infty}^{\infty} f(x)\,\mathrm{d}x := \int_{-\infty}^{0} f(x)\,\mathrm{d}x + \int_{0}^{\infty} f(x)\,\mathrm{d}x,$$

falls die beiden rechts stehenden Integrale existieren.

Beispiel 2: Wir betrachten die Funktion $f : x \mapsto x^{-\alpha}$ für $\alpha > 0$ auf $[1;\infty[$. Für $\alpha \neq 1$ und $K \in [1;\infty[$ ist

$$\int_{1}^{K} \frac{1}{x^{\alpha}}\,\mathrm{d}x = \frac{1}{1-\alpha}(K^{1-\alpha} - 1).$$

Der Grenzwert von $K^{1-\alpha}$ für $K \to \infty$ existiert nicht für $\alpha < 1$; er existiert und ist gleich 0 für $\alpha > 1$. Also gilt

$$\int_{1}^{\infty} \frac{1}{x^{\alpha}}\,\mathrm{d}x = \frac{1}{\alpha - 1} \quad \text{für } \alpha > 1.$$

Mit Hilfe uneigentlicher Integrale mit dem Integrationsbereich $[1;\infty[$ kann man das Konvergenzverhalten von Reihen untersuchen. In folgendem Beispiel wird die Verwandtschaft von

$$\sum_{i=1}^{\infty} \frac{1}{i^{\alpha}} \quad \text{und} \quad \int_{1}^{\infty} \frac{1}{x^{\alpha}}\,\mathrm{d}x$$

ausgenutzt.

Beispiel 3 (Fig. 1): Es sei $\alpha > 0$ und $f : x \mapsto x^{-\alpha}$. Da f streng monoton fällt, gilt für alle $i \in \mathbb{N}$

$$f(i) < \int_{i-1}^{i} f(x)\,\mathrm{d}x < f(i-1),$$

für alle $n \in \mathbb{N}$ also

$$\sum_{i=2}^{n} f(i) < \int_{1}^{n} f(x)\,\mathrm{d}x < \sum_{i=2}^{n} f(i-1)$$

bzw.

$$\sum_{i=1}^{n} f(i) - f(1) < \int_{1}^{n} f(x)\,\mathrm{d}x < \sum_{i=1}^{n} f(i) - f(n).$$

Daraus erhält man

$$\int_{1}^{n} f(x)\,\mathrm{d}x + f(n) < \sum_{i=1}^{n} f(i) < \int_{1}^{n} f(x)\,\mathrm{d}x + f(1).$$

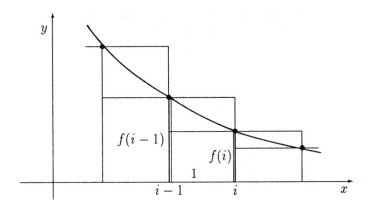

Fig. 1

Genau dann ist daher $\Sigma\langle f(n)\rangle$ konvergent, wenn das uneigentliche Integral von f über $[1;\infty[$ existiert, also genau dann, wenn $\alpha > 1$.[74] In diesem Fall gilt

$$\frac{1}{\alpha - 1} < \sum_{i=1}^{\infty} f(i) < \frac{1}{\alpha - 1} + 1.$$

Ist $\alpha < 1$, so kann man eine Abschätzung für das Wachstum von $\Sigma\langle f(n)\rangle$ erhalten: Es ist

$$\frac{n^{1-\alpha} - 1}{1 - \alpha} < \sum_{i=1}^{n} f(i) < \frac{n^{1-\alpha} - 1}{1 - \alpha} + 1.$$

Die Differenz der Folgen $\Sigma\langle f(n)\rangle$ und $\left\langle \dfrac{n^{1-\alpha}}{1-\alpha} \right\rangle$ ist daher beschränkt. In diesem Sinne gilt

$$\sum_{i=1}^{n} f(i) \approx \frac{n^{1-\alpha}}{1 - \alpha}.$$

Für $\alpha = 1$ ergibt sich $\ln n < \sum_{i=1}^{n} \dfrac{1}{i} < \ln n + 1$, also

$$\sum_{i=1}^{n} \frac{1}{i} \approx \ln n.$$

Die Folge $\left\langle \sum_{i=1}^{n} \dfrac{1}{i} - \ln n \right\rangle$ konvergiert (Aufgabe 5). Für ihren Grenzwert C gilt $C = 0,577215664901532\ldots$[75]

---

[74]Vgl. hierzu die Beispiele 3,4 und Aufgabe 4 in Abschnitt I.9.

[75]Diese Zahl heißt *Mascheroni-Konstante* (nach dem italienischen Mathematiker Lorenzo Mascheroni, 1750-1800) oder Euler-Mascheroni-Konstante. Bis heute weiß man nicht, ob C rational oder irrational ist.

II.8 Uneigentliche Integrale

Wir wollen noch weitere Beispiele für uneigentliche Integrale vorstellen.

Beispiel 4: Das Integral $\int_0^1 \ln x \, dx$ ist uneigentlich an der unteren Grenze. Eine Stammfunktion von $x \mapsto \ln x$ ist $x \mapsto x \ln x - x$. Für $0 < \varepsilon < 1$ ist also

$$\int_\varepsilon^1 \ln x \, dx = -1 - (\varepsilon \ln \varepsilon - \varepsilon).$$

Nun ist nach der Regel von de l'Hospital

$$\lim_{\varepsilon \to 0+} \varepsilon \ln \varepsilon = \lim_{\varepsilon \to 0+} \frac{\ln \varepsilon}{\frac{1}{\varepsilon}} = \lim_{\varepsilon \to 0+} \frac{\frac{1}{\varepsilon}}{-\frac{1}{\varepsilon^2}} = \lim_{\varepsilon \to 0+} (-\varepsilon) = 0.$$

Daher existiert das uneigentliche Integral und es gilt

$$\int_0^1 \ln x \, dx = -1.$$

Beispiel 5: Es soll das Integral $\int_{-\infty}^{\infty} \frac{1}{1+x^2} \, dx$ bestimmt werden.
Eine Stammfunktion des Integranden ist arctan. Wegen

$$\lim_{x \to -\infty} \arctan x = -\frac{\pi}{2} \quad \text{und} \quad \lim_{x \to \infty} \arctan x = \frac{\pi}{2}$$

existiert das uneigentliche Integral und es gilt

$$\int_{-\infty}^{\infty} \frac{1}{1+x^2} \, dx = \pi.$$

Aus den Berechnungen in Beispiel 5 folgt auch, daß

$$\int_1^{\infty} \frac{1}{1+x^2} \, dx = \frac{\pi}{4}.$$

Aus dieser Beziehung kann man eine Reihendarstellung von $\frac{\pi}{4}$ gewinnen (Leibnizsche Reihe): Für $n \in \mathbb{N}$ gilt

$$\frac{1}{x^2} - \frac{1}{x^4} + \frac{1}{x^6} - + \ldots + \frac{(-1)^{n-1}}{x^{2n}} = \frac{1}{x^2} \cdot \frac{1 - \left(-\frac{1}{x^2}\right)^n}{1 + \frac{1}{x^2}} = \frac{1 - \left(-\frac{1}{x^2}\right)^n}{1 + x^2}$$

und damit

$$\frac{\pi}{4} = \sum_{i=1}^{n} \int_1^{\infty} -\left(-\frac{1}{x^2}\right)^i dx + \int_1^{\infty} \frac{\left(-\frac{1}{x^2}\right)^n}{1 + x^2} \, dx$$

$$= \sum_{i=1}^{n} \frac{(-1)^{i-1}}{2i - 1} + r_n$$

mit
$$|r_n| \leq \frac{1}{2} \int_1^\infty \frac{1}{x^{2n}} \, dx = \frac{1}{2(2n-1)}.$$

Wegen $\lim_{n \to \infty} r_n = 0$ ergibt sich also

$$\frac{\pi}{4} = \sum_{i=1}^\infty \frac{(-1)^{i-1}}{2i-1} = 1 - \frac{1}{3} + \frac{1}{5} - \frac{1}{7} + - \ldots.$$

Die Konvergenz dieser Reihe haben wir schon in Abschnitt I.5 (Beispiel 7) gezeigt, konnten dort aber noch nicht den Grenzwert berechnen.

Aufgaben

1. Zeige, daß das uneigentliche Integral $\int_0^1 \frac{1}{\sqrt{1-x}} \, dx$ existiert und berechne seinen Wert.

2. Bestimme $\int_{-1}^1 \frac{1}{\sqrt{1-x^2}} \, dx$.

3. Untersuche, für welche Werte von α, β die folgenden uneigentlichen Integrale existieren.

a) $\int_0^\infty \frac{x^\alpha}{1+x^\beta} \, dx$ b) $\int_0^\infty e^{-x^\alpha} \, dx$ c) $\int_1^\infty \frac{(\ln x)^\alpha}{x^\beta} \, dx$

4. Die Riemannsche Zetafunktion ζ ist auf $]1; \infty[$ definiert durch

$$\zeta(x) := \sum_{i=1}^\infty \frac{1}{i^x}.$$

Bestimme $\lim_{x \to 1^+} (x-1)\zeta(x)$.

5. Beweise die Konvergenz der Folge $\left\langle \sum_{i=1}^n \frac{1}{i} - \ln n \right\rangle$.

6. Für welche $x \in \mathbb{R}$ ist die *Eulersche Gammafunktion*

$$\Gamma : x \mapsto \int_0^\infty e^{-t} t^{x-1} \, dt$$

definiert? Berechne $\Gamma(1), \Gamma(2), \Gamma(3), \Gamma(4)$ und dann allgemein $\Gamma(n)$ für $n \in \mathbb{N}$.

III Potenzreihen

III.0 Einleitung

In Kapitel I haben wir Reihen (Summenfolgen) untersucht, wobei die Glieder (Summanden) reelle Zahlen waren. Jetzt wollen wir Reihen betrachten, deren Glieder Funktionen einer Variablen x sind, also Folgen der Form $\langle f_n(x) \rangle$. Dabei wird die Frage zu untersuchen sein, für welche Werte von x eine solche Reihe konvergiert und welche Funktion f sie dann in ihrem Konvergenzbereich darstellt, so daß man für solche x schreiben kann:

$$f(x) = \lim \langle f_n(x) \rangle.$$

Für $|x| < 1$ ist die geometrische Reihe $\Sigma \langle x^n \rangle$ konvergent und hat bekanntlich den Wert $\dfrac{1}{1-x}$; es gilt also für $|x| < 1$

$$\sum_{i=0}^{\infty} x^n = \frac{1}{1-x}.$$

Die auf $]-1;1[$ definierte Funktion $x \mapsto \dfrac{1}{1-x}$ kann man also auch in der Form

$$x \mapsto \sum_{n=0}^{\infty} x^n$$

schreiben. Die Reihe $\Sigma \left\langle \dfrac{x^n}{n!} \right\rangle$ ist für jedes $x \in \mathbb{R}$ konvergent, wie man z. B. mit Hilfe des Quotientenkriterium feststellt; der Reihenwert ist natürlich von x abhängig. Durch

$$x \mapsto \sum_{n=0}^{\infty} \frac{x^n}{n!}$$

wird also eine Funktion auf $\mathbb{R}$ definiert. Wir wissen aus Abschnitt I.10, daß es sich dabei um die Funktion $x \mapsto e^x$ handelt. Die Reihe $\Sigma \left\langle \dfrac{1}{n^x} \right\rangle$ ist für $x > 1$

konvergent (vgl. Abschnitt II.7); durch

$$x \mapsto \sum_{n=0}^{\infty} \frac{1}{n^x}$$

wird eine Funktion auf $]1; \infty[$ definiert, nämlich die (reelle) *Riemannsche Zetafunktion* ζ. Wir betrachten hier aber nur solche Reihen, deren Glieder die Gestalt $a_n x^n$ haben, wie es bei den beiden ersten Beispielen der Fall war.

III.1 Konvergenz von Potenzreihen

Definition: Eine Reihe der Form $\Sigma\langle a_n x^n\rangle$ mit $a_0, a_1, a_2, \ldots \in \mathbb{R}$ nennt man eine *Potenzreihe*.

Auf der Menge aller $x \in \mathbb{R}$, für welche die Potenzreihe konvergiert, wird durch

$$x \mapsto \sum_{n=0}^{\infty} a_n x^n$$

eine Funktion definiert. Der Funktionsterm dieser Funktion ist also der Grenzwert

$$\sum_{n=0}^{\infty} a_n x^n,$$

weshalb man einfacheitshalber diesen Term statt $\Sigma\langle a_n x^n\rangle$ zur Bezeichnung der Potenzreihe wählt.[76]

Zunächst wollen wir untersuchen, wie der Konvergenzbereich einer Potenzreihe aussieht, um damit die Definitionsmenge der durch die Reihe definierten Funktion zu gewinnen. Es gibt Potenzreihen, die *überall* (also für jedes $x \in \mathbb{R}$) konvergieren, z. B. obige Reihe $\sum_{n=0}^{\infty} \frac{x^n}{n!}$. Es gibt auch Potenzreihen, die außer für $x = 0$ *nirgends* konvergieren; ein einfaches Beispiel hierfür ist $\sum_{n=0}^{\infty} n^n x^n$. Beide Behauptungen werden sich leicht aus dem unten bewiesenen Satz 2 ergeben.

Satz 1: Ist

$$\sum_{n=0}^{\infty} a_n x^n$$

eine Potenzreihe, die weder überall noch nirgends konvergiert, dann existiert eine Zahl $r > 0$, so daß die Reihe für $|x| < r$ absolut konvergiert und für $|x| > r$ divergiert.

---

[76]Wir haben stets zwischen einer *Funktion* f bzw. $x \mapsto f(x)$ und ihrem *Funktionsterm* $f(x)$ unterschieden, im Zusammenhang mit Potenzreihen wollen wir aber eine großzügigere Sprechweise benutzen.

III.1 Konvergenz von Potenzreihen

Beweis: Ist die Reihe für $x = x_0 \neq 0$ konvergent, dann ist sie auch für alle x mit $|x| < |x_0|$ absolut konvergent, denn für ein solches x ist

$$|a_n x^n| = |a_n x_0^n| \cdot \left|\frac{x}{x_0}\right|^n \leq K q^n,$$

wobei K eine Schranke für die Glieder $|a_n x_0^n|$ ist und $q < 1$ gilt. Ist die Reihe für $x = x_0$ divergent, dann ist sie auch für jedes $x > x_0$ divergent, da sie andernfalls nach obigem für $x = x_0$ konvergent sein müßte. Nun setzen wir

$$r := \sup\{x \in \mathbb{R} \mid \sum_{n=0}^{\infty} a_n x^n \text{ konvergiert an der Stelle } x\}.$$

Damit ist Satz 1 bewiesen.

Definition: Die in Satz 1 betrachtete Zahl r nennt man den *Konvergenzradius* der Potenzreihe. Das Intervall $]-r; r[$ nennt man das *Konvergenzintervall* der Potenzreihe. Ist die Reihe nirgends konvergent, dann setzen wir $r = 0$; ist sie überall konvergent, dann setzen wir $r = \infty$. Entsprechend soll die Aussage des folgenden Satzes interpretiert werden.

Satz 2:[77] a) Für den Konvergenzradius r der Potenzreihe $\sum_{n=0}^{\infty} a_n x^n$ gilt

$$r = \begin{cases} 0, & \text{falls } \left\langle \left|\frac{a_{n+1}}{a_n}\right| \right\rangle \text{ unbeschränkt wächst,} \\ \dfrac{1}{\mu}, & \text{falls } \lim \left\langle \left|\frac{a_{n+1}}{a_n}\right| \right\rangle = \mu > 0, \\ \infty, & \text{falls } \lim \left\langle \left|\frac{a_{n+1}}{a_n}\right| \right\rangle = 0. \end{cases}$$

b) Für den Konvergenzradius r der Potenzreihe $\sum_{n=0}^{\infty} a_n x^n$ gilt

$$r = \begin{cases} 0, & \text{falls } \langle \sqrt[n]{|a_n|} \rangle \text{ unbeschränkt wächst,} \\ \dfrac{1}{\mu}, & \text{falls } \lim \langle \sqrt[n]{|a_n|} \rangle = \mu > 0, \\ \infty, & \text{falls } \lim \langle \sqrt[n]{|a_n|} \rangle = 0. \end{cases}$$

---

[77]Allgemeiner gilt $r = \frac{1}{\mu}$, wobei μ der größte Häufungspunkt (Limes superior) der Glieder der Folge $\left\langle \left|\frac{a_{n+1}}{a_n}\right| \right\rangle$ bzw. der Folge $\langle \sqrt[n]{|a_n|} \rangle$ ist. In dieser Allgemeinheit werden wir diesen Satz hier aber nicht benötigen.

Beweis: Die Behauptungen des Satzes ergeben sich sofort aus dem Quotientenkriterium bzw. aus dem Wurzelkriterium (Abschnitt I.9).

Über das Konvergenzverhalten der Potenzreihen an den Stellen $\pm r$ sagen obige Sätze nichts aus.

Beispiel 1: Die Potenzreihen

$$\sum_{n=0}^{\infty} x^n, \quad \sum_{n=0}^{\infty} \frac{x^n}{n}, \quad \sum_{n=0}^{\infty} \frac{x^n}{n^2}$$

haben alle den Konvergenzradius 1, denn $\lim \langle \sqrt[n]{n} \rangle = 1$. Die erste konvergiert weder an der Stelle -1 noch an der Stelle 1, die zweite konvergiert zwar nicht an der Stelle 1 (harmonische Reihe!), aber an der Stelle -1 (Leibnizsche Reihe!), die dritte konvergiert sowohl an der Stelle -1 als auch an der Stelle 1.

Satz 3 (*Abelscher Grenzwertsatz*[78]): Gilt für die Funktion f auf dem Intervall $]-r; r[$ mit $r \in \mathbb{R}^+$

$$f(x) = \sum_{n=0}^{\infty} a_n x^n,$$

und konvergiert die Reihe noch für $x = r$, dann existiert der linksseitige Grenzwert von f an der Stelle r, und es gilt

$$\lim_{x \to r^-} f(x) = \sum_{n=0}^{\infty} a_n r^n.$$

Eine entsprechende Aussage gilt für die Stelle $-r$.

Beweis: Man kann $r = 1$ annehmen, andernfalls ersetze man die Koeffizienten a_n durch $a_n r^n$. Die Potenzreihe habe also den Konvergenzradius 1, und die Reihe $\langle s_n \rangle := \Sigma \langle a_n \rangle$ sei konvergent zum Grenzwert s. Nun gilt für $|x| < 1$

$$f(x) = \sum_{n=0}^{\infty} (s_n - s_{n-1}) x^n = (1-x) \sum_{n=0}^{\infty} s_n x^n,$$

da $\langle s_n \rangle$ konvergiert. Wegen $(1-x) \sum_{n=0}^{\infty} x^n = 1$ folgt für $|x| < 1$

$$s - f(x) = (1-x) \sum_{n=0}^{\infty} (s - s_n) x^n.$$

Nun wählen wir zu einem gegebenen $\varepsilon > 0$ ein $N_0 \in \mathbb{N}$ so, daß $|s - s_n| < \varepsilon$ für $n > N_0$. Dann ist für $0 \leq x < 1$

$$|s - f(x)| \leq \left| (1-x) \sum_{n=0}^{N_0} (s - s_n) x^n \right| + \varepsilon (1-x) \sum_{n=N_0+1}^{\infty} x^n.$$

---

[78]Niels Hendrik Abel, norwegischer Mathematiker, 1802–1829

III.1 Konvergenz von Potenzreihen

Wählen wir K größer als $\sum_{n=0}^{N_0} |s - s_n|$, dann folgt

$$|s - f(x)| \leq K(1 - x) + \varepsilon.$$

Wählt man nun x so, daß $1 - x < \dfrac{\varepsilon}{K}$, so folgt

$$|s - f(x)| < 2\varepsilon.$$

Damit ist gezeigt, daß $\lim_{x \to 1^-} f(x) = s$.

Der folgende Satz ist einerseits fast selbstverständlich, andererseits aber von grundsätzlicher Bedeutung.[79]

Satz 4 (*Identitätssatz für Potenzreihen*): Existiert ein $\varrho > 0$ derart, daß die Potenzreihen

$$\sum_{n=0}^{\infty} a_n x^n \quad \text{und} \quad \sum_{n=0}^{\infty} b_n x^n$$

für $|x| < \varrho$ konvergieren und für jedes solche x den gleichen Wert haben, dann gilt

$$a_n = b_n \quad \text{für alle } n \in \mathbb{N}_0.$$

Beweis: Wir beweisen diesen Satz mit vollständiger Induktion. Setzt man $x = 0$, so ergibt sich $a_0 = b_0$. Es sei schon gezeigt, daß $a_i = b_i$ für $i = 0, 1, \ldots, n$. Dann ist für $x \neq 0$

$$\sum_{i=n+1}^{\infty} a_i x^{i-(n+1)} = \sum_{i=n+1}^{\infty} b_i x^{i-(n+1)}.$$

Für $x \to 0$ ergibt sich daraus $a_{n+1} = b_{n+1}$.

Satz 5: a) Jede Potenzreihe ist in ihrem Konvergenzintervall I stetig und daher integrierbar; eine Stammfunktion gewinnt man durch *gliedweises Integrieren*:

$$\int \sum_{n=0}^{\infty} a_n x^n = \sum_{n=0}^{\infty} \frac{a_n}{n+1} x^{n+1}.$$

b) Jede Potenzreihe ist in ihrem Konvergenzintervall I differenzierbar; die Ableitung gewinnt man durch *gliedweises Differenzieren*:

$$\left(\sum_{n=0}^{\infty} a_n x^n \right)' = \sum_{n=1}^{\infty} n a_n x^{n-1}.$$

---

[79]Man denke an die Theorie der Vektorräume, wo eine Basis dadurch gekennzeichnet ist, daß jedes Element *eindeutig* als Linearkombination von Basiselementen darstellbar ist.

Beweis: a) Wir setzen für $x \in I$ und $N \in \mathbb{N}$

$$f_N(x) := \sum_{n=0}^{N} a_n x^n \quad \text{und} \quad f(x) := \lim_{N \to \infty} f_N(x).$$

Die ganzrationale Funktion f_N ist stetig. Die Funktion $R_N := f - f_N$ ist ebenfalls stetig in I. Denn für $x \in I$ mit $|x| \leq \varrho < r$ ist

$$|R_N(x)| \leq \sum_{n=N+1}^{\infty} |a_n| \varrho^n < \varepsilon$$

für ein gegebenes $\varepsilon > 0$, falls N hinreichend groß ist, für $x, x+h \in I$ also

$$|R_N(x+h) - R_N(x)| < 2\varepsilon.$$

Nun setze man

$$F_N(x) := \int_0^x f_N(t)\, dt \quad \text{und} \quad F(x) := \int_0^x f(t)\, dt.$$

Zu gegebenem $\varepsilon > 0$ und einem festen $x \neq 0$ aus dem Konvergenzintervall existiert ein $N_0 \in \mathbb{N}$ so, daß

$$|f(t) - f_N(t)| < \frac{\varepsilon}{|x|}$$

für alle t mit $|t| \leq |x|$ und alle $N > N_0$. Für diese Werte gilt dann

$$|F(x) - F_N(x)| \leq \left| \int_0^x |f(t) - f_N(t)|\, dt \right| \leq \varepsilon.$$

Also ist $\lim_{N \to \infty} F_N(x) = F(x)$.

b) Die Behauptung folgt aus a) und aus dem Hauptsatz der Differential- und Integralrechnung:

$$\begin{aligned} F(x) - F(0) &= \lim_{N \to \infty} (F_N(x) - F_N(0)) \\ &= \lim_{N \to \infty} \int_0^x F_N'(t)\, dt = \int_0^x \lim_{N \to \infty} F_N'(t)\, dt \\ &= \int_0^x \lim_{N \to \infty} f_N(t)\, dt = \int_0^x f(t)\, dt \end{aligned}$$

Beispiel 2: Auf $\,]-1;1[\,$ gilt

$$\sum_{n=0}^{\infty} x^n = \frac{1}{1-x}$$

III.1 Konvergenz von Potenzreihen

und
$$\left(\sum_{n=0}^{\infty} x^n\right)' = \sum_{n=1}^{\infty} nx^{n-1},$$
woraus man die Formel
$$\sum_{n=1}^{\infty} nx^{n-1} = \frac{1}{(1-x)^2}$$
gewinnt. Für $x = \frac{1}{2}$ erhält man
$$1 + 2 \cdot \frac{1}{2} + 3 \cdot \frac{1}{4} + 4 \cdot \frac{1}{8} + 5 \cdot \frac{1}{16} + \ldots = 4$$
(vgl. I.9). Auf $]-1;1[$ gilt
$$\int \sum_{n=0}^{\infty} x^n = \sum_{n=0}^{\infty} \frac{x^{n+1}}{n+1},$$
woraus man die Formel
$$\sum_{n=1}^{\infty} \frac{x^n}{n} = -\ln(1-x)$$
gewinnt. Für $x = \frac{1}{2}$ erhält man
$$\frac{1}{2} + \frac{1}{8} + \frac{1}{24} + \frac{1}{64} + \frac{1}{160} + \ldots = \ln 2.$$
Satz 3 erlaubt es, hier $x = -1$ zu setzen; dies liefert den Wert der Leibnizschen Reihe:
$$1 - \frac{1}{2} + \frac{1}{3} - \frac{1}{4} + \frac{1}{5} - + \ldots = \ln 2.$$

Beispiel 3: Auf $]-1;1[$ gilt
$$\sum_{n=0}^{\infty} (-1)^n x^{2n} = \frac{1}{1+x^2}.$$
Differentiation liefert die Formel
$$\sum_{n=1}^{\infty} (-1)^{n-1} 2n x^{2n-1} = \frac{2x}{(1+x^2)^2}.$$
An der Stelle $x = \frac{1}{2}$ ergibt dies
$$1 - \frac{2}{4} + \frac{3}{16} - \frac{4}{64} + - \ldots = 0,64.$$

Integration liefert die wesentlich interessantere Formel

$$\sum_{n=0}^{\infty}(-1)^n \frac{x^{2n+1}}{2n+1} = \arctan x.$$

Satz 3 erlaubt es, hier $x = 1$ zu setzen; man erhält (vgl. II.8)

$$1 - \frac{1}{3} + \frac{1}{5} - \frac{1}{7} + \frac{1}{9} - + \ldots = \frac{\pi}{4}.$$

Wir wenden uns nun dem *Rechnen mit Potenzreihen* zu. Selbstverständlich werden Potenzreihen im Innern ihres gemeinsamen Konvergenzintervalls durch *gliedweise* Addition und Vervielfachung addiert und vervielfacht:

$$\left(\sum_{n=0}^{\infty} a_n x^n\right) + \left(\sum_{n=0}^{\infty} b_n x^n\right) = \sum_{n=0}^{\infty}(a_n + b_n)x^n,$$

$$c\left(\sum_{n=0}^{\infty} a_n x^n\right) = \sum_{n=0}^{\infty} c a_n x^n.$$

Die Multiplikation von Potenzreihen ist etwas komplizierter:

Satz 6: Zwei Potenzreihen werden im Innern ihrer Konvergenzintervalle folgendermaßen multipliziert:

$$\left(\sum_{n=0}^{\infty} a_n x^n\right) \cdot \left(\sum_{n=0}^{\infty} b_n x^n\right) = \sum_{n=0}^{\infty} c_n x^n$$

mit[80]

$$c_n = a_0 b_n + a_1 b_{n-1} + \ldots + a_n b_0 \qquad (n \in \mathbb{N}_0).$$

Beweis: Da Potenzreihen im Innern ihrer Konvergenzintervalle *absolut* konvergieren, können wir annehmen, daß die Summanden der Potenzreihen nichtnegativ sind. Für $N \in \mathbb{N}$ sei

$$A_N := \sum_{n=0}^{N} a_n x^n, \quad B_N := \sum_{n=0}^{N} b_n x^n, \quad C_N := \sum_{n=0}^{N} c_n x^n$$

mit der oben definierten Folge $\langle c_n \rangle$. Dann ist

$$0 \leq A_{2N} B_{2N} - C_{2N} \leq A_{2N}(B_{2N} - B_N) + (A_{2N} - A_N) B_{2N}.$$

Daraus ergibt sich wegen der Konvergenz der Folgen $\langle A_n \rangle$ und $\langle B_n \rangle$ aufgrund des Cauchy-Kriteriums

$$\lim_{N \to \infty} C_{2N} = A \cdot B.$$

---

[80]Die so definierte Folge $\langle c_n \rangle$ nennt man das *Cauchy-Produkt* der Folgen $\langle a_n \rangle$ und $\langle b_n \rangle$.

III.1 Konvergenz von Potenzreihen

Beispiel 4: Ist $r \in \mathbb{R}^+$ der Konvergenzradius der Potenzreihe $\sum_{n=0}^{\infty} a_n x^n$, dann gilt für $|x| < \min(1, r)$

$$\sum_{n=0}^{\infty} a_n x^n \cdot \sum_{n=0}^{\infty} x^n = \sum_{n=0}^{\infty} s_n x^n \qquad \text{bzw.} \qquad \sum_{n=0}^{\infty} a_n x^n = (1-x) \sum_{n=0}^{\infty} s_n x^n$$

mit $s_n = a_0 + a_1 + a_2 + \ldots + a_n$ ($n \in \mathbb{N}_0$). Ist etwa $a_n = 1$ und damit $s_n = n+1$ für alle $n \in \mathbb{N}_0$, so erhält man die schon oben gefundene Formel

$$\sum_{n=0}^{\infty} (n+1) x^n = \frac{1}{(1-x)^2}.$$

Beispiel 5: Die Folge $\langle B_n \rangle$ sei rekursiv definiert durch $B_0 := 1$ und

$$\sum_{i=0}^{n-1} \binom{n}{i} B_i = 0 \quad \text{für } n > 1,$$

also

$$1 + 2B_1 = 0$$
$$1 + 3B_1 + 3B_2 = 0$$
$$1 + 4B_1 + 6B_2 + 4B_3 = 0$$
$$1 + 5B_1 + 10B_2 + 10B_3 + 5B_4 = 0$$

usw. Dies ist die Folge der *Bernoullischen Zahlen*[81]. Für alle $x \in \mathbb{R}$ gilt

$$\sum_{n=0}^{\infty} \frac{B_n}{n!} x^n = \frac{x}{e^x - 1},$$

denn die Koeffizienten des Produktes

$$\left(1 + \frac{x}{2!} + \frac{x^2}{3!} + \ldots\right) \cdot \left(B_0 + \frac{B_1}{1!} x + \frac{B_2}{2!} x^2 + \ldots\right)$$

sind 0 für $n \geq 1$ (und 1 für $n = 0$) (Aufgabe 4).

Aufgaben

1. Zeige, daß die Reihen

$$\sum_{n=0}^{\infty} a_n x^n, \quad \sum_{n=0}^{\infty} \frac{a_n}{n+1} x^n \quad \text{und} \quad \sum_{n=0}^{\infty} n a_n x^n$$

---
[81] Jakob Bernoulli, 1654–1705

den gleichen Konvergenzradius haben.

2. Bestimme den Konvergenzradius der Potenzreihe $\sum_{n=0}^{\infty} a_n x^n$; untersuche in a) und b) auch das Konvergenzverhalten auf dem Rand des Konvergenzintervalls.

a) $a_n = n^a$ b) $a_n = \sqrt{n+1} - \sqrt{n}$ c) $a_n = 2^{n\sqrt{n}}$

d) $a_n = \dfrac{n!}{n^n}$ e) $a_n = \dfrac{(n!)^3}{(3n)!}$ f) $a_n = \dfrac{n^2}{n!}$

3. Es sei

$$\alpha_n := \begin{cases} +1 & \text{für} \quad 2^{2k} \leq n < 2^{2k+1} \\ -1 & \text{für} \quad 2^{2k+1} \leq n < 2^{2k+2} \end{cases} \quad (k = 0, 1, 2, \ldots)$$

Bestimme den Konvergenzradius von

$$\sum_{n=2}^{\infty} \frac{\alpha_n}{n \log n} x^n.$$

Zeige, daß die Reihe an beiden Enden des Konvergenzintervalls konvergiert, aber nicht absolut.

4. Berechne die Bernoulli-Zahlen B_n für $n \leq 10$. Zeige, daß $B_{2n+1} = 0$ für $n \geq 1$.

5. Es sei

$$C(x) := \sum_{n=0}^{\infty} (-1)^n \frac{x^{2n}}{(2n)!} \quad \text{und} \quad S(x) := \sum_{n=0}^{\infty} (-1)^n \frac{x^{2n+1}}{(2n+1)!}.$$

a) Zeige, daß die beiden Potenzreihen überall konvergieren.
b) Zeige, daß $C' = -S$ und $S' = C$ gilt.
c) Zeige, daß für alle $x_1, x_2 \in \mathbb{R}$ gilt:

$$C(x_1)C(x_2) - S(x_1)S(x_2) = C(x_1 + x_2)$$

d) Leite aus der Formel in c) her:

$$S(x)^2 + C(x)^2 = 1 \quad \text{für alle } x \in \mathbb{R}.$$

6. Erkäre die merkwürdige Formel

$$\frac{2}{1} + \frac{6}{2} + \frac{12}{4} + \frac{20}{8} + \frac{30}{16} + \ldots = 16.$$

III.2 Taylor-Entwicklung

Möchte man eine (hinreichend oft) differenzierbare Funktion f in einer Umgebung einer Stelle $x_0 \in D_f$ näher untersuchen, so ist es hilfreich, sie durch einfache Funktionen gut zu approximieren. Als „einfach" soll dabei eine Polynomfunktion von möglichst kleinem Grad gelten, als „gut" soll die Approximation gelten, wenn f und die approximierende Funktion im Wert und in möglichst vielen Ableitungen an der Stelle x_0 übereinstimmen. Die beste konstante Approximation ist

$$p_0 : x \mapsto f(x_0),$$

da $p_0(x_0) = f(x_0)$. Die beste lineare Approximation ist

$$p_1 : x \mapsto f(x_0) + f'(x_0)(x - x_0),$$

da $p_1(x_0) = f(x_0)$ und $p_1'(x_0) = f'(x_0)$. Die beste quadratische Approximation ist

$$p_2 : x \mapsto f(x_0) + f'(x_0)(x - x_0) + \frac{f''(x_0)}{2}(x - x_0)^2,$$

da $p_2(x_0) = f(x_0)$, $p_2'(x_0) = f'(x_0)$ und $p_2''(x_0) = f''(x_0)$. Man wird also nach Funktionen der Art

$$p_n : x \mapsto \sum_{i=0}^{n} a_i (x - x_0)^i$$

suchen, welche in den ersten n Ableitungen mit den Ableitungen von f an der Stelle x_0 übereinstimmen. Um die Gestalt der Koeffizienten a_i zu finden, betrachten wir zunächst den einfachen Fall einer Polynomfunktion f vom Grad n, also

$$f(x) = \sum_{i=0}^{n} c_i x^i.$$

Man macht also den Ansatz

$$f(x) = \sum_{i=0}^{n} a_i (x - x_0)^i.$$

Setzt man $x = x_0$, so ergibt sich $f(x_0) = a_0$. Differenziert man einmal und setzt dann $x = x_0$, so ergibt sich $f'(x_0) = a_1$. Differenziert man i-mal und setzt dann $x = x_0$, so erhält man

$$f^{(i)}(x_0) = i! a_i.$$

Schreibt man die Koeffizienten a_i mit Hilfe dieser Beziehungen, so ist

$$f(x) = \sum_{i=0}^{n} \frac{f^{(i)}(x_0)}{i!} (x - x_0)^i.$$

Diese sehr triviale Umformung gibt nun Anlaß zu der Frage, ob man auch andere als nur Polynomfunktionen in dieser Weise darstellen kann, wobei natürlich anstelle der Summe eine Potenzreihe stehen müßte. Betrachten wir ein einfaches Beispiel mit $x_0 = 0$:

Beispiel 1: Für
$$f(x) = \frac{1}{1-x} \quad \left(= \sum_{i=0}^{\infty} x^i\right) \quad (x \in]-1;1[)$$
gilt
$$f^{(i)}(x) = \frac{i!}{(1-x)^{i+1}}, \text{ also } f^{(i)}(0) = i!$$
und damit
$$f(x) = \sum_{i=0}^{\infty} \frac{f^{(i)}(0)}{i!} x^i.$$

Satz 1 (*Satz von Taylor*[82]): Es sei f eine auf dem Intervall I $(n+1)$-mal stetig differenzierbare Funktion und x_0 ein innerer Punkt von I. Dann gilt für $x \in I$ die *Taylorsche Formel*
$$f(x) = \sum_{i=0}^{n} \frac{f^{(i)}(x_0)}{i!} (x - x_0)^i + R_n(x, x_0)$$
mit dem *Taylorschen Restglied*
$$R_n(x, x_0) = \frac{1}{n!} \int_{x_0}^{x} (x-t)^n f^{(n+1)}(t) \, dt.$$

Beweis: Wir führen den Beweis induktiv. Der Fall $n = 0$ ist klar:
$$f(x) = f(x_0) + \int_{x_0}^{x} f'(t) \, dt.$$
Der Induktionsschritt besteht in folgender Umformung des Restglieds mit Hilfe partieller Integration:
$$\begin{aligned}
R_k(x, x_0) &= \frac{1}{k!} \int_{x_0}^{x} (x-t)^k f^{(k+1)}(t) \, dt \\
&= \frac{1}{k!} \left(\left. \frac{-(x-t)^{k+1}}{k+1} f^{(k+1)}(t) \right|_{x_0}^{x} + \int_{x_0}^{x} \frac{(x-t)^{k+1}}{k+1} f^{(k+2)}(t) \, dt \right) \\
&= \frac{f^{(k+1)}(x_0)}{(k+1)!} (x-x_0)^{k+1} + \frac{1}{(k+1)!} \int_{x_0}^{x} (x-t)^{k+1} f^{(k+2)}(t) \, dt.
\end{aligned}$$

---

[82]Brook Taylor, englischer Mathematiker, 1685–1731. Dieser Satz war schon dem schottischen Mathematiker James Gregory (1638–1675) bekannt, man fand dies aber erst 1939 in seinem Nachlaß. Der Sonderfall $x_0 = 0$ wird manchmal auch *Satz von Maclaurin* genannt, nach dem ebenfalls schottischen Mathematiker Colin Maclaurin, 1698–1746.

III.2 Taylor-Entwicklung

Ist f auf I beliebig oft differenzierbar, dann konvergiert die Folge der *Taylor-Polynome*

$$\sum_{i=0}^{n} \frac{f^{(i)}(x_0)}{i!}(x-x_0)^i$$

auf I gegen die Potenzreihe

$$\sum_{i=0}^{\infty} \frac{f^{(i)}(x_0)}{i!}(x-x_0)^i,$$

falls auf I gilt:

$$\lim \langle R_n(x,x_0) \rangle = 0.$$

Es gilt dann auf I:

$$f(x) = \sum_{i=0}^{\infty} \frac{f^{(i)}(x_0)}{i!}(x-x_0)^i.$$

Dies ist die *Taylorsche Reihe* oder die *Taylor-Entwicklung* von f bezüglich der *Entwicklungsmitte* x_0.

Satz 2 (Hinreichendes Kriterium für die Konvergenz der Taylor-Reihe): Die Funktion f sei auf I beliebig oft differenzierbar, ferner seien $x, x_0 \in I$. Existiert dann ein $K > 0$ mit

$$|f^{(i)}(t)| \leq K \quad \text{für alle } t \text{ zwischen } x \text{ und } x_0 \text{ und alle } i \in \mathbb{N},$$

dann ist

$$f(x) = \sum_{i=0}^{\infty} \frac{f^{(i)}(x_0)}{i!}(x-x_0)^i.$$

Beweis: Aus dem verallgemeinerten 1. Mittelwertsatz der Integralrechnung folgt, daß eine Zahl $\theta \in]0;1[$ existiert mit

$$\begin{aligned} R_n(x,x_0) &= \frac{1}{n!}\int_{x_0}^{x}(x-t)^n f^{(n+1)}(t)dt \\ &= \frac{f^{(n+1)}(x_0+\theta(x-x_0))}{n!}\int_{x_0}^{x}(x-t)^n\,dt \\ &= \frac{f^{(n+1)}(x_0+\theta(x-x_0))}{(n+1)!}(x-x_0)^{n+1}. \end{aligned}$$

Daher ist

$$|R_n(x,x_0)| \leq \frac{K|x-x_0|^n}{(n+1)!}.$$

Die Behauptung des Satzes folgt nun aus

$$\lim \left\langle \frac{|x-x_0|^n}{(n+1)!} \right\rangle = 0.$$

Beispiel 2: Die Funktion $f : x \mapsto e^x$ läßt sich an jeder Stelle $x_0 \in \mathbb{R}$ als Entwicklungsmitte als Taylor-Reihe darstellen. Wir betrachten $x_0 = 0$: Es ist für alle $i \in \mathbb{N}$

$$\frac{f^{(i)}(0)}{i!} = \frac{1}{i!} \quad \text{und} \quad |f^{(i)}(t)| \leq e^{|x|} \text{ für alle } t \leq |x|.$$

Also ist

$$e^x = \sum_{i=0}^{\infty} \frac{x^i}{i!}$$

(vgl. I.10 und II.2). Wegen $e^{x-x_0} = e^x e^{-x_0}$ gilt auch für jedes $x_0 \in \mathbb{R}$

$$e^x = \sum_{i=0}^{\infty} \frac{e^{x_0}}{i!}(x - x_0)^i.$$

Beispiel 3 (vgl. Aufgabe 5 in III.1): Für die Sinusfunktion $f : x \mapsto \sin x$ gilt für alle $i \in \mathbb{N}_0$

$$f^{(2i)}(0) = 0 \quad \text{und} \quad f^{(2i+1)}(0) = (-1)^i.$$

Also ist für alle $x \in \mathbb{R}$

$$\sin x = \sum_{i=0}^{\infty} (-1)^i \frac{x^{2i+1}}{(2i+1)!}.$$

Entsprechend ergibt für alle $x \in \mathbb{R}$

$$\cos x = \sum_{i=0}^{\infty} (-1)^i \frac{x^{2i}}{(2i)!}.$$

Beispiel 4: Die Funktion

$$f : x \mapsto \begin{cases} e^{-\frac{1}{x^2}}, & \text{falls } x \neq 0 \\ 0, & \text{falls } x = 0 \end{cases}$$

ist zwar überall unendlich oft differenzierbar, aber nicht als Taylor-Reihe mit der Entwicklungsmitte 0 darstellbar. Es gilt nämlich $f^{(i)}(0) = 0$ für alle $i \in \mathbb{N}$, alle Taylorpolynome sind also das Nullpolynom, und die Funktion stimmt immer mit ihrem Restglied überein.

Beispiel 5: Wir wollen die Funktion $f : x \mapsto \ln(1+x)$ an der Entwicklungsmitte 0 im Intervall $]-1;1]$ betrachten. Es gilt dort für alle $i \in \mathbb{N}$

$$f^{(i)}(x) = (-1)^{i+1} \frac{(i-1)!}{(1+x)^i},$$

also

$$\frac{f^{(0)}(0)}{0!} = 0 \quad \text{und} \quad \frac{f^{(i)}(0)}{i!} = \frac{(-1)^{i+1}}{i} \quad (i \in \mathbb{N}).$$

III.2 Taylor-Entwicklung

Da $f^{(i)}$ an der Stelle -1 unbeschränkt ist, kann man Satz 2 auf $]-1;1]$ nicht anwenden. Dies ist aber der Fall, wenn man nur das Intervall $[a;1]$ mit $-1<a<1$ betrachtet. Dort gilt also

$$\ln(1+x) = \sum_{i=1}^{\infty} \frac{(-1)^{i+1}}{i} x^i.$$

Da a beliebig nahe bei -1 liegen darf, gilt dies schließlich auch auf $]-1;1]$. Für $x=1$ ergibt der Wert der Leibnizschen Reihe (vgl. III.1):

$$\sum_{i=1}^{\infty} \frac{(-1)^{i+1}}{i} = 1 - \frac{1}{2} + \frac{1}{3} - \frac{1}{4} + - \ldots = \ln 2.$$

Mit Hilfe der Taylor-Entwicklung ergibt sich ein *notwendiges und hinreichendes Kriterium* für das Vorliegen eines Extrempunktes oder eines Wendepunktes einer (hinreichend oft) differenzierbaren Funktion:

Satz 3: Die Funktion f sei n-mal differenzierbar auf $]a;b[$ ($n \geq 2$). Es sei $x_0 \in]a;b[$ und

$$f'(x_0) = f''(x_0) = \ldots = f^{(n-1)}(x_0) = 0$$

sowie

$$f^{(n)}(x_0) \neq 0.$$

Genau dann hat f an der Stelle x_0 ein Extremum, wenn n gerade ist, und zwar ein

Minimum, falls $f^{(n)}(x_0) > 0$,
Maximum, falls $f^{(n)}(x_0) < 0$.

Beweis: Es sei $f^{(n)}(x_0) > 0$, im Falle $f^{(n)}(x_0) < 0$ verläuft der Beweis analog. Es sei also

$$f^{(n)}(x_0) = \lim_{x \to x_0} \frac{f^{(n-1)}(x) - f^{(n-1)}(x_0)}{x - x_0} > 0.$$

Wegen der Stetigkeit von $f^{(n-1)}$ und wegen $f^{(n-1)}(x_0) = 0$ existiert ein $\delta > 0$ mit

$$\frac{f^{(n-1)}(x)}{x - x_0} > 0 \quad \text{für} \quad x_0 - \delta < x < x_0 + \delta,$$

also

$$f^{(n-1)}(x) > 0 \quad \text{für} \quad x_0 < x < x_0 + \delta,$$
$$f^{(n-1)}(x) < 0 \quad \text{für} \quad x_0 - \delta < x < x_0.$$

Aus der Taylorschen Formel

$$f(x) = f(x_0) + \frac{f^{(n-1)}(x_0 + \theta(x - x_0))}{(n-1)!} (x - x_0)^{n-1}$$

mit $0 < \theta < 1$ folgt für gerades n:

$$f(x) > f(x_0) \quad \text{für } x_0 - \delta < x < x_0 + \delta,$$

f hat also ein lokales Minimum an der Stelle x_0. Für ungerades n folgt dagegen

$$f(x) < f(x_0) \text{ für } x_0 - \delta < x < x_0 \quad \text{und} \quad f(x) > f(x_0) \text{ für } x_0 < x < x_0 + \delta,$$

f hat also kein Extremum an der Stelle x_0.

Da die Extrempunkte der Ableitungsfunktion f' die Wendepunkte von f sind, hat man damit auch ein notwendiges und hinreichendes Kriterium für die Wendepunkte von f. Hier muß die erste nicht-verschwindende Ableitung von f — abgesehen von $f'(x_0)$ — von *ungerader* Ordnung sein. Ist außerdem noch $f'(x_0) = 0$, dann liegt ein *Sattelpunkt* vor.

Aufgaben

1. Bestimme die Taylorreihe für die Funktion mit dem angegebenen Funktionsterm und der angegebenen Entwicklungsmitte.

a) $\dfrac{x}{1+x}$; $x_0 = 0$ b) $\dfrac{1}{1-x}$; $x_0 = \dfrac{1}{2}$ c) $\dfrac{1}{(1-x)^2}$; $x_0 = 0$

d) $\dfrac{1}{x^3}$; $x_0 = 1$ e) $\dfrac{1-x}{1+x}$; $x_0 = 0$ f) $\ln \dfrac{1-x}{1+x}$; $x_0 = 0$

Untersuche jeweils auch das Konvergenzverhalten auf dem Rand des Konvergenzintervalls.

2. Beweise, daß eine auf $\mathbb{R}$ definierte Funktion genau dann ganzrational vom Grad $\leq n$ ist, wenn $f^{(n+1)}(x) = 0$ für alle $x \in \mathbb{R}$ gilt.

3. Bestimme die Extrema der Funktionen mit dem angegebenen Funktionsterm in der jeweils größtmöglichen Definitionsmenge.

a) $x^4 - 3x^2$ b) $x^5 - 16x^2$

c) x^x d) $\dfrac{ax+b}{cx+d}$

e) $\displaystyle\sum_{i=1}^{n} a_i(x - b_i)^2$ f) $xe^{x^2} + \displaystyle\int_0^x (1+4t)e^{t^2}\, dt$

III.3 Numerische Berechnungen

Funktionswerte von nichtrationalen Funktionen, wie es etwa die Wurzelfunktionen, Exponentialfunktionen und trigonometrischen Funktionen sind, berechnet man in der Regel mit Iterationsverfahren (vgl. II.4) oder mit Reihenentwicklungen, also mit Hilfe einer — oft sehr großen — Anzahl von elementaren Rechenoperationen. Ebenso geschieht es auch in einem elektronischen Rechner, wenn wir etwa die Wurzeltaste benutzen.

Berechnung der Eulerschen Zahl: Die Zahl e berechnet man zweckmäßigerweise aus der Reihendarstellung

$$e = \sum_{i=0}^{\infty} \frac{1}{i!}.$$

Setzt man $s_n = \sum_{i=0}^{n} \frac{1}{i!}$, dann gilt

$$s_n < e < s_n + \frac{1}{n!n},$$

denn

$$e - s_n < \frac{1}{(n+1)!} \sum_{i=0}^{\infty} \frac{1}{(n+1)^i} = \frac{1}{(n+1)!} \cdot \frac{n+1}{n} = \frac{1}{n!n}.$$

Ein achtstelliger Taschenrechner liefert $e = 2,7182818$. Um diese Genauigkeit aus der Reihendarstellung zu gewinnen, muß man n so wählen, daß

$$n!n > 5 \cdot 10^8$$

ist. Mit $n = 11$ ist diese Bedingung erfüllt. Es ist

$$
\begin{aligned}
s_n \approx \quad & 1,000000000000 \\
+ \quad & 1,000000000000 \\
+ \quad & 0,500000000000 \\
+ \quad & 0,166666666666 \\
+ \quad & 0,041666666666 \\
+ \quad & 0,008333333333 \\
+ \quad & 0,001388888888 \\
+ \quad & 0,000198412690 \\
+ \quad & 0,000024801587 \\
+ \quad & 0,000002755732 \\
+ \quad & 0,000000275573 \\
+ \quad & 0,000000025052 \\
\hline
e \approx \quad & 2,718281826
\end{aligned}
$$

Man erhält damit $2,718281826 < e < 2,718281830$.

Berechnung der Kreiszahl: Zur Berechnung der Zahl π kann man die Taylor-Entwicklung von arctan in $]-1;1]$ benutzen. Es ist dort

$$\arctan x = \sum_{i=0}^{\infty}(-1)^i \frac{x^{2i+1}}{2i+1},$$

denn

$$(\arctan x)' = \frac{1}{1+x^2} = \sum_{i=0}^{\infty}(-1)^i x^{2i},$$

woraus durch Integration obige Reihendarstellung folgt (vgl. III.1). Für $x = 1$ folgt aufgrund des Abelschen Grenzwertsatzes

$$\frac{\pi}{4} = 1 - \frac{1}{3} + \frac{1}{5} - \frac{1}{7} + - \dots .$$

Diese Reihe konvergiert aber sehr langsam; man müßte mehr als 1000 Glieder aufsummieren, um π auf drei Nachkommastellen genau zu berechnen. Schon etwas besser konvergiert die arctan-Reihe für $x = \dfrac{1}{\sqrt{3}}$:

$$\frac{\pi}{6} = \frac{1}{\sqrt{3}}\left(1 - \frac{1}{9} + \frac{1}{45} - \frac{1}{567} + - \dots\right).$$

Wesentlich besser ist folgendes Verfahren: Ist $\alpha := \arctan \dfrac{1}{5}$, dann ist

$$\begin{aligned}\tan 2\alpha &= \frac{2\tan\alpha}{1-\tan^2\alpha} = \frac{5}{12},\\ \tan 4\alpha &= \frac{2\tan 2\alpha}{1-\tan^2 2\alpha} = \frac{120}{119}.\end{aligned}$$

Also ist 4α nur geringfügig größer als $\dfrac{\pi}{4}$. Wir setzen $\beta := 4\alpha - \dfrac{\pi}{4}$; dann ist

$$\tan\beta = \frac{\tan 4\alpha - \tan\frac{\pi}{4}}{1+\tan 4\alpha \cdot \tan\frac{\pi}{4}} = \frac{\frac{120}{119}-1}{1+\frac{120}{119}} = \frac{1}{239}.$$

Jetzt berechnen wir $\pi = 4(4\alpha - \beta) = 16\alpha - 4\beta$ mit Hilfe der arctan-Reihe:

$$\pi = 16\left(\frac{1}{5} - \frac{1}{3\cdot 5^3} + \frac{1}{5\cdot 5^5} - + \dots\right) - 4\left(\frac{1}{239} - \frac{1}{3\cdot 239^3} + - \dots\right).$$

Schon die ersten Glieder liefern gute Näherungen; beispielsweise ist

$$16\left(\frac{1}{5} - \frac{1}{3\cdot 5^3}\right) - 4\cdot\frac{1}{239} = \frac{1184}{375} - \frac{4}{239} = 3\frac{12601}{89625} = 3{,}14059693\dots .$$

III.3 Numerische Berechnungen

Berechnung der Logarithmen: Es gilt

$$\left(\ln\frac{1+x}{1-x}\right)' = (\ln(1+x))' - (\ln(1-x))' = \frac{1}{1+x} + \frac{1}{1-x}$$

und für $i \in \mathbb{N}$

$$\left(\ln\frac{1+x}{1-x}\right)^{(i)} = (-1)^{i-1}\frac{(i-1)!}{(1+x)^i} + \frac{(i-1)!}{(1-x)^i}.$$

Damit erhält man in $]-1;1[$ die Taylor-Entwicklung

$$\ln\frac{1+x}{1-x} = 2\sum_{i=0}^{\infty}\frac{x^{2i+1}}{2i+1}.$$

Für $x = \frac{1}{3}$ ergibt sich

$$\ln 2 = 2\sum_{i=0}^{\infty}\frac{1}{(2i+1)3^{2i+1}}.$$

Bezeichnet man das i-te Glied dieser Reihe mit a_i und setzt $s_n := \sum_{i=0}^{n} a_i$ sowie $r_n = \ln 2 - s_n$, dann ist

$$0 < r_n < a_{n+1}\left(1 + \frac{1}{3} + \frac{1}{9} + \ldots\right) < a_n \cdot \frac{1}{3^2} \cdot \frac{9}{8} = \frac{1}{8}a_n.$$

Summiert man die ersten 8 Glieder auf, so ergibt sich

$$0{,}6931471 < \ln 2 < 0{,}6931472.$$

Nun kann man die Werte $\ln k$ der Reihe nach für $k = 3, 4, 5, \ldots$ berechnen, wenn man die Reihe

$$\ln(k+1) = \ln k + 2\sum_{i=0}^{\infty}\frac{1}{(2i+1)(2k+1)^{2i+1}}$$

benutzt, welche sich aus obiger Taylor-Reihe für $x = \dfrac{1}{2k+1}$ ergibt. Beispielsweise ist wegen $\ln 10 = \ln 2 + \ln 5$

$$\ln 11 = \ln 2 + \ln 5 + 2\left(\frac{1}{21} + \frac{1}{3 \cdot 21^3} + \frac{1}{5 \cdot 21^5} + \ldots\right).$$

Bricht man die Summe nach dem dritten Summanden ab, dann ist der Fehler kleiner als

$$2 \cdot \frac{1}{7} \cdot \frac{1}{21^7} \cdot \frac{21}{20} < 2 \cdot 10^{-10}.$$

Berechnung der Wurzeln: Wurzeln kann man mit Hilfe von Iterationsverfahren (vgl. II.4) oder mit Hilfe der Logarithmen berechnen, man kann sie aber auch mit Hilfe von Reihenentwicklungen gewinnen. Dazu benötigen wir die *binomische Reihe*

$$(1+x)^\alpha = \sum_{i=0}^{\infty} \binom{\alpha}{i} x^i,$$

wobei α eine beliebige reelle Zahl ist und

$$\binom{\alpha}{i} := \frac{\alpha(\alpha-1)(\alpha-2)\cdot\ldots\cdot(\alpha-i+1)}{i!}$$

sowie $\binom{\alpha}{0} := 1$ vereinbart wird. Der Konvergenzradius der binomischen Reihe ist 1. Man beachte, daß auf $]-1;1[$

$$((1+x)^\alpha)^{(i)} = \alpha(\alpha-1)(\alpha-2)\cdot\ldots\cdot(\alpha-i+1)(1+x)^{\alpha-i}$$

gilt. Wegen

$$(-1)^i \binom{-\frac{1}{2}}{i} = \frac{1\cdot 3\cdot 5\cdot\ldots\cdot(2i-1)}{2\cdot 4\cdot 6\cdot\ldots\cdot(2i)}$$

ist also für $|x| < 1$

$$\frac{1}{\sqrt{1-x}} = 1 + \frac{1}{2}x + \frac{3}{8}x^2 + \frac{15}{48}x^3 + \ldots .$$

Damit kann man Quadratwurzeln berechnen, wenn man sie geschickt mit Hilfe des Terms $\dfrac{1}{\sqrt{1-x}}$ und möglichst kleinem x darstellt. Beispielsweise ist

$$\sqrt{2} = \frac{7}{5}\cdot\sqrt{\frac{50}{49}} = \frac{7}{5}\cdot\frac{1}{\sqrt{1-\frac{1}{50}}}$$

und daher

$$\sqrt{2} = \frac{7}{5}\left(1 + \frac{1}{2}\cdot\frac{1}{50} + \frac{3}{8}\cdot\frac{1}{50^2} + \frac{15}{48}\cdot\frac{1}{50^3} + \ldots\right).$$

Schon die vier ersten Summanden liefern den sehr guten Wert 1,4142135; der Taschenrechner liefert dieselben sieben Nachkommastellen.

Allgemein kann man $\sqrt[p]{n}$ berechnen, indem man dies umformt zu

$$r(1\pm\delta)^{\pm\frac{1}{p}}$$

mit einer geschickt gewählten rationalen Zahl r und einem möglichst kleinen Wert von δ und die binomische Reihe mit $\alpha = \pm\dfrac{1}{p}$ verwendet.

III.3 Numerische Berechnungen

Berechnung von Sinuswerten: Grundsätzlich kann man die Werte der Sinusfunktion aus

$$\sin x = \sum_{n=0}^{\infty}(-1)^n \frac{x^{2n+1}}{(2n+1)!}$$

berechnen, wobei die Qualität der Konvergenz natürlich von der Größe von x abhängt. Für $x = \alpha := \frac{\pi}{180}$ ($= 1°$) ergibt sich bei Abbrechen der Reihe nach dem Summand mit dem Index n ein Fehler, der kleiner als der Betrag des nächsten Gliedes ist, da es sich um eine alternierende Reihe mit monoton fallenden Beträgen der Glieder handelt. Wegen

$$\frac{\alpha^7}{7!} < 2,5 \cdot 10^{-16}$$

ergibt sich für $\sin 1°$ schon mit

$$\alpha - \frac{\alpha^3}{3!} + \frac{\alpha^5}{5!}$$

ein Wert von höherer Genauigkeit als mit dem Taschenrechner, wenn man π mit einer entsprechenden Genauigkeit einsetzt.

Aufgaben

1. a) Berechne

$$\ln\frac{10}{9} = -\ln(1 - \frac{1}{10}), \; \ln\frac{25}{24} = -\ln(1 - \frac{4}{100}), \; \ln\frac{81}{80} = \ln(1 + \frac{1}{80})$$

auf 9 Nachkommastellen genau, stelle dann $\ln 2$, $\ln 3$, $\ln 5$ als ganzzahlige Linearkombination dieser Zahlen dar und bestimme diese mit größtmöglicher Genauigkeit.

b) Beim Übergang von den Briggschen Logarithmen (Zehnerlogarithmen) zu den natürlichen Logarithmen muß man die Briggschen Logarithmen mit einer festen Zahl M multiplizieren. Bestimme diese Zahl M mit Hilfe der Ergebnisse aus a) auf 8 Stellen genau.

2. a) Bestimme Näherungen von $\sqrt{2}$ mit Hilfe des Ansatzes

$$\sqrt{2} = \frac{141}{100}\left(1 - \frac{119}{20\,000}\right)^{-\frac{1}{2}}.$$

b) Bestimme Näherungen von $\sqrt{3}$ mit Hilfe des Ansatzes

$$\sqrt{3} = \frac{1\,732}{1\,000}\left(1 - \frac{176}{3\,000\,000}\right)^{-\frac{1}{2}}.$$

3. Bestimme Näherungen von $\sqrt[3]{3}$ mit Hilfe des Ansatzes

$$\sqrt[3]{3} = \frac{10}{7}\left(1 + \frac{29}{1\,000}\right)^{\frac{1}{3}}.$$

III.4 Weitere Reihenentwicklungen

Bei der Taylor-Entwicklung in III.2 haben wir Funktionen betrachtet, die sich — im Fall der Entwicklungsmitte 0 — in einem geeigneten Intervall eindeutig als „unendliche Linearkombination" der Funktionen mit den Termen

$$x^0, x^1, x^2, x^3, \ldots$$

darstellen lassen. Diese Terme bilden also eine (unendliche) Basis des Vektorraums der betrachteten Funktionen. Sind $a_0, a_1, a_2, a_3, \ldots$ die „Entwicklungskoeffizienten" von f, ist also $f(x) = \sum_{i=0}^{\infty} a_i x^i$ in einem gewissen Intervall, dann kann man aufgrund des Identitätssatzes für Potenzreihen die Funktion f auch eindeutig durch die Folge $\langle a_n \rangle$ kennzeichnen. Die Polynomfunktionen sind dann durch abbrechende (endliche) Folgen zu beschreiben, also Folgen, die ab einem gewissen Index nur noch die Folgenglieder 0 haben. Die e-Funktion ist durch die Folge $\left\langle \frac{1}{n!} \right\rangle$ gekennzeichnet. Die konstante Folge $\langle 1 \rangle$ beschreibt die Funktion $x \mapsto \frac{1}{1-x}$ auf den Intervall $]-1; 1[$.

Eine andere Basis für diesen Raum bilden die Funktionen mit den Termen

$$\frac{x^0}{0!}, \frac{x^1}{1!}, \frac{x^2}{2!}, \frac{x^3}{3!}, \ldots$$

(Aufgabe 1). Hier wird die e-Funktion durch die konstante Folge $\langle 1 \rangle$ gekennzeichnet.

Wählt man als Basis die Funktionen mit den Termen

$$\frac{x}{1-x}, \frac{x^2}{1-x^2}, \frac{x^3}{1-x^3}, \ldots,$$

dann erhält man die sogenannten *Lambertschen Reihen*.[83] Die Lambertsche Reihe

$$\sum_{i=1}^{\infty} a_i \frac{x^i}{1-x^i}$$

konvergiert natürlich nicht für $|x| = 1$. Diese Reihe konvergiert für $|x| \neq 1$ aber stets dann, wenn $\Sigma \langle a_n \rangle$ konvergiert. Ist dagegen $\Sigma \langle a_n \rangle$ nicht konvergent, dann konvergiert die Lambertsche Reihe genau dort, wo die Potenzreihe $\sum_{i=1}^{\infty} a_i x^i$ konvergiert, wobei aber die Stellen ± 1 auszuschließen sind. Für $|x| < 1$ besteht zwischen Lambertschen Reihen und Potenzreihen der Zusammenhang

$$\sum_{i=1}^{\infty} a_i \frac{x^i}{1-x^i} = \sum_{i=1}^{\infty} A_i x^i,$$

---

[83] Johann Heinrich Lambert, Universalgelehrter aus dem Elsaß, 1728–1777

III.4 Weitere Reihenentwicklungen

wobei A_n die Summe aller a_d ist, für welche d ein Teiler von n ist (Aufgabe 2).

Von *wesentlich* anderem Typ sind die *Dirichletschen Reihen*[84], welche wir nun kurz vorstellen wollen. Die Basis bilden hier die Funktionen mit den Termen

$$\frac{1}{1^x}, \frac{1}{2^x}, \frac{1}{3^x}, \ldots .$$

Die Funktion mit der Koeffizientenfolge $\langle 1 \rangle$ haben wir schon in II.7 Aufgabe 4 als *Riemannsche Zetafunktion* kennengelernt:

$$\zeta(x) = \sum_{i=1}^{\infty} \frac{1}{i^x}.$$

Wir wissen, daß diese spezielle Dirichlet-Reihe für $x > 1$ konvergiert und für $x \leq 1$ divergiert. Der Konvergenzbereich ist also $]1; \infty[$. Die Dirichlet-Reihe

$$\sum_{i=1}^{\infty} \frac{(-1)^{i-1}}{i^x}$$

— ist divergent für $x \leq 0$,
— ist konvergent, aber nicht absolut konvergent für $0 < x \leq 1$,
— ist absolut konvergent für $1 < x$.

Dieses Konvergenzverhalten ist typisch für Dirichlet-Reihen: Es gibt eine Abszisse x_0, welche den Divergenzbereich vom Konvergenzbereich trennt, und es gibt eine Abszisse x_1, ab welcher *absolute* Konvergenz herrscht. Dies ist anders als bei Potenzreihen, wo ja der Konvergenzradius gleichzeitig die Grenze der absoluten Konvergenz angibt. Die Abszissen der Konvergenz und der absoluten Konvergenz können zusammenfallen, wie es bei der die Zetafunktion definierenden Reihe der Fall ist; sie können aber auch verschieden sein, wie obiges Beispiel zeigt. Wir werden zeigen, daß sie aber höchstens den Abstand 1 haben können, sofern die Reihe überhaupt konvergiert. Die Reihe

$$\sum_{i=1}^{\infty} \frac{1}{i^i i^x} \quad \text{bzw.} \quad \sum_{i=1}^{\infty} \frac{i^i}{i^x}$$

konvergiert *überall* bzw. *nirgends*. Diese langweiligen Fälle wollen wir im folgenden Satz ausschließen.

Satz 1: Die Dirichlet-Reihe

$$\sum_{i=1}^{\infty} \frac{a_i}{i^x}$$

sei weder nirgends noch überall konvergent. Dann existieren Zahlen λ und l, so daß die Reihe für $x < \lambda$ divergiert, für $x > \lambda$ konvergiert, für $x < l$ nicht absolut konvergiert und für $x > l$ absolut konvergiert. Dabei gilt $0 \leq l - \lambda \leq 1$.

---
[84] Peter Gustav Lejeune-Dirichlet, deutscher Mathematiker, 1805–1859

Beweis: Die Reihe sei an der Stelle ξ absolut konvergent. Dann ist sie auch an jeder Stelle $x > \xi$ absolut konvergent, denn dann ist

$$\sum_{i=1}^{n} \left|\frac{a_i}{i^x}\right| \leq \sum_{i=1}^{n} \left|\frac{a_i}{i^\xi}\right|.$$

Die Menge der Stellen absoluter Konvergenz ist nach unten beschränkt, da die Reihe nicht überall konvergiert. Setzen wir l gleich dem Infimum dieser Stellen, dann gilt die Behauptung des Satzes für l. Nun sei die Reihe an der Stelle η konvergent (nicht notwendig absolut konvergent). Für $x > \eta$ ist $\left\langle \dfrac{1}{n^{x-\eta}} \right\rangle$ eine Nullfolge mit positiven Gliedern, so daß mit $\sum\limits_{i=1}^{\infty} \dfrac{a_i}{i^\eta}$ auch

$$\sum_{i=1}^{\infty} \frac{a_i}{i^x} = \sum_{i=1}^{\infty} \frac{a_i}{i^\eta} \cdot \frac{1}{i^{x-\eta}}$$

konvergiert. Ist λ das Infimum der Konvergenzstellen, dann folgt die Behauptung des Satzes über λ. Ist schließlich $\sum\limits_{i=1}^{\infty} \dfrac{a_i}{i^x}$ konvergent, dann ist

$$\sum_{i=1}^{\infty} \frac{a_i}{i^{x+\delta}}$$

für jedes $\delta > 1$ absolut konvergent, woraus $l - \lambda \leq 1$ folgt.

Periodische Funktionen mit nicht allzu „schlimmen" Unstetigkeiten kann man durch „Überlagerung" von Sinus- und Kosinuskurven („Schwingungen") darstellen. Die im folgenden Satz auftretende Reihe nennt man eine *Fourier-Reihe*[85] und spricht von der *Fourier-Entwicklung* der Funktion f. Den Beweis dieses Satzes wollen wir — obwohl er nicht übermäßig kompliziert ist — hier übergehen.

Satz 2: Die auf $\mathbb{R}$ definierte Funktion f habe folgende Eigenschaften:

— $f(x + 2\pi) = f(x)$ für alle $x \in \mathbb{R}$;

— f ist in $]-\pi; \pi[$ bis auf endlich viele Sprungstellen stetig;

— ist s eine Sprungstelle von f, dann ist

$$f(s) = \frac{1}{2}\left(\lim_{x \to s^-} f(x) + \lim_{x \to s^+} f(x)\right);$$

— f ist in $]-\pi; \pi[$ stückweise stetig differenzierbar, ist also insbesondere nur an endlich viele Stellen nicht differenzierbar.

---

[85] Jean Baptiste Joseph Fourier, 1768–1830

III.4 Weitere Reihenentwicklungen

Dann konvergiert die Reihe

$$\frac{a_0}{2} + \sum_{n=1}^{\infty} a_n \cos nx + b_n \sin nx$$

mit $a_0 = \dfrac{1}{\pi} \displaystyle\int_{-\pi}^{\pi} f(t)\,dt$ und

$$a_n = \frac{1}{\pi} \int_{-\pi}^{\pi} f(t) \cos nt\,dt, \qquad b_n = \frac{1}{\pi} \int_{-\pi}^{\pi} f(t) \sin nt\,dt$$

an jeder Stelle x und stellt auf $\mathbb{R}$ die Funktion f dar.

Die Gestalt der Koeffizienten kann man sich leicht plausibel machen: Multipliziert man die Gleichung

$$f(x) = \frac{a_0}{2} + \sum_{n=1}^{\infty} a_n \cos nx + b_n \sin nx$$

mit $\cos kx$ ($k \in \mathbb{N}_0$) und integriert sie über $[-\pi; \pi]$, dann ergibt sich wegen

$$\int_{-\pi}^{\pi} \cos kt \sin kt\,dt = 0$$

und

$$\int_{-\pi}^{\pi} \cos kt \cos kt\,dt = \begin{cases} 0 & \text{für } k \neq n, \\ \pi & \text{für } k = n \end{cases}$$

der Koeffizient a_k in der angegebenen Form. Multipliziert man obige Gleichung mit $\sin kx$ ($k \in \mathbb{N}$) und integriert sie über $[-\pi; \pi]$, dann ergibt sich entsprechend der Koeffizient b_k. Daß diese Manipulationen zulässig sind, ergibt sich bei einem Beweis des obigen Satzes.

In den folgenden Beispielen geben wir stets $f(x)$ in $]-\pi;\pi[$ an und denken uns dies gemäß den Bedingungen in obigem Satz periodisch fortgesetzt. Ist f eine ungerade Funktion ($f(-x) = -f(x)$), dann sind die Koeffizienten a_n alle gleich 0, weil dann auch $x \mapsto f(x)\cos nx$ eine ungerade Funktion ist. Ist dagegen f eine gerade Funktion ($f(-x) = f(x)$), dann sind die Koeffizienten b_n alle gleich 0.

Beispiel 1 (Fig. 1): Es sei $f(x) = x$. Weil diese Funktion f ungerade ist, gilt $a_n = 0$ für alle $n \in \mathbb{N}_0$. Ferner ist

$$b_n = \frac{1}{\pi} \int_{-\pi}^{\pi} t \sin nt\,dt = \frac{1}{\pi} \left(\left.\frac{-t \cos nt}{n}\right|_{-\pi}^{\pi} + \frac{1}{n} \int_{-\pi}^{\pi} \cos nt\,dt \right) = (-1)^{n+1} \frac{2}{n}.$$

Es ergibt sich

$$f(x) = 2 \left(\frac{\sin x}{1} - \frac{\sin 2x}{2} + \frac{\sin 3x}{3} - + \cdots \right).$$

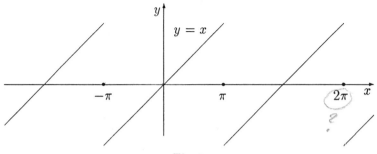

Fig. 1

Setzt man $x = \dfrac{\pi}{2}$, so ergibt sich die Leibnizsche Reihe:

$$\frac{\pi}{4} = 1 - \frac{1}{3} + \frac{1}{5} - + \dots$$

Beispiel 2: Es sei $f(x) = x^2$. Die Funktion f ist gerade. Es ergibt sich

$$a_0 = \frac{2}{3}\pi^2, \quad a_n = \frac{2}{\pi}\int_0^\pi t^2 \cos nt\, dt = (-1)^n \frac{4}{n^2},$$

also

$$f(x) = \frac{\pi^2}{3} - 4\left(\frac{\cos x}{1^2} - \frac{\cos 2x}{2^2} + \frac{\cos 3x}{3^2} - + \dots\right).$$

(Aus dieser Reihe ergibt sich durch gliedweise Differentiation die Reihe in Beispiel 1; man müßte aber zunächst klären, ob diese Operation zulässig ist.) Setzen wir $x = 0$, so erhalten wir

$$\frac{1}{1^2} - \frac{1}{2^2} + \frac{1}{3^2} - + \dots = \frac{\pi^2}{12}.$$

Addieren wir die (ebenfalls absolut konvergente) Reihe

$$\frac{1}{2}\left(\frac{1}{1^2} + \frac{1}{2^2} + \frac{1}{3^2} + \dots\right) = 2\left(\frac{1}{2^2} + \frac{1}{4^2} + \frac{1}{6^2} + \dots\right),$$

so erhalten wir das schon früher angekündigte Resultat

$$\sum_{n=1}^\infty \frac{1}{n^2} = \frac{\pi^2}{6}.$$

Beispiel 3: Es sei $f(x) = \cos \alpha x$ mit $\alpha \notin \mathbb{Z}$. Wegen

$$\int_0^\pi \cos \alpha t \cos nt\, dt = \frac{1}{2}\int_0^\pi (\cos(\alpha + n)t + \cos(\alpha - n)t)\, dt$$

III.4 Weitere Reihenentwicklungen

$$= \frac{1}{2}\left(\frac{\sin(\alpha+n)\pi}{\alpha+n} + \frac{\sin(\alpha-n)\pi}{\alpha-n}\right)$$

$$= \frac{1}{2}\sin\alpha\pi\cos n\pi\left(\frac{1}{\alpha+n} - \frac{1}{\alpha-n}\right)$$

$$= (-1)^n\frac{\alpha\sin\alpha\pi}{\alpha^2-n^2}$$

erhält man

$$\cos\alpha x = \frac{2\alpha\sin\alpha\pi}{\pi}\left(\frac{1}{2\alpha^2} - \frac{\cos x}{\alpha^2-1^2} + \frac{\cos 2x}{\alpha^2-2^2} - +\ldots\right).$$

An den Stellen $\pm\pi$ ist diese Funktion stetig. Setzt man $x = \pi$ ein und schreibt dann x für α, dann ergibt sich

$$\pi\cot\pi x - \frac{1}{x} = -2x\left(\frac{1}{x^2-n^2} + \frac{1}{x^2-2^2} + \frac{1}{x^2-3^2} + \ldots\right).$$

Es ist erlaubt, diese Reihe gliedweise über ein Intervall $[0; x]$ mit $0 \leq x < 1$ zu integrieren, wobei auf der linken Seite ein uneigentliches Integral steht; man erhält

$$\ln\frac{\sin\pi x}{\pi x} = \sum_{n=1}^{\infty}\ln\left(1 - \frac{x^2}{n^2}\right).$$

Übergang zur Exponentialfunktion liefert

$$\frac{\sin\pi x}{\pi x} = \prod_{n=1}^{\infty}\left(1 - \frac{x^2}{n^2}\right).$$

An dieser Zerlegung des Sinus in ein unendliches Produkt (vgl. Abschnitt I.11) erkennt man unmittelbar die Nullstellen der Sinusfunktion. Für $x = \frac{1}{2}$ erhält man

$$1 = \frac{\pi}{2}\prod_{n=1}^{\infty}\frac{(2n-1)\cdot(2n+1)}{2n\cdot 2n}$$

und damit das *Wallissche Produkt* (vgl. Abschnitt I.11)

$$\frac{\pi}{2} = \frac{2}{1}\cdot\frac{2}{3}\cdot\frac{4}{3}\cdot\frac{4}{5}\cdot\frac{6}{5}\cdot\frac{6}{7}\cdot\frac{8}{7}\cdot\frac{8}{9}\cdot\ldots\,.$$

Als Anwendung der Wallisschen Formel wollen wir nun die *Stirlingsche Formel*[86] beweisen, welche wir schon in Abschnitt I.5 erwähnt haben. Dazu wollen wir zunächst den Zusammenhang von

$$\ln n! = \sum_{i=1}^{n}\ln i \quad \text{und} \quad \int_{1}^{n}\ln x\,dx$$

---
[86] James Stirling, schottischer Mathematiker, 1692–1770

untersuchen. Eine gute Näherung für das Integral
$$\int_1^n \ln x \, dx = n \ln n - n + 1$$
ist
$$\sum_{i=1}^{n-1} \frac{1}{2}(\ln i + \ln(i+1)) = \sum_{i=1}^{n} \ln i - \frac{1}{2} \ln n,$$
wie man erkennt, wenn man das Integral über dem Intervall $[i; i+1]$ durch den Flächeninhalt eines Trapezes ersetzt. Es ergibt sich also
$$\sum_{i=1}^{n} \ln i = \left(n + \frac{1}{2}\right) \ln n - n + 1 - R_n,$$
wobei die Zahlen $R_n := \sum_{i=1}^{n-1} r_i$ mit
$$r_i := \int_i^{i+1} \ln x \, dx - \frac{1}{2}(\ln i + \ln(i+1))$$
eine konvergente Folge bilden. Denn
$$\begin{aligned}
r_i &= (i+1)\ln(i+1) - i \ln i - 1 - \frac{1}{2}(\ln i + \ln(i+1)) \\
&= \left(i + \frac{1}{2}\right) \ln\left(1 + \frac{1}{i}\right) - 1 \\
&= \left(i + \frac{1}{2}\right)\left(\frac{1}{i} - \frac{1}{2i^2} + \frac{1}{3i^3} - \frac{1}{4i^4} + - \ldots\right) - 1 \\
&< \left(i + \frac{1}{2}\right)\left(\frac{1}{i} - \frac{1}{2i^2} + \frac{1}{3i^3}\right) - 1 \\
&= \frac{1}{12i^2} + \frac{1}{6i^3}.
\end{aligned}$$

Übergang zur Exponentialfunktion liefert nun
$$n! = n^n \sqrt{n} \, e^{-n} e^{1-R_n}.$$

Der Grenzwert
$$\beta := \lim_{n \to \infty} \frac{n! \, e^n}{\sqrt{n} \, n^n} = \lim_{n \to \infty} e^{1-R_n}$$
existiert. Um ihn mit der Wallisschen Formel zu berechnen, formen wir diese zunächst geschickt um:
$$\sqrt{\frac{\pi}{2}} = \lim_{n \to \infty} \frac{2 \cdot 4 \cdot 6 \cdot \ldots \cdot (2n-2)}{3 \cdot 5 \cdot 7 \cdot \ldots \cdot (2n-1)} \sqrt{2n}$$

III.4 Weitere Reihenentwicklungen

$$\begin{aligned}
&= \lim_{n\to\infty} \frac{2^2 4^2 6^2 \cdot \ldots \cdot (2n-2)^2}{(2n-1)!} \sqrt{2n} \\
&= \lim_{n\to\infty} \frac{2^2 4^2 6^2 \cdot \ldots \cdot (2n)^2}{(2n)! \sqrt{2n}},
\end{aligned}$$

also

$$\lim_{n\to\infty} \frac{(n!)^2 2^{2n}}{(2n)! \sqrt{n}} = \sqrt{\pi}.$$

Damit ergibt sich

$$\begin{aligned}
\sqrt{\pi} &= \lim_{n\to\infty} \frac{(n!)^2}{\sqrt{n}} \cdot \frac{2^{2n}}{(2n)!} \cdot \frac{\sqrt{2n}}{\sqrt{n}\sqrt{2}} \cdot \frac{e^n e^n}{e^{2n}} \cdot \frac{n^{2n}}{n^n n^n} \\
&= \lim_{n\to\infty} \left(\frac{n! e^n}{n^n \sqrt{n}}\right)^2 \left(\frac{(2n)^{2n}\sqrt{2n}}{(2n)! e^{2n}}\right) \frac{1}{\sqrt{2}} \\
&= \beta^2 \cdot \frac{1}{\beta} \cdot \frac{1}{\sqrt{2}} = \frac{\beta}{\sqrt{2}}
\end{aligned}$$

Also ist $\beta = \sqrt{2\pi}$ und damit

$$n! \approx \sqrt{2\pi n}\left(\frac{n}{e}\right)^n$$

in dem Sinne, daß der Quotient dieser beiden Ausdrücke für $n \to \infty$ den Grenzwert 1 hat.

Schon für kleine Werte liefert die Stirlingsche Formel gute Näherungen; es ergibt sich beispielsweise $10! \approx 3,6 \cdot 10^6$ mit einem relativen Fehler von weniger als 1%.

Aufgaben

1. Reihen mit der Basis $\left\{\frac{x^i}{i!} \mid i \in \mathbb{N}_0\right\}$ kann man in ihrem Konvergenzbereich multiplizieren:

$$\sum_{n=0}^\infty a_n \frac{x^n}{n!} \cdot \sum_{n=0}^\infty b_n \frac{x^n}{n!} = \sum_{n=0}^\infty c_n \frac{x^n}{n!}.$$

Wie gewinnt man die Folge $\langle c_n \rangle$ aus den Folgen $\langle a_n \rangle$ und $\langle b_n \rangle$? Beweise die Formel

$$\sum_{i=1}^n \binom{n}{i} = 2^n$$

mit Hilfe der Entwicklung von e^{2x}.

2. Beweise alle im Text gemachten Aussagen über Lambert-Reihen.

3. Innerhalb ihres Bereichs der absoluten Konvergenz kann man Dirichlet-Reihen multiplizieren:
$$\sum_{n=1}^{\infty} \frac{a_n}{n^x} \cdot \sum_{n=1}^{\infty} \frac{b_n}{n^x} = \sum_{n=1}^{\infty} \frac{c_n}{n^x}.$$
Wie gewinnt man die Folge $\langle c_n \rangle$ aus den Folgen $\langle a_n \rangle$ und $\langle b_n \rangle$? Welche arithmetische Bedeutung haben die Koeffizienten der Dirichlet-Reihe von $(\zeta(x))^2$?

4. Bestimme die Fourier-Entwicklung für $f(x) = |x|$ in $]-\pi; \pi[$ und damit den Wert von $\sum_{n=1}^{\infty} \frac{1}{(2n-1)^2}$. Leite dann daraus den Wert der Reihe $\sum_{n=1}^{\infty} \frac{1}{n^2}$ her.

5. Bestimme die Fourier-Entwicklung für $f(x) = \operatorname{sgn} x$ in $]-\pi; \pi[$. Bestimme damit den Wert der Leibnizschen Reihe
$$\sum_{n=1}^{\infty} \frac{(-1)^{n-1}}{2n-1}.$$

6. Bestimme die Fourier-Entwicklung für $f(x) = |\sin x|$ in $]-\pi; \pi[$. Zeige damit, daß
$$\frac{\pi}{4} = \frac{1}{2} + \sum_{n=1}^{\infty} \frac{(-1)^{n-1}}{4n^2 - 1}.$$

IV Anwendungen der Analysis in der Geometrie

IV.0 Einleitung

Im Analysisunterricht in der Schule findet die Differentialrechnung ihre wichtigste Anwendung in der Diskussion von Kurven, die als Graph einer Funktion $x \mapsto f(x)$ gegeben sind. Eine bedeutende Rolle spielen dabei die Extremalpunkte dieser Kurven („Extremwertaufgaben"). Die Integralrechnung wird hauptsächlich angewendet auf die Berechnung von Flächeninhalten oder von Größen, die eine Interpretation als Flächeninhalt zwischen einer Kurve und der x-Achse des Koordinatensystems erlauben. Diese „geometrischen" Anwendungen der Analysis sollen hier weiter ausgebaut werden, wobei ebene Kurven auch anders als durch *eine* Funktion *einer* Variablen beschrieben werden können. Schließlich werden auch Kurven und Flächen *im Raum* mit den Mitteln der Analysis untersucht.

IV.1 Anwendungen der Integralrechnung

Die erste geometrische Deutung eines bestimmten Integrals ist die als Flächeninhalt. Mit Hilfe des Integrals kann man aber auch Längen und Rauminhalte bestimmen.

Die Länge einer Kurve

Über dem Intervall $[a;b]$ sei eine stetig differenzierbare Funktion f gegeben. Wir wollen die Länge $L_f(a,b)$ des Graphen über $[a;b]$ berechnen. Dazu betrachten wir auf $[a;b]$ die Funktion

$$s : x \mapsto L_f(a,x) := \text{Länge der Graphen von } f \text{ über } [a;x].$$

Für $x, x+h \in [a;b]$ gilt dann (vgl. Fig. 1)

$$(s(x+h) - s(x))^2 \approx h^2 + (f(x+h) - f(x))^2,$$

falls h sehr klein ist. Ist $h > 0$, so ist also

$$s(x+h) - s(x) \approx \sqrt{h^2 + (f(x+h) - f(x))^2}.$$

Dividiert man durch h und betrachtet den Grenzwert für $h \to 0$, dann ergibt sich[87]

$$s'(x) = \sqrt{1 + f'(x)^2}.$$

Der Hauptsatz der Differential- und Integralrechnung liefert dann

$$L_f(a,b) = s(b) = \int_a^b \sqrt{1 + f'(x)^2}\,dx.$$

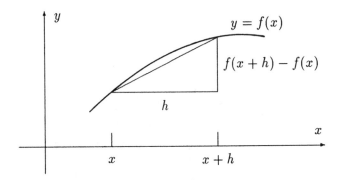

Fig. 1

Beispiel 1 (*Neilsche Parabel*[88]): Der Graph der Funktion mit der Gleichung $y = x\sqrt{x} = x^{\frac{3}{2}}$ hat über dem Intervall $[0;a]$ die Länge

$$\int_0^a \sqrt{1 + \frac{9}{4}x}\,dx = \frac{2}{3} \cdot \frac{4}{9} \cdot \left(1 + \frac{9}{4}x\right)^{\frac{3}{2}}\bigg|_0^a = \frac{8}{27}\left(\left(1 + \frac{9}{4}a\right)^{\frac{3}{2}} - 1\right).$$

Beispiel 2 (*Kettenlinie*[89]): Der Graph der Kosinushyperbolicus-Funktion, also der Graph der Funktion mit der Gleichung

$$y = \cosh x := \frac{1}{2}(e^x + e^{-x}),$$

---

[87]Die Formel $s'(x) = \sqrt{1 + f'(x)^2}$ haben wir hier sehr *anschaulich* hergeleitet, indem wir die Existenz der Längenfunktion s vorausgesetzt haben. Man kann nun aber umgekehrt die Länge des Graphen einer stetig differenzierbaren Funktion durch die hier hergeleitete Formel *definieren*. Die Verhältnisse sind also ähnlich wie bei den Begriffen *Flächeninhalt* (unter dem Graph einer Funktion) und *Riemann-Integral*.

[88]W. Neil, englischer Mathematiker, 1637–1670. Die Neilsche Parabel ist eine der wenigen Kurven, deren Längenberechnung auf ein elementar zu berechnendes Integral führt.

[89]Eine an zwei Punkten aufgehängte Kette bildet eine Linie, die in einem geeigneten rechtwinkligen Koordinatensystem durch eine Funktion wie in diesem Beispiel beschrieben wird.

IV.1 Anwendungen der Integralrechnung

hat über dem Intervall $[0; a]$ die Länge

$$\int_0^a \sqrt{1 + \left(\frac{1}{2}(e^x - e^{-x})\right)^2}\, dx = \int_0^a \frac{1}{2}(e^x + e^{-x})\, dx = \frac{1}{2}(e^x - e^{-x})\Big|_0^a = \frac{1}{2}(e^a - e^{-a}).$$

Die Längenfunktion des Kosinushyperbolicus ist also der Sinushyperbolicus mit der Gleichung[90]

$$y = \sinh x := \frac{1}{2}(e^x - e^{-x}).$$

Der Schwerpunkt einer Kurve

Wir denken uns ein Kurvenstück K, welches als Graph einer stetig differenzierbaren Funktion f mit positiven Werten über dem Intervall $[a; b]$ gegeben ist, homogen mit Masse belegt, so daß das Gewicht eines Kurvenstücks proportional zu seiner Länge ist. Das Drehmoment[91] des Kurvenstücks zwischen den Stellen x und $x + h$ mit $h > 0$ bezüglich der x-Achse liegt dann zwischen

$$(s(x+h) - s(x)) \min_{x \le t \le x+h} f(t) \quad \text{und} \quad (s(x+h) - s(x)) \max_{x \le t \le x+h} f(t),$$

das gesamte Drehmoment ist also

$$\int_a^b f(x) s'(x)\, dx = \int_a^b f(x)\sqrt{1 + (f'(x))^2}\, dx.$$

Entsprechend ergibt sich das Drehmoment bezüglich der y-Achse zu

$$\int_a^b x s'(x)\, dx = \int_a^b x\sqrt{1 + (f'(x))^2}\, dx.$$

Ist andererseits L die Länge der Kurven über $[a; b]$ und (x_S, y_S) ihr Schwerpunkt, so ergibt sich für dieses Drehmoment $y_S \cdot L$ bzw. $x_S \cdot L$. Also ist

$$y_S = \frac{1}{L}\int_a^b f(x)\sqrt{1 + (f'(x))^2}\, dx, \qquad x_S = \frac{1}{L}\int_a^b x\sqrt{1 + (f'(x))^2}\, dx.$$

Beispiel 3: Für den Schwerpunkt der Kettenlinie (Beispiel 2) zwischen den Stellen $-a$ und a gilt $x_S = 0$ und

$$y_S = \frac{1}{2\sinh a}\int_{-a}^a \cosh x \sqrt{1 + \sinh^2 x}\, dx$$

$$= \frac{1}{2\sinh a}\int_{-a}^a \cosh h^2 x\, dx = \frac{1}{2\sinh a}\int_{-a}^a \frac{1}{2}(1 + \cosh 2x)\, dx$$

$$= \frac{1}{2\sinh a}\left(a + \frac{1}{2}\sinh 2a\right) = \frac{a}{e^a - e^{-a}} + \frac{e^a + e^{-a}}{4}.$$

---

[90]Für die Funktionen $\sinh x$ und $\cosh x$ gilt $\cosh^2 x - \sinh^2 x = 1$; ferner gelten die Beziehungen $\cosh' x = \sinh x$, $\sinh' x = \cosh x$.

[91]Das Drehmoment einer Kraft F bezüglich einer Drehachse im Abstand l ist $F \cdot l$ („Kraft mal Kraftarm").

Der Schwerpunkt einer Fläche

Wir denken uns eine Fläche mit dem Inhalt A, welche vom Graph einer stetigen Funktion f mit $f(x) \geq 0$ über dem Intervall $[a; b]$ eingeschlossen wird, homogen mit Masse belegt, so daß das Gewicht eines Flächenstücks proportional zu seinem Inhalt ist. Das Drehmoment[92] des Streifens zwischen den Stellen x und $x + h$ mit $h > 0$ bezüglich der x-Achse liegt dann zwischen

$$\frac{1}{2} \min_{x \leq t \leq x+h} f(t)^2 \cdot h \quad \text{und} \quad \frac{1}{2} \max_{x \leq t \leq x+h} f(t)^2 \cdot h,$$

das gesamte Drehmoment ist also

$$\frac{1}{2} \int_a^b f(x)^2 \, dx.$$

Dieses ist andererseits gleich $A \cdot y_S$, wenn A der Inhalt und (x_S, y_S) der Schwerpunkt der Fläche ist. Es ergibt sich also

$$y_S = \frac{1}{2A} \int_a^b f(x)^2 \, dx.$$

Entsprechend kann man x_S berechnen. Man erhält

$$x_S = \frac{1}{A} \int_a^b x f(x) \, dx.$$

Als Anwendung betrachten wir die *Guldinschen Regeln*[93] für Rotationskörper.

Erste Guldinsche Regel: Der Mantelflächeninhalt eines Rotationskörpers ist das Produkt aus der Länge der erzeugenden Kurve und der Länge des von ihrem Schwerpunkt zurückgelegten Weges.

Zweite Guldinsche Regel: Das Volumen ist das Produkt aus dem Inhalt der erzeugenden Fläche und der Länge des von ihrem Schwerpunkt zurückgelegten Weges.

Zur Begründung der Ersten Guldinschen Regel berechnen wir zunächst die Mantelfläche des Rotationskörpers, der vom Graph der stetig differenzierbaren Funktion f mit $f(x) \geq 0$ auf $[a; b]$ bei Rotation um die x-Achse erzeugt wird. Bei Zerlegung des Intervalls in Teilintervalle der Länge h entstehen Scheiben, die an der Stelle x näherungsweise Kegelstümpfe mit dem Mantelflächeninhalt $2\pi f(x) s'(x) h$ sind. Daraus ergibt sich für den Mantelinhalt

$$M = 2\pi \int_a^b f(x) \sqrt{1 + f'(x)^2} \, dx = 2\pi y_S \cdot L,$$

---

[92] Das Drehmoment eines homogen Stabes vom Gewicht F und der Länge l bezüglich einer zu ihm rechtwinkligen Achse durch seinen Endpunkt ist $F \cdot \frac{1}{2} l^2$. Zur Herleitung dieser Formel kann man die Summenformel $1 + 2 + \ldots + n = \frac{n(n+1)}{2}$ benutzen.

[93] Paul Guldin, 1577–1643, schweizerischer Mathematiker. Guldin konnte nicht wissen, daß schon Pappus von Alexandria um 320 v. Chr. diese Regeln kannte.

IV.1 Anwendungen der Integralrechnung

wobei y_S die y-Koordinate des Schwerpunkts und L die Länge des Kurvenstücks ist.[94]

Zur Begründung der Zweiten Guldinschen Regel berechnen wir das Volumen des Rotationskörpers, der vom Graph der stetigen Funktion f mit $f(x) \geq 0$ auf $[a;b]$ bei Rotation um die x-Achse erzeugt wird. Bei Zerlegung des Intervalls in Teilintervalle der Länge h entstehen Scheiben, die an der Stelle x näherungsweise Kegelstümpfe mit dem Rauminhalt $\pi f(x)^2 h$ sind. Daraus ergibt sich für das Volumen

$$V = \pi \int_a^b f(x)^2 \,\mathrm{d}x = \pi y_S \cdot A,$$

wobei y_S der Schwerpunkt und A der Inhalt des Kurvenstücks ist.

Beispiel 4: 1) Wir betrachten den oberen Halbkreis des Kreises um O mit dem Radius r. Bei Rotation um die x-Achse entsteht eine Kugel mit dem Oberflächeninhalt $4\pi r^2$. Die Länge des Halbkreises ist πr. Für die y-Koordinate y_S des Schwerpunkts der Halbkreis*linie* gilt daher

$$2\pi y_S \cdot \pi r = 4\pi r^2, \quad \text{also} \quad y_S = \frac{2r}{\pi}.$$

2) Die in 1) erzeugte Kugel hat das Volumen $\frac{4}{3}\pi r^3$; die erzeugende Halbkreisfläche hat den Inhalt $\frac{1}{2}\pi r^2$. Für die y-Koordinate y_S des Schwerpunkts der Halbkreis*fläche* gilt daher

$$2\pi y_S \cdot \frac{1}{2}\pi r^2 = \frac{4}{3}\pi r^3, \quad \text{also} \quad y_S = \frac{4r}{3\pi}.$$

Berechnet man in 1) und 2) die Schwerpunktkoordinaten mit den oben angegebenen Integralen, dann kann man auf diese Weise die Formeln für den Oberflächeninhalt und das Volumen der Kugel gewinnen (Aufgabe 2).

Beispiel 5: Rotiert ein Kreis um eine Achse, welche in derselben Ebene wie der Kreis liegt, dann entsteht ein *Torus* (Fig. 2). Dabei sei r der Radius des rotierenden Kreises und R mit $R > r$ der Abstand des Kreismittelpunktes von der Rotationsachse. Nach der Ersten Guldinschen Regel hat der Torus den Oberflächeninhalt

$$M = 2\pi r \cdot 2\pi R = 4\pi^2 rR.$$

Nach der Zweiten Guldinschen Regel ist sein Volumen

$$V = \pi r^2 \cdot 2\pi R = 2\pi^2 r^2 R.$$

---

[94]Man beachte, daß hier f stetig differenzierbar sein soll, während bei der Zweiten Guldinschen Regel nur die Stetigkeit von f gefordert wird.

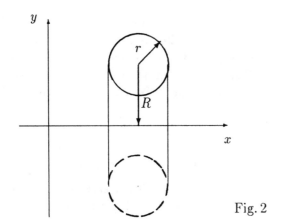
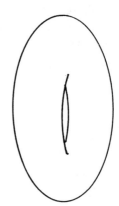

Fig. 2

Das Volumen eines Körpers

Wir betrachten einen Körper, der in ein räumliches kartesisches Koordinatensystem (xyz-Koordinatensystem) eingebettet ist. Die zur yz-Ebene parallele Ebene durch den Punkt $(x, 0, 0)$ schneidet den Körper in einer Fläche. Wir nehmen an, daß für jeden Wert von x der Inhalt $q(x)$ dieser Fläche existiert und daß dabei q eine stetige Funktion auf dem Intervall $[a; b]$ ist, ferner sei $q(x) = 0$ für $x < a$ und $y > b$. Dann gilt für das Volumen V des Körpers

$$V = \int_a^b q(x)\,dx.$$

Dies ist eine moderne Fassung des *Prinzips von Cavalieri*.[95]

Entsteht ein Körper durch Rotation des Graphs der stetigen Funktion f über dem Intervall $[a; b]$ um die x-Achse, dann ist $q(x) = \pi f(x)^2$. Das Volumen des Rotationskörpers ist also

$$V = \pi \int_a^b f(x)^2\,dx.$$

Beispiel 6: Das Volumen einer Kugel vom Radius r ist

$$\begin{aligned}V &= \pi \int_{-r}^{r} (r^2 - x^2)\,dx = 2\pi \int_0^r (r^2 - x^2)\,dx \\ &= 2\pi\left(r^2 x - \frac{1}{3}x^3\right)\Big|_0^r = 2\pi\left(r^3 - \frac{1}{3}r^3\right) = \frac{4}{3}\pi r^3.\end{aligned}$$

---

[95] Bonaventura Cavalieri, 1598(?)–1647, italienischer Mathematiker, Schüler von Galilei

IV.1 Anwendungen der Integralrechnung

Beispiel 7: Ein allgemeiner Kegel (Kreiskegel, schiefer Kegel, Pyramide, ...) mit dem Grundflächeninhalt G und der Höhe h wird im Abstand x von der Grundfläche ($0 \leq x \leq h$) in einer zur Grundfläche parallelen Fläche mit dem Inhalt $q(x)$ geschnitten. Es gilt[96]

$$q(x) : G = (h-x)^2 : h^2.$$

Also gilt für das Volumen V des Kegels

$$V = \int_0^h G \cdot \left(\frac{h-x}{h}\right)^2 dx = \frac{G}{h^2} \int_0^h (h-x)^2 dx = \frac{G}{h^2} \cdot \frac{1}{3} h^3 = \frac{1}{3} G h.$$

Beispiel 8: Mit Hilfe des uneigentlichen Integrals konnten wir auch Inhalte von gewissen unbegrenzten Flächen bestimmen. Die Fläche unter dem Graph von $x \mapsto \frac{1}{x}$ ($1 \leq x < \infty$) existiert nicht, denn das uneigentliche Integral $\int_1^\infty \frac{1}{x} dx$ existiert nicht (es ist „unendlich"). Rotiert die Kurve um die x-Achse, so erzeugt sie aber merkwürdigerweise einen Rotationskörper mit endlichem Volumen V:

$$V = \pi \int_1^\infty \left(\frac{1}{x}\right)^2 dx = -\pi \frac{1}{x}\bigg|_1^\infty = \pi.$$

Beispiel 9: Der Graph von $x \mapsto \sqrt{-2\ln x}$ ($0 < x \leq 1$) erzeugt bei Rotation um die x-Achse einen unbegrenzten Rotationskörper, welcher aber ein endliches Volumen V besitzt: Für $0 < \varepsilon < 1$ ist

$$V_\varepsilon := \pi \int_\varepsilon^1 -2\ln x \, dx = -2\pi (x \ln x - x)\big|_\varepsilon^1 = 2\pi(1 + \varepsilon \ln \varepsilon - \varepsilon).$$

Wegen $\lim_{\varepsilon \to 0^+} \varepsilon \ln \varepsilon = 0$ (Aufgabe 3) ist

$$V := \lim_{\varepsilon \to 0^+} V_\varepsilon = 2\pi.$$

Die Umkehrfunktion von $x \mapsto \sqrt{-2\ln x}$ ist

$$x \mapsto e^{-\frac{1}{2}x^2} \quad (0 \leq x < \infty).$$

Rotiert der Graph dieser Funktion um die y-Achse, so entsteht ebenfalls ein (unbegrenzter) Rotationskörper mit dem Volumen 2π (Fig. 3). Wir bezeichnen mit I den Inhalt der Schnittfläche dieses Körpers mit der xy-Ebene, also

$$I := \int_{-\infty}^\infty e^{-\frac{1}{2}x^2} dx.$$

---

[96]Beachte: Bei einer Ähnlichkeitsabbildung mit dem Faktor k ändert sich der Flächeninhalt einer Figur mit dem Faktor k^2.

Die Schnittfläche parallel zur xy-Ebene im Abstand z hat den Inhalt $e^{-\frac{1}{2}z^2} \cdot I$, denn $e^{-\frac{1}{2}(x^2+z^2)} = e^{-\frac{1}{2}z^2} \cdot e^{-\frac{1}{2}x^2}$. Also ist nach dem Cavalierischen Prinzip

$$V = \int_{-\infty}^{\infty} e^{-\frac{1}{2}z^2} \cdot I \, dz = I \cdot \int_{-\infty}^{\infty} e^{-\frac{1}{2}z^2} \, dz = I^2.$$

Aus $I^2 = 2\pi$ ergibt sich $I = \sqrt{2\pi}$ bzw.

$$\int_{-\infty}^{\infty} e^{-\frac{1}{2}x^2} \, dx = \sqrt{2\pi}.$$

Dieses Integral spielt in der Wahrscheinlichkeitsrechnung im Zusammenhang mit der Normalverteilung eine große Rolle.

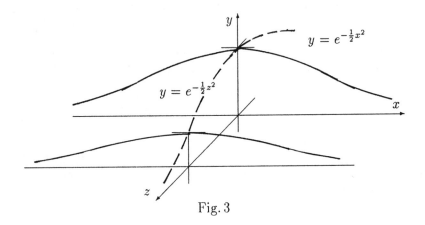

Fig. 3

Aufgaben

1. Bestimme in Beispiel 3 den Grenzwert von y_S für $a \to 0$.

2. Bestimme die Schwerpunkte der Halbkreislinie und der Halbkreisfläche, wenn der Halbkreis durch die Gleichung $y = \sqrt{r^2 - x^2}$ mit $-r \leq x \leq r$ gegeben ist.

3. a) Zeige, daß $\lim\limits_{x \to 0^+} x \ln x = 0$.

b) Zeige, daß das uneigentliche Integral $\int_{-\infty}^{\infty} e^{-\frac{1}{2}x^2} \, dx$ existiert.

4. Ein Flächenstück im xy-Koordinatensystem werde begrenzt durch die Kurven mit den Gleichungen $y = 0$, $y = x^2 + 2$, $x = 1$, $x = 2$.

a) Berechne den Flächeninhalt.

b) Berechne die Koordinaten des Schwerpunkts.

c) Berechne die Volumen der Rotationskörper bei Rotation um die x-Achse und bei Rotation um die y-Achse.

IV.2 Kurvendiskussion

Es sei f eine in einem Intervall I beliebig oft differenzierbare Funktion und x_0 ein innerer Punkt von I.

Der Wert von $f'(x_0)$ gibt die *Steigung* von f bzw. des Graphen von f im Punkt $(x_0, f(x_0))$ an:

$f'(x_0) < 0$: f ist in einer Umgebung von x_0 streng monoton fallend
$f'(x_0) = 0$: f hat an der Stelle x_0 eine waagerechte Tangente
$f'(x_0) > 0$: f ist in einer Umgebung von x_0 streng monoton steigend

Der Wert von $f''(x_0)$ macht eine Aussage über die *Krümmung* von f bzw. des Graphen von f im Punkt $(x_0, f(x_0))$, denn $f''(x)$ gibt als „Steigung der Steigung" an, ob die Steigung zunimmt oder abnimmt:

$f''(x_0) < 0$: f ist in einer Umgebung von x_0 eine Rechtskurve
$f''(x_0) = 0$: f' hat an der Stelle x_0 eine waagerechte Tangente
$f''(x_0) > 0$: f ist in einer Umgebung von x_0 eine Linkskurve

Die anschaulichen Bezeichnungen „Rechtskurve"und „Linkskurve" beziehen sich auf die Durchlaufung des Graphen in Richtung der x-Achse („von links nach rechts"). In einer Rechtskurve verläuft der Graph unterhalb, in einer Linkskurve oberhalb der Tangente (Fig. 1). Man nennt f in einer Rechtskurve *konvex*, in einer Linkskurve *konkav*.

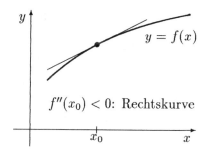
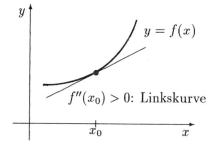

Fig. 1

Im Fall $f'(x_0) = 0$ kann zunächst nicht über das Steigungsverhalten in der Umgebung von x_0 entschieden werden. Ist aber $f''(x_0) \neq 0$, dann sind die Verhältnisse klar, dann weiß man nämlich, ob die Steigung in einer Umgebung von x_0 zunimmt oder abnimmt:

$f'(x_0) = 0, f''(x_0) < 0$: f hat an der Stelle x_0 ein relatives Maximum
$f'(x_0) = 0, f''(x_0) > 0$: f hat an der Stelle x_0 ein relatives Minimum

Ein relatives Maximum ist nämlich dadurch gekennzeichnet, daß an dieser Stelle die Steigung von positiven zu negativen Werten wechselt, an der Stelle eines relativen Minimums wechselt sie von negativen zu positiven Werten.

Im Fall $f''(x_0) = 0$ kann zunächst nicht über das Krümmungsverhalten in der Umgebung von x_0 entschieden werden. Ist aber $f'''(x_0) \neq 0$, dann sind die Verhältnisse klar, dann weiß man nämlich, ob an der Stelle x_0 eine Links- in eine Rechtskurve übergeht oder umgekehrt:

$f''(x_0) = 0, f'''(x_0) < 0$: Linkskurve geht in eine Rechtskurve über
$f''(x_0) = 0, f'''(x_0) > 0$: Rechtskurve geht in eine Linkskurve über

Es handelt sich dann bei $(x_0, f(x_0))$ um einen *Wendepunkt* von f.

Ist $f'(x_0) = f''(x_0) = 0$ und $f'''(x_0) \neq 0$, dann liegt an der Stelle x_0 ein Wendepunkt mit waagerechter Tangente vor, ein *Sattelpunkt*.

Das ergibt sich alles aus den folgenden Resultat, welches wir in III.2 mit Hilfe der Taylor-Entwicklung erhalten haben:

Die erste an der Stelle x_0 nicht-verschwindende Ableitung von f sei von der Ordnung n. Ist n gerade, dann besitzt f an der Stelle x_0 ein Extremum, und zwar

— ein Maximum, wenn $f^{(n)}(x_0) < 0$,
— ein Minimum, wenn $f^{(n)}(x_0) > 0$.

Ist n ungerade und $n > 1$, dann besitzt f an der Stelle x_0 einen Sattelpunkt.

Wir wollen hier den Begriff der *Krümmumg* präzisieren, indem wir denjenigen Kreis betrachten, welcher sich der Kurve an der Stelle x_0 am besten „anschmiegt", der also durch den Punkt $(x_0, f(x_0))$ geht, dort die Steigung $f'(x_0)$ hat (also die Kurventangente berührt) und — als Funktionsgraph betrachtet — an der Stelle x_0 die zweite Ableitung $f''(x_0)$ hat. Wegen der Übereinstimmung der Funktionswerte und der beiden ersten Ableitungen spricht man von einer *Berührung zweiter Ordnung*. Diesen Kreis nennt man den *Krümmungskreis* von f an der Stelle x_0. Hat er die Gleichung

$$(x - x_M)^2 + (y - y_M)^2 = r^2,$$

dann ist (x_M, y_M) der *Krümmungsmittelpunkt* und r der *Krümmungsradius* von f an der Stelle x_0. Den Wert

$$k := \frac{1}{r}$$

nennt man die *Krümmung* von f an der Stelle x_0.

In einer Umgebung von x_0 läßt sich ein Bogen des gesuchten Kreises als Graph einer Funktion mit der Gleichung

$$y = k(x) = y_M + \sqrt{r^2 - (x - x_M)^2} \quad \text{oder} \quad y = k(x) = y_M - \sqrt{r^2 - (x - x_M)^2}$$

IV.2 Kurvendiskussion

darstellen. Zusammen mit der Kreisgleichung ergeben sich dann durch Differenzieren die drei Gleichungen

$$(x - x_M)^2 + (k(x) - y_M)^2 = r^2$$
$$(x - x_M) + (k(x) - y_M)k'(x) = 0$$
$$1 + (k'(x))^2 + (k(x) - y_M)k''(x) = 0$$

Aus den Bedingungen

$$k(x_0) = f(x_0),\ k'(x_0) = f'(x_0),\ k''(x_0) = f''(x_0)$$

erhält man die Gleichungen für $x = x_0$

$$(x_0 - x_M)^2 + (f(x_0) - y_M)^2 = r^2$$
$$(x_0 - x_M) + (f(x_0) - y_M)f'(x_0) = 0$$
$$1 + (f'(x_0))^2 + (f(x_0) - y_M)f''(x_0) = 0$$

Die dritte Gleichung liefert

$$f(x_0) - y_M = -\frac{1 + (f'(x_0))^2}{f''(x_0)}.$$

Damit folgt aus der zweiten Gleichung

$$x_0 - x_M = f'(x_0)\frac{1 + (f'(x_0))^2}{f''(x_0)}.$$

Setzt man dies in die erste Gleichung ein, so folgt

$$r^2 = \frac{(1 + (f'(x_0))^2)^3}{(f''(x_0))^2}.$$

Bei diesen Überlegungen muß natürlich $f''(x_0) \neq 0$ gelten; in diesem Fall wäre die Krümmung 0, der Krümmungsradius also unendlich groß. Wir haben damit folgenden Satz bewiesen:

Satz 1: Ist $f''(x_0) \neq 0$, so existiert ein Kreis mit dem Mittelpunkt (x_M, y_M) und dem Radius r, der den Graph von f an der x_0 von zweiter Ordnung berührt (Krümmungskreis). Dabei ist

$$x_M = x_0 - f'(x_0)\frac{1 + (f'(x_0))^2}{f''(x_0)}, \qquad y_M = f(x_0) + \frac{1 + (f'(x_0))^2}{f''(x_0)}$$

und

$$r = \frac{(1 + (f'(x_0))^2)^{\frac{3}{2}}}{|f''(x_0)|}.$$

Bei einer *Kurvendiskussion* versucht man, möglichst viele Informationen über den Graph einer Funktion f zu gewinnen, um damit ein möglichst genaues Schaubild anfertigen zu können. Die möglichen Punkte einer solchen Diskussion sind im folgenden zusammengestellt:

- Definitionsmenge

- Stetige Ergänzbarkeit an Definitionslücken

- Asymptotisches Verhalten an Definitionslücken und am Rand der Definitionsmenge

- Symmetrie (Achsensymmetrie, Punktsymmetrie)

- Berechnung der ersten, zweiten und dritten Ableitung

- Nullstellen und Steigung in den Nullstellen

- Extremalpunkte

- Wendepunkte und Steigung der Wendetangenten

- Krümmungskreise in einigen Punkten, z.B. in den Extremalpunkten

- Bestimmung des Maßstabs des Koordinatensystem, in dem das Schaubild gezeichnet werden soll

- Zeichnen des Schaubilds

Wenn der Term der zu untersuchenden Funktion nicht sehr einfach ist, kann man nicht alle diese Punkte behandeln. Insbesondere kann es sein, daß die Lösungen der Gleichungen $f(x) = 0$, $f'(x) = 0$ und $f''(x) = 0$ nur näherungsweise mit numerischen Verfahren zu bestimmen sind.

Beispiel 1: Der Graph der auf $\mathbb{R}$ definierten Funktion f mit $f(x) = x^3 - x$ ist punktsymmetrisch zum Ursprung. Es gilt

$$f'(x) = 3x^2 - 1, \ f''(x) = 6x, \ f'''(x) = 6.$$

Die Nullstellen sind 0 (Steigung -1) und ± 1 (Steigung 2). Die Extremstellen sind $\pm\frac{1}{3}\sqrt{3}$. Es ist

$(-\frac{1}{3}\sqrt{3}, \frac{2}{9}\sqrt{3})$ ein Maximalpunkt, $\quad (\frac{1}{3}\sqrt{3}, -\frac{2}{9}\sqrt{3})$ ein Minimalpunkt.

Der Ursprung ist Wendepunkt (Steigung -1). Der Krümmungsradius in den Extremalpunkten ist

$$r = \frac{(1+0^2)^{\frac{3}{2}}}{6 \cdot \frac{1}{3}\sqrt{3}} = \frac{1}{6}\sqrt{3}.$$

Als Einheiten auf den Koordinatenachsen wählen wir 4 cm. In Fig. 1 ist das so gewonnene Schaubild dargestellt.

IV.2 Kurvendiskussion

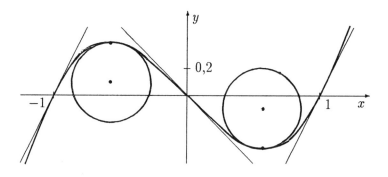

Fig. 1

Beispiel 2: Die rationale Funktion f mit

$$f(x) = \frac{1}{x^2 - 10x + 24}$$

hat Definitionslücken an den Stellen 5 ± 1, denn dies sind die Nullstellen des Nennerpolynoms. Es liegt der Verdacht nahe, daß die Gerade mit der Gleichung $x = 5$ eine Symmetrieachse ist. In der Tat gilt

$$f(10 - x) = \frac{1}{(10 - x)^2 - 10(10 - x) + 24} = \frac{1}{x^2 - 10x + 24} = f(x)$$

für alle $x \in \mathbb{R} \setminus \{4,6\}$. Wir betrachten also die einfachere (zur y-Achse symmetrische) Funktion g mit $g(x) = f(x+5) = \dfrac{1}{x^2 - 1}$ und der Definitionsmenge $\mathbb{R} \setminus \{-1,1\}$. Es ist

$$g'(x) = -\frac{2x}{(x^2 - 1)^2}, \quad g''(x) = \frac{6x^2 + 2}{(x^2 - 1)^3}.$$

Es gilt

$$\lim_{x \to -1^-} g(x) = \lim_{x \to 1^+} g(x) = +\infty, \quad \lim_{x \to -1^+} g(x) = \lim_{x \to 1^-} g(x) = -\infty$$

und

$$\lim_{x \to -\infty} g(x) = \lim_{x \to +\infty} g(x) = 0.$$

Es gibt keine Nullstellen, einem Maximalpunkt $(0, -1)$ und keine Wendepunkte. Der Krümmungsradius im Punkt $(0, -1)$ ist $\dfrac{1}{2}$. Mit Hilfe der Kurvenpunkte $\left(\pm 2, \dfrac{1}{3}\right)$ und $\left(\pm \dfrac{5}{4}, \dfrac{3}{2}\right)$ ist in Fig. 2 das Schaubild von g gezeichnet. Verschiebt man das Koordinatensystem um 5 Einheiten nach links, dann ergibt sich das Schaubild der ursprünglich gegebenen Funktion f.

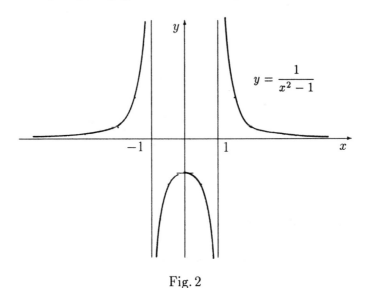

Fig. 2

Aufgaben

1. Beweise:

a) Der Graph einer Funktion f ist genau dann achsensymmetrisch zu der Geraden mit der Gleichung $x = a$, wenn

$$f(2a - x) = f(x) \quad \text{für alle } x \in D(f).$$

b) Der Graph einer Funktion f ist genau dann punktsymmetrisch zum Punkt (a, b), wenn

$$f(2a - x) = 2b - f(x) \quad \text{für alle } x \in D(f).$$

2. Beweise, daß jede Parabel dritter Ordnung, also jede Kurve mit der Gleichung $y = ax^3 + bx^2 + cx + d$, punktsymmetrisch zu ihrem Wendepunkt ist.

3. Berechne die Steigung in den Nullstellen und die Krümmungsradien in den Extremalpunkten; zeichne dann ein Schaubild von f.

a) $f(x) = x^2 - 2$ b) $f(x) = \dfrac{x^5}{160} - \dfrac{x^4}{64}$ c) $f(x) = \dfrac{x}{1 + x^2}$ d) $f(x) = (x \ln x)^2$

4. Diskutiere die durch folgenden Term gegebene Funktion:

a) $f(x) = \dfrac{1}{30}(x^4 + 15x)$ b) $f(x) = \dfrac{1}{10}(4x - 5x^3 + x^5)$ c) $f(x) = \dfrac{x^2 - 2x + 1}{x^2 + 1}$

d) $f(x) = x + \dfrac{1}{x^2}$ e) $f(x) = e^{\frac{1}{x}}$ f) $f(x) = x^2 \sin \dfrac{1}{x}$ g) $f(x) = \ln x \cdot \sin x$.

IV.3 Implizite Differentiation

In einem kartesichen Koordinatensystem wird durch die Gleichung

$$x^2 + y^2 = r^2$$

ein Kreis um den Ursprung mit dem Radius r beschrieben. Der Kreis ist kein Funktionsgraph, da zu jedem x-Wert mit $|x| < r$ zwei verschiedene y-Werte gehören. Wir können den Kreis aber in zwei *Äste* (Halbkreise) zerlegen, welche als Graphen der Funktionen

$$f_1 : x \mapsto \sqrt{r^2 - x^2} \quad \text{und} \quad f_2 : x \mapsto -\sqrt{r^2 - x^2}$$

mit der Definitionsmenge $[-r; r]$ anzusehen sind. Auch die Gleichung

$$(x^2 + y^2)^3 - 27 x^2 y^2 = 0$$

beschreibt eine „Kurve" im kartesischen Koordinatensystem, hier ist es aber schon wesentlich schwerer, einzelne Äste zu erkennen, welche als Graph einer Funktion zu deuten sind. Nehmen wir an, es gäbe eine Funktion f derart, daß die Punkte mit $y = f(x)$ obiger Gleichung genügen. Dann wäre

$$(x^2 + f(x)^2)^3 - 27 x^2 f(x)^2 = 0 \quad \text{für alle } x \in D_f.$$

Die Ableitung dieses Terms muß dann ebenfalls auf D_f verschwinden:

$$3(x^2 + f(x)^2)^2 \cdot (2x + 2f(x)f'(x)) - 27(2xf(x)^2 + x^2 \cdot 2f(x)f'(x)) = 0.$$

Lösen wir dies nach $f'(x)$ auf und setzen wieder y für $f(x)$, dann ergibt sich

$$f'(x) = \frac{x(9y^2 - (x^2+y^2)^2)}{y((x^2+y^2)^2 - 9x^2)}.$$

Kennt man nun einen Punkt der Kurve, dann kann man in ihm die Steigung berechnen. Nun wollen wir die Kurve näher untersuchen. Sie ist offensichtlich symmetrisch zu den Koordinatenachsen und auch symmetrisch zu den Winkelhalbierenden des Koordinatensystems, so daß wir uns auf den Bereich $x \geq y \geq 0$ beschränken können. Für $x = y$ ergibt sich außer $O(0,0)$ der Punkt

$$P\left(\frac{3}{2}\sqrt{\frac{3}{2}}, \frac{3}{2}\sqrt{\frac{3}{2}}\right) \quad \text{mit der Steigung } -1.$$

Eine senkrechte Tangente existiert für $x^2 + y^2 = 3x$; setzt man dies in die Gleichung der Kurve ein, so findet man $x = 2$ und damit $y = \sqrt{2}$, also den Punkt

$$Q(2, \sqrt{2}) \quad \text{mit einer senkrechten Tangente.}$$

Zwischen P und Q ist die Steigung negativ, nach Durchlaufen von Q (also für $0 < x < 2$, $0 < y < \sqrt{2}$ ist sie positiv. Offensichtlich geht die Kurve durch den Ursprung, der Term für $f'(x)$ ist dort aber nicht definiert. Fig. 1 zeigt das analysierte Kurvenstück. Um *alle* durch obige Gleichung definierten Funktionen darstellen zu können (Fig. 2), ist eine tiefere Untersuchung notwendig.

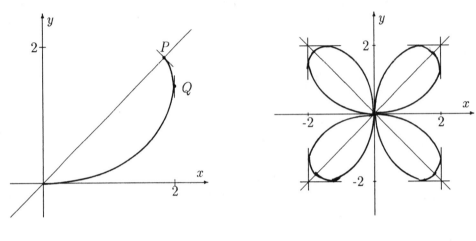

Fig. 1   Fig. 2

Die erste Schwierigkeit bei der Analyse der durch eine Gleichung $F(x,y) = 0$ gegebenen Funktionen besteht in der Bestimmung der Definitionsmenge dieser Funktionen. Dies ist in der Regel nur dann einfach, wenn die Gleichung $F(x,y) = 0$ — wie die obige Kreisgleichung — einfach nach y auflösbar ist.

Um einen allgemeinen Satz zu formulieren, benötigen wir den Begriff der *Stetigkeit* und der *partiellen Ableitungen* einer Funktion von zwei Variablen. Die Funktion

$$F : (x,y) \mapsto F(x,y) \quad \text{mit } D(F) \subseteq \mathbb{R}^2$$

von zwei Variablen x, y heißt *stetig* an der Stelle $(x_0, y_0) \in D(F)$, wenn für jedes $\varepsilon > 0$ ein $\delta > 0$ derart existiert, daß für alle $(x, y) \in D(F)$ mit $\sqrt{(x-x_0)^2 + (y-y_0)^2} < \delta$ gilt:

$$|F(x,y) - F(x_0, y_0)| < \varepsilon.$$

Denkt man sich y als Konstante und differenziert den Term $F(x,y)$ nach x, dann nennt man den so erhaltenen Ausdruck die *partielle Ableitung von F nach x* und bezeichnet diese mit

$$\frac{\partial}{\partial x} F(x,y).$$

Entsprechend ist die *partielle Ableitung von F nach y* definiert; sie wird mit

$$\frac{\partial}{\partial y} F(x,y)$$

IV.3 Implizite Differentiation

bezeichnet. (Lies: „F partiell nach x differenziert ...".) Dabei wollen wir voraussetzen, daß die Stelle (x,y) im Inneren eines ganz in $D(f)$ enthaltenen achsenparallelen Rechtecks liegt und die genannten Ableitungen existieren. Für die partiellen Ableitungen von F benutzt man auch die abkürzenden Schreibweisen F_x, F_y.

Beispiel 1: Für $F(x,y) = (x^2+y^2)^3 - 27x^2y^2$ ist

$$\begin{aligned} F_x(x,y) = \frac{\partial}{\partial x}F(x,y) &= 3(x^2+y^2)^2 \cdot 2x - 27 \cdot 2x \cdot y^2 \\ &= 6x((x^2+y^2)^2 - 9y^2), \\ F_y(x,y) = \frac{\partial}{\partial y}F(x,y) &= 3(x^2+y^2)^2 \cdot 2y - 27 \cdot x^2 \cdot 2y \\ &= 6y((x^2+y^2)^2 - 9x^2). \end{aligned}$$

Besitzt F partielle Ableitungen in einem offenen Rechteck

$$R :=]x_1; x_2[\times]y_1; y_2[\subseteq D(F),$$

dann gilt für $(x,y), (x_0, y_0) \in R$

$$\begin{aligned} F(x,y) - F(x_0, y_0) &= F(x,y) - F(x_0, y) + F(x_0, y) - F(x_0, y_0) \\ &= F_x(x_0, y)(x - x_0) + \delta_1(x, y) \\ &\quad + F_y(x_0, y_0)(y - y_0) + \delta_2(x_0, y) \end{aligned}$$

mit

$$\lim_{x \to x_0} \frac{\delta_1(x,y)}{x - x_0} = 0 \quad \text{und} \quad \lim_{y \to y_0} \frac{\delta_2(x_0, y)}{y - y_0} = 0.$$

Sind die partiellen Ableitungen stetig in R, dann ist also

$$F(x,y) = F(x_0, y_0) + F_x(x_0, y_0)(x - x_0) + F_y(x_0, y_0)(y - y_0) + \varrho(x,y)$$

mit[97]

$$\lim_{\substack{x \to x_0 \\ y \to y_0}} \frac{\varrho(x,y)}{\sqrt{(x-x_0)^2 + (y-y_0)^2}} = 0.$$

Es ergibt sich also wie bei Funktionen von nur einer Variablen eine *lineare Approximation* an der Stelle (x_0, y_0).

Satz 1: Ist F eine Funktion von zwei Variablen x, y mit stetigen partiellen Ableitungen in einem achsenparallelen Rechteck R, gilt ferner an einer Stelle $(x_0, y_0) \in R$ die Gleichung $F(x_0, y_0) = 0$ und ist $F_y(x_0, y_0) \neq 0$, dann existiert ein Intervall $I :=]a; b[$ mit $x_0 \in I$, so daß genau eine stetige Funktion f mit

---

[97] Im folgenden Grenzwert ist es dabei gleichgültig, auf welchem Weg sich der Punkt (x,y) dem Punkt (x_0, y_0) nähert.

$F(x, f(x)) = 0$ auf I existiert. Für diese Funktion gilt $y_0 = f(x_0)$. Die Funktion f ist differenzierbar auf I, und es gilt dort

$$f'(x) = -\frac{F_x(x,y)}{F_y(x,y)} \quad \text{mit} \quad y = f(x).$$

Beweis: Es ist keine Beschränkung der Allgemeinheit, die partielle Ableitung $F_y(x_0, y_0)$ als positiv anzunehmen. Wegen der Stetigkeit von $F_y(x,y)$ existiert dann ein achsenparalleles Rechteck R um den Punkt (x_0, y_0), in welchem überall $F_y(x,y) > 0$ gilt (Fig. 3). Es gilt daher

$$F(x_0, u) < 0 < F(x_0, v)$$

für alle u, v mit $u < y_0 < v$ und $(x_0, u), (x_0, v) \in R$. Wegen der Stetigkeit von F existiert also ein Rechteck $]a; b[\times]\alpha, \beta[\subseteq R$ mit

$$F(x, \alpha) < 0 < F(x, \beta) \quad \text{für alle } x \in [a; b].$$

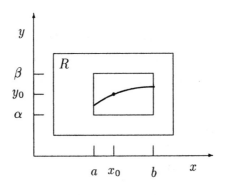

Fig. 3

Es gibt also nach dem Zwischenwertsatz für jedes $x \in]a; b[$ genau ein $y \in]\alpha; \beta[$ mit $F(x, y) = 0$. Die Stetigkeit der so konstruierten Funktion auf $]a; b[$ liegt auf der Hand. Die Differenzierbarkeit ergibt sich folgendermaßen: Für zwei Punkt

$$(x, y), (x + h, y + k)) \in]a; b[\times]\alpha; \beta[$$

gilt aufgrund der Stetigkeit der partiellen Ableitungen von F

$$F(x+h, y+k) = F(x,y) + hF_x + kF_y + \varepsilon_1 h + \varepsilon_2 k,$$

wobei $\varepsilon_1, \varepsilon_2$ mit $\sqrt{h^2 + k^2} \to 0$ gegen 0 streben. Mit

$$F(x,y) = 0, \ F(x+h, y+k) = 0, \ y = f(x), \ y + k = f(x+h)$$

IV.3 Implizite Differentiation

ergibt sich
$$hF_x + kF_y + \varepsilon_1 h + \varepsilon_2 k = 0.$$
Wegen der Stetigkeit von f strebt mit h auch k gegen 0. Aus
$$\left(1 + \frac{\varepsilon_2}{F_y}\right)\frac{h}{k} + \frac{F_x}{F_y} + \frac{\varepsilon_1}{F_y} = 0$$
ergibt sich beim Grenzübergang $h \to 0$
$$\lim_{h \to 0} \frac{f(x+h) - f(x)}{h} = \lim_{h \to 0} \frac{k}{h} = -\frac{F_x}{F_y}.$$
Damit ist Satz 1 bewiesen.

Bemerkung: Die Differentiationsregel in Satz 1 gewinnt man sofort mit Hilfe der Kettenregel aus $F(x, f(x)) = 0$, wenn man schon weiß, daß die Funktion f differenzierbar ist. Im Beweis zu Satz 1 mußte aber vor allem die *Differenzierbarkeit* von f nachgewiesen werden.

Beispiel 2 (*Folium Cartesii, Descartessches Blatt*[98], Fig. 4):
$$F(x,y) = x^3 + y^3 - 3xy = 0$$
Die Kurve ist wegen $F(x,y) = F(y,x)$ symmetrisch zur Winkelhalbierenden des 1. Quadranten. Für jeden Funktionsast f gilt
$$f'(x) = -\frac{x^2 - y}{y^2 - x}.$$
falls $y^2 \neq x$. Aus $y^2 = x$ folgt aber aus der Kurvengleichung $x = y = 0$ oder
$$(x,y) = (\sqrt[3]{4}, \sqrt[3]{2}).$$
Im ersten Fall versagt die Ableitungsformel (im Kurvenpunkt $(0,0)$); weil dort die Ableitung nicht eindeutig bestimmt ist, nennt man dies einen *singulären Punkt* der Kurve. Im zweiten Fall ergibt sich ein Punkt mit einer senkrechten Tangente. Wegen der Symmetrie ist dann $(\sqrt[3]{2}, \sqrt[3]{4})$ ein Punkt mit einer waagerechten Tangente. Im Punkt $\left(\frac{3}{2}, \frac{3}{2}\right)$ ist die Steigung -1. Die Gerade mit der Gleichung
$$y = -x - 1$$
ist eine Asymptote der Kurve. (Setzt man $y = -x - 1$ in dem Term $F(x,y)$, dann ergibt sich der konstante Wert 1.)

---

[98]René Descartes, 1596-1650, französicher Mathematiker und Philosoph

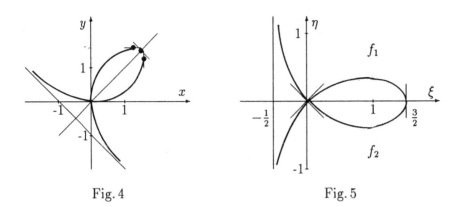

Fig. 4   Fig. 5

Weiteren Aufschluß kann man über das *Folium Cartesii* erhalten, wenn man die aufgrund der Symmetrie naheliegende Koordinatentransformation

$$x = \xi - \eta \qquad \text{bzw.} \qquad \xi = 0{,}5 \cdot (x+y)$$
$$y = \xi + \eta \qquad\qquad\qquad \eta = 0{,}5 \cdot (-x+y)$$

ausführt, welche eine Ähnlichkeitsabbildung darstellt. Es ergibt sich die Gleichung

$$2\xi^3 + 6\xi\eta^2 - 3\xi^2 + 3\eta^2 = 0$$

bzw.

$$\eta^2 = \frac{1}{3}\xi^2 \cdot \frac{3-2\xi}{1+2\xi}$$

mit den beiden Funktionsästen

$$f_1 : \xi \mapsto +\frac{1}{\sqrt{3}}\xi\sqrt{\frac{3-2\xi}{1+2\xi}} \qquad \text{und} \qquad f_2 : \xi \mapsto -\frac{1}{\sqrt{3}}\xi\sqrt{\frac{3-2\xi}{1+2\xi}}.$$

Man erkennt sofort die Definitionsmenge $\left]-\frac{1}{2};\frac{3}{2}\right]$ und die Asymptote mit der Gleichung $\xi = \frac{1}{2}$ (Fig. 5). Diese geht bei obiger Transformation in die Gerade mit der Gleichung $y = -x - 1$ über.

Beispiel 2 (*Lemniskate*[99], Fig. 6):

$$F(x,y) = (x^2+y^2)^2 - 2a^2(x^2-y^2) = 0$$

Die Kurve ist symmetrisch zu beiden Koordinatenachsen. Sie geht durch den Ursprung; dort haben beide partiellen Ableitungen den Wert 0, so daß ein singulärer

---

[99] griech. lēmníkos = wollenes Band

IV.3 Implizite Differentiation

Punkt vorliegt. Für alle anderen Punkte der Funktionsäste f gilt

$$f'(x) = -\frac{x(x^2+y^2) - a^2 x}{y(x^2+y^2) + a^2 y}.$$

Senkrechte Tangenten liegen in den Punkten $(\pm a\sqrt{2}, 0)$ vor, waagerechte Tangenten in den Punkten mit $x^2 + y^2 = a^2$, also in den vier Punkten $\left(\pm\frac{a}{2}\sqrt{3}, \pm\frac{a}{2}\right)$.

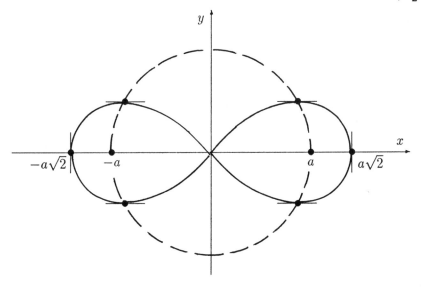

Fig. 6

Die Lemniskate ist der geometrische Ort aller Punkte, Für welche das Produkt der Entfernungen von den Punkten $(-a, 0)$ und $(a, 0)$ den konstanten Wert a^2 hat (Aufgabe 2).

Beispiel 3: Die Kurve mit der Gleichung

$$F(x, y) = x^5 + 5x^4 - 16y^2 = 0$$

zerfällt in die Äste

$$f_1 : x \mapsto +\frac{1}{4}x^2\sqrt{5+x} \quad \text{und} \quad f_2 : x \mapsto -\frac{1}{4}x^2\sqrt{5+x}.$$

Es ist aber bequemer, die Kurve in der impliziten anstatt in der expliziten Form zu diskutieren. Für jeden Funktionsast gilt

$$f'(x) = -\frac{5x^4 + 20x^3}{-32y} = \frac{5}{32}x^3 \cdot \frac{x+4}{y}.$$

Hier erkennt man sofort $(-4, \pm 4)$ als Punkte mit waagerechten Tangenten und $(-5, 0)$ als einen Punkt mit senkrechter Tangente. An der expliziten Form ist aber andererseits die Definitionsmenge $[-5, \infty[$ der Funktionsäste leichter zu erkennen. In Fig. 7 ist die Kurve dargestellt.

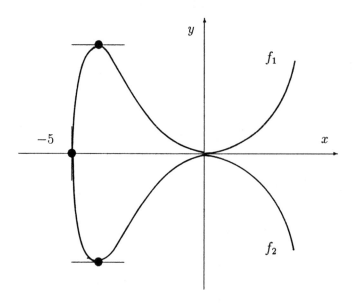

Fig. 7

Aufgaben

1. Bestimme die Steigung der Tangente im Punkt (x_0, y_0) der Ellipse mit der Gleichung
$$\frac{x^2}{a^2} + \frac{y^2}{b^2} = 1.$$

2. Beweise die im Text angegebene Kennzeichnung der Lemniskate als Ortskurve.

3. Diskutiere die durch folgende Gleichung beschriebene Kurve:

a) $y^2 - x^3(2-x) = 0$ b) $x^4 + y^4 - 1 = 0$

c) $x^4 + y^4 = 2xy^2$ d) $y^2 = x^3 - 2x^2 + x$

e) $(x^2 - y)^2 - x^5 = 0$ f) $x^2 y^2 + y = 1$

4. Diskutiere die durch folgende Gleichung beschriebene Kurve:

a) $x^3 - 2x^2 - y^2 + x = 0$ b) $x^4 + y^4 = xy^2$ c) $(x^2 + y^2 - 2)^2 = x^2$

IV.4 Parameterdarstellung von Kurven; Darstellung mit Polarkoordinaten

Parameterdarstellung

Die Funktionen φ, ψ seien stetig auf dem Intervall I. Dann ist die Punktmenge

$$C := \{(x,y) \mid x = \varphi(t), y = \psi(t), t \in I\}$$

eine *Kurve*.[100] Wir schreiben die Kurve meistens in der Form

$$\begin{pmatrix} x \\ y \end{pmatrix} = \begin{pmatrix} \varphi(t) \\ \psi(t) \end{pmatrix} \quad (t \in I).$$

Beispiele: Der Kreis mit dem Radius r um den Ursprung eines kartesischen Koordinatensystems hat die Darstellung

$$\begin{pmatrix} x \\ y \end{pmatrix} = \begin{pmatrix} r \cos t \\ r \sin t \end{pmatrix} \quad (t \in [0; 2\pi[).$$

Die Gerade durch den Punkt $P(a,b)$ mit dem Richtungsvektor $\begin{pmatrix} u \\ v \end{pmatrix}$ hat die Darstellung

$$\begin{pmatrix} x \\ y \end{pmatrix} = \begin{pmatrix} a + tu \\ b + tv \end{pmatrix} \quad (t \in \mathbb{R}).$$

Der Graph der Funktion f über dem Intervall I kann durch

$$\begin{pmatrix} x \\ y \end{pmatrix} = \begin{pmatrix} t \\ f(t) \end{pmatrix} \quad (t \in I)$$

beschrieben werden.

Wir setzen nun voraus, daß die Funktionen φ, ψ in I stetig differenzierbar sind; wir bezeichnen die Ableitungen[101] mit φ', ψ'. Ein *Tangentenvektor* im Kurvenpunkt zum Parameterwert t ist

$$\begin{pmatrix} \varphi'(t) \\ \psi'(t) \end{pmatrix};$$

dies erkennt man anhand der Kettenregel: Ist $y = f(x)$ eine Funktionsdarstellung eines Kurvenstücks, dann folgt aus $\psi(t) = f(\varphi(t))$

$$\psi'(t) = \frac{\mathrm{d}}{\mathrm{d}x} f(\varphi(t)) \cdot \varphi'(t).$$

---

[100] Um pathologische Fälle von Kurven auszuschließen, verlangt man bei dieser Definition des Kurvenbegriffs meistens noch, daß die durch φ, ψ definierte Abbildung von I auf C bijektiv ist und die Umkehrabbildung ebenfalls stetig ist.

[101] Üblich ist hier auch — vor allem in der Physik, wenn der Parameter t die Zeit angibt — die Bezeichnung der Ableitungen mit $\dot{\varphi}, \dot{\psi}$; diese Bezeichnung geht auf Newton zurück.

Man kann dies auch anhand des Differenzenqotienten

$$\frac{\Delta y}{\Delta x} = \frac{\frac{\Delta y}{\Delta t}}{\frac{\Delta x}{\Delta t}}$$

zeigen. Ein *Normalenvektor* im Kurvenpunkt zum Parameterwert t ist dann

$$\begin{pmatrix} -\psi'(t) \\ \varphi'(t) \end{pmatrix}.$$

Der Graph einer Funktion f über $[a;b]$ sei in einer Parameterdarstellung

$$\begin{pmatrix} \varphi(t) \\ \psi(t) \end{pmatrix}, \quad (t \in [\alpha;\beta]), \quad \varphi(\alpha) = a, \ \varphi(\beta) = b$$

gegeben. Dann gilt aufgrund der Substitutionsregel

$$\int_a^b f(x)\,dx = \int_\alpha^\beta f(\varphi(t))\varphi'(t)\,dt = \int_\alpha^\beta \psi(t)\varphi'(t)\,dt.$$

Wir betrachten nun eine *geschlossene* Kurve

$$\begin{pmatrix} \varphi(t) \\ \psi(t) \end{pmatrix}, \quad (t \in [\alpha;\beta]), \quad \varphi(\alpha) = \varphi(\beta),\ \psi(\alpha) = \psi(\beta)$$

und wollen den von ihr eingeschlossenen Flächeninhalt A berechnen. Wir nehmen an, die Kurve lasse sich in zwei Bogen C_1, C_2 zerlegen, welche als Graphen von Funktionen f_1, f_2 zu deuten sind (Fig. 1):

$$\begin{aligned} C_1: \ & t \in [\alpha;\gamma];\ \varphi'(t) > 0 \text{ auf }]\alpha;\gamma[; \\ C_2: \ & t \in [\gamma;\beta];\ \varphi'(t) < 0 \text{ auf }]\gamma;\beta[. \end{aligned}$$

Dann ist

$$\begin{aligned} A &= \int_\alpha^\gamma \psi(t)\varphi'(t)\,dt - \int_\beta^\gamma \psi(t)\varphi'(t)\,dt \\ &= \int_\alpha^\gamma \psi(t)\varphi'(t)\,dt + \int_\gamma^\beta \psi(t)\varphi'(t)\,dt \\ &= \int_\alpha^\beta \psi(t)\varphi'(t)\,dt. \end{aligned}$$

IV.4 Parameterdarstellung von Kurven; Darstellung mit Polarkoordinaten

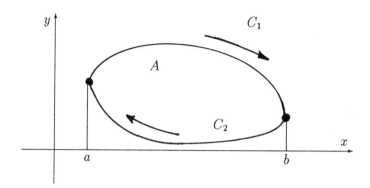

Fig. 1

Kann man die geschlossene Kurve in zwei Funktionsgraphen bezüglich der y-Achse zerlegen ($x = g_1(y)$, $x = g_2(y)$), dann ergibt sich in gleicher Weise

$$A = -\int_\alpha^\beta \varphi(t)\psi'(d)\,dt.$$

Das Minuszeichen ergibt sich aus dem Umlaufsinn der Kurve; der „obere" Bogen der Kurve wird nämlich in Richtung *abnehmender* y-Werte durchlaufen, wenn wir an der eingangs gewählten Durchlaufungsrichtung festhalten. Schließlich kann man A noch als arithmetisches Mittel der beiden für A gefundenen Ausdrücke darstellen. Der Flächeninhalt ergibt sich mit einem *Vorzeichen*, welches dem Umlaufsinn der Kurve entspricht. Damit erhalten wir folgenden Satz:

Satz 1: Ist eine geschlossene Kurve wie oben in Parameterdarstellung gegeben, dann hat die eingeschlossene Fläche den Inhalt

$$A = \int_\alpha^\beta \psi(t)\varphi'(t)\,dt = -\int_\alpha^\beta \varphi(t)\psi'(t)\,dt = \frac{1}{2}\int_\alpha^\beta (\psi(t)\varphi'(t) - \varphi(t)\psi'(t))\,dt.$$

Beispiel 1: Die durch

$$\begin{pmatrix} a\cos t \\ b\sin t \end{pmatrix} \quad (0 \leq t \leq 2\pi)$$

gegebene Kurve ist eine Ellipse mit den Halbachsenlängen a, b. Ihr Flächeninhalt ist[102]

$$A = \int_0^{2\pi} b\sin t \cdot a\sin t\,dt = ab\int_0^{2\pi} \sin^2 t\,dt = \pi ab.$$

---

[102]Beachte $\int_0^{2\pi} \sin^2 t\,dt = \int_0^{2\pi} \cos^2 t\,dt$ und $\int_0^{2\pi} \sin^2 t\,dt + \int_0^{2\pi} \sin^2 t\,dt = 2\pi$, jedes der beiden Integrale hat also den Wert π.

Beispiel 2: Die durch
$$\begin{pmatrix} r\cos^3 t \\ s\sin^3 t \end{pmatrix} \quad (0 \leq t \leq 2\pi)$$
gegebene Kurve ist eine *Asteroide* (Fig. 2 in IV.5). Die von ihr eingeschlossene Fläche hat den Inhalt

$$A = \int_0^{2\pi} r\sin^3 t \cdot 3s\cos^2 t \sin t \, dt = 3rs \int_0^{2\pi} (\sin^4 t \cos^2 t) \, dt$$
$$= 3rs \int_0^{2\pi} (\sin^4 t - \sin^6 t) \, dt.$$

Für $n \geq 2$ gilt

$$\int_0^{2\pi} \sin^n t \, dt = -\cos t \sin^{n-1} t \Big|_0^{2\pi} - \int_0^{2\pi} -\cos t \cdot (n-1)\sin^{n-2} t \cdot \cos t \, dt$$
$$= (n-1)\int_0^{2\pi} \cos^2 t \sin^{n-1} t \, dt = (n-1)\int_0^{2\pi} (\sin^{n-2} t - \sin^n t) \, dt$$

und daher

$$\int_0^{2\pi} \sin^n t \, dt = \frac{n-1}{n} \int_0^{2\pi} \sin^{n-2} t \, dt;$$

Also ist

$$\int_0^{2\pi} \sin^4 t \, dt = \frac{3}{4}\pi, \quad \int_0^{2\pi} \sin^6 t \, dt = \frac{5}{6} \cdot \frac{3}{4}\pi = \frac{5}{8}\pi,$$

woraus folgt:

$$A = \frac{3}{8} rs\pi.$$

Für die Ableitung der Bogenlängenfunktion $s(t)$ einer wie oben in Parameterdarstellung gegebenen Kurve ist offensichtlich

$$s'(t) = \sqrt{(\varphi'(t))^2 + (\psi'(t))^2},$$

also gilt:

Satz 2: Ist eine Kurve wie oben in Parameterdarstellung gegeben, dann hat sie die Länge

$$L = \int_\alpha^\beta \sqrt{(\varphi'(t))^2 + (\psi'(t))^2} \, dt,$$

falls dieses Integral existiert.

Beispiel 3: Die Länge der Ellipse aus Beispiel 1 ist

$$L = \int_0^{2\pi} \sqrt{(-a\sin t)^2 + (b\cos t)^2} \, dt = \int_0^{2\pi} \sqrt{(a^2 - b^2)\sin^2 t + b^2} \, dt.$$

IV.4 Parameterdarstellung von Kurven; Darstellung mit Polarkoordinaten

Außer für $b = 0$ oder $a^2 - b^2 = 0$ ist dieses Integral nicht elementar zu berechnen („elliptisches Integral"). Approximiert man das Integral über $[0; \pi]$ mit Hilfe der Simpson-Formel aus Abschnitt II.7, dann ergibt sich der Näherungswert

$$L \approx 2 \cdot \frac{\pi}{6} \cdot (b + 4a + b) = 2\pi \cdot \frac{2a + b}{6}.$$

Beispiel 4: Die Länge der Asteroiden aus Beispiel 2 ist

$$\begin{aligned} L &= 4 \cdot \int_0^{\frac{\pi}{2}} \sqrt{(3r\cos^2 t \sin t)^2 + (3s \sin^2 \cos t)^2}\, dt \\ &= \int_0^{\frac{\pi}{2}} 3 \sin t \cos t \sqrt{(s^2 - r^2)\sin^2 t + r^2}\, dt. \end{aligned}$$

Dieses Integral ist auch für $s^2 - r^2 \neq 0$ elementar zu berechnen: Mit der Substitution $\sin^2 t =: u$ und $2\sin t \cos t = \dfrac{du}{dt}$ ergibt sich

$$\begin{aligned} L &= 4 \cdot \frac{3}{2} \int_0^1 \sqrt{r^2 + (s^2 - r^2)u}\, du \\ &= \frac{4}{s^2 - r^2}(r^2 + (s^2 - r^2)u)^{\frac{3}{2}}\Big|_0^1 = 4 \cdot \frac{s^3 - r^3}{s^2 - r^2} = 4 \cdot \frac{r^2 + rs + s^2}{r + s}. \end{aligned}$$

Den *Krümmungsradius* $r = r(t)$ einer in Parameterdarstellung gegebenen Kurve erhalten wir aus der entsprechenden Formel für Funktionsgraphen, wenn wir $f'(x)$ durch den Quotient $\psi'(t) : \varphi'(t)$ ersetzen, da die Kurve stückweise als Funktionsgraph zu deuten ist. Der *Krümmungsmittelpunkt* M ist dann gegeben durch

$$\begin{pmatrix} x_M(t) \\ y_M(t) \end{pmatrix} = \begin{pmatrix} \varphi(t) \\ \psi(t) \end{pmatrix} + r(t) \cdot \frac{\vec{n}(t)}{|\vec{n}(t)|},$$

wobei $\vec{n}(t) = \begin{pmatrix} -\psi(t) \\ \phi(t) \end{pmatrix}$ ein Normalvektor ist. Es gilt also folgender Satz:

Satz 3: Ist eine Kurve wie oben in Parameterdarstellung gegeben[103], dann ist ihr Krümmungsradius an der Stelle t (Aufgabe 1)

$$r = \frac{((\varphi')^2 + (\psi')^2)^{\frac{3}{2}}}{|\varphi'\psi'' - \psi'\varphi''|},$$

und der Krümmungsmittelpunkt hat die Koordinaten

$$x_M = \varphi - \frac{r\psi'}{\sqrt{(\varphi')^2 + (\psi')^2}}, \qquad y_M = \varphi + \frac{r\varphi'}{\sqrt{(\varphi')^2 + (\psi')^2}}.$$

---

[103]Wir schreiben im folgenden $r, \varphi, \ldots$ anstelle von $r(t), \varphi(t), \ldots$, damit die Formeln nicht zu unübersichtlich werden.

Beispiel 5: Als Beispiel zu den Sätzen 1, 2 und 3 betrachten wir eine *Zykloide*. Eine solche entsteht, wenn ein Kreis vom Radius a auf einer Geraden abrollt; sie ist dabei die Bahn eines Punktes der Kreisperipherie (Fig. 2). Ein Bogen der Zykloide kann durch

$$x = \varphi(t) = a(t - \sin t), \ y = \psi(t) = a(1 - \cos t), \ 0 \leq t \leq 2\pi$$

beschrieben werden.

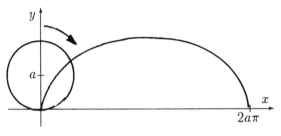

Fig. 2

Man kann den Zykloidenbogen zwischen 0 und $a\pi$ auch als Graph einer Funktion (x als Funktion von y) darstellen:

$$x = a \arccos \frac{a-y}{a} - \sqrt{(2a-y)y}.$$

An dieser Gleichung sind aber die Eigenschaften der Zykloide wesentlich schwerer zu erkennen als an der Parameterdarstellung. Der Flächeninhalt des Zykloidenbogens zwischen 0 und $2a\pi$ ist

$$\begin{aligned} A &= a^2 \int_0^{2\pi} (1 - \cos t)^2 dt = a^2 \int_0^{2\pi} (1 - 2\cos t + \cos^2 t)\, dt \\ &= a^2 \left(t - 2\sin t + \frac{t}{2} + \frac{\sin 2t}{4} \right) \bigg|_0^{2\pi} = 3a^2 \pi. \end{aligned}$$

Die Länge des Zykloidenbogens ist

$$\begin{aligned} L &= \int_0^{2\pi} \sqrt{2a^2(1 - \cos t)}\, dt = 2a \int_0^{2\pi} \sin \frac{t}{2}\, dt \\ &= -4a \cos \frac{t}{2} \bigg|_0^{2\pi} = 8a. \end{aligned}$$

Der Krümmungsradius an der Stelle t ist

$$r = 2a\sqrt{2(1-\cos t)} = 4a \left| \sin \frac{t}{2} \right|.$$

Darstellung mit Polarkoordinaten

Ein Punkt $P \neq O$ in einem kartesischen Koordinatensystem kann auch eindeutig durch seine Entfernung r vom Ursprung und den Winkel θ zwischen der positiven x-Achse und dem Strahl OP^+ beschrieben werden, wobei der Winkel im Gegenuhrzeigersinn zu messen ist (Fig. 3).

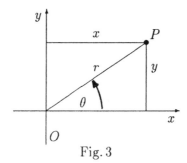

Fig. 3

Man nennt (r, θ) die *Polarkoordinaten* von P. Die Umrechnung zwischen kartesischen Koordinaten und Polarkoordinaten erfolgt nach den Formeln

$$x = r\cos\theta, \; y = \sin\theta \quad \text{bzw.} \quad r = \sqrt{x^2 + y^2}, \; \theta = \arctan\frac{y}{x}.$$

Beispiel 6: Die Lemniskate mit der Gleichung

$$(x^2 + y^2)^2 - 2a^2(x^2 - y^2) = 0$$

hat in Polarkoordinaten die Gleichung

$$r^4 - 2a^2 r^2 (\cos^2\theta - \sin^2\theta) = 0$$

bzw.

$$r^2 = 2a^2 \cos 2\theta.$$

Eine Kurve in Polarkoordinaten kann *explizit* durch eine Gleichung $r = r(\theta)$ oder *implizit* durch eine Gleichung $F(r, \theta) = 0$ gegeben sein. Im ersten Fall gilt für ihre Steigung m ($= m(\theta)$) bezüglich des kartesischen Koordinatensystems

$$m = \frac{r' \sin\theta + r\cos\theta}{r'\cos\theta - r\sin\theta} = \frac{r'\tan\theta + r}{r' - r\tan\theta},$$

wie man heuristisch aus dem Ansatz

$$\begin{aligned} dx &= \cos\theta \, dr - r\sin\theta \, d\theta \\ dy &= \sin\theta \, dr + r\cos\theta \, d\theta \end{aligned}$$

gewinnt.

Satz 4: Ist durch $r = r(\theta)$ mit einer stetigen Funktion r auf $[\alpha; \beta]$ eine Kurve C in Polarkoordinaten gegeben, so hat die von den Strahlen OP^+ mit $P \in C$ überstrichene Fläche den Inhalt

$$A = \frac{1}{2} \int_\alpha^\beta r^2 \, d\theta.$$

Beweis: Aufgabe 4.

Satz 5: Ist durch $r = r(\theta)$ mit einer stetig differenzierbaren Funktion r auf $[\alpha; \beta]$ eine Kurve C in Polarkoordinaten gegeben, so hat die Kurve die Länge

$$L = \int_\alpha^\beta \sqrt{r^2 + (r')^2} \, d\theta,$$

falls dieses Integral existiert.

Beweis: Aufgabe 5.

Satz 6: Ist durch $r = r(\theta)$ mit einer zweimal differenzierbaren Funktion r auf $[\alpha; \beta]$ eine Kurve C in Polarkoordinaten gegeben, so hat diese an der Stelle θ den Krümmungsradius $\varrho = \varrho(\theta)$ mit

$$\varrho = \frac{(r^2 + (r')^2)^{\frac{3}{2}}}{r^2 + 2(r')^2 - rr''}.$$

Beweis: Aufgabe 5.

Aufgaben

1. Leite die in Satz 3 angegebene Formel für den Krümmungsradius ausführlich aus der entsprechenden Formel in IV.2 her.

2. Parametrisiere die Kurve mit der Gleichung $2x - \sqrt{y} \ln y = 0$ mit $y = t^2$ ($t > 0$). Zeichne für $t = 1, 2, 3, 4, 5$ die Kurvenpunkte mit ihren Tangentenvektoren.

3. Eine Kurve sei in Polarkoordinaten durch die Gleichung $r = \theta$ gegeben. Zeichne die Kurvenpunkte einschließlich der Steigungen für $\theta = \frac{n}{2}\pi$ ($n = 1, 2, 3, 4$). Bestimme auch die Krümmung in diesen Punkten und zeichne dann die Kurve für $0 \leq \theta \leq 2\pi$.

4. Beweise Satz 4 und berechne den Inhalt der von einer Lemniskate eingeschlossenen Fläche.

5. Beweise die Sätze 5 und 6.

IV.5 Evoluten und Evolventen

Zu jedem Punkt einer Kurve C denke man sich den Mittelpunkt des Krümmungskreises gezeichnet. Diese Punkte bilden unter geeigneten Voraussetzungen über C wieder eine Kurve. Diese nennt man die *Evolute*[104] von C.

Ist C der Graph einer in $[a;b]$ zweimal differenzierbaren Funktion und ist $f''(t) \neq 0$ für alle $t \in [a;b]$, dann ist

$$\begin{pmatrix} x \\ y \end{pmatrix} = \begin{pmatrix} t \\ f(t) \end{pmatrix} + \frac{1+(f'(t))^2}{f''(t)} \begin{pmatrix} -f'(t) \\ 1 \end{pmatrix} \quad t \in [a;b]$$

eine Parameterdarstellung der Evolute (Fig. 1; vgl. Abschnitt IV.3).

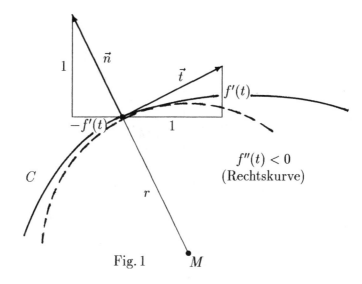

Fig. 1

Ist C in Parameterdarstellung gegeben, also durch

$$\begin{pmatrix} x \\ y \end{pmatrix} = \begin{pmatrix} \varphi(t) \\ \psi(t) \end{pmatrix} \quad (t \in I),$$

dann erhält man eine Parameterdarstellung der Evolute in der Form

$$\begin{pmatrix} x \\ y \end{pmatrix} = \begin{pmatrix} \varphi(t) \\ \psi(t) \end{pmatrix} + \frac{(\varphi'(t))^2 + (\psi'(t))^2}{\varphi'(t)\psi''(t) - \psi'(t)\varphi''(t)} \begin{pmatrix} -\psi'(t) \\ \varphi'(t) \end{pmatrix} \quad (t \in I).$$

Beispiel 1 (vgl. Fig. 2): Die Evolute der Parabel mit der Gleichung

$$y = x^2 \quad (x \in \mathbb{R})$$

---

[104]lat. *evolutio* = das Aufschlagen eines Buches; abgeleitet von *evolvere* (vgl. Evolvente)

soll bestimmt werden. Es ergibt sich die Parameterdarstellung

$$\begin{pmatrix} x \\ y \end{pmatrix} = \begin{pmatrix} t \\ t^2 \end{pmatrix} + \frac{1+4t^2}{2} \begin{pmatrix} -2t \\ 1 \end{pmatrix} = \begin{pmatrix} -4t^3 \\ \frac{1}{2} + 5t^2 \end{pmatrix} \qquad (t \in \mathbb{R}).$$

Diese Evolute läßt sich auch als Graph einer Funktion deuten, nämlich der Funktion mit der Gleichung

$$y = \frac{1}{2} + 5\sqrt[3]{\frac{x^2}{16}} \qquad (x \in \mathbb{R}).$$

Der Graph hat die Form einer Neilschen Parabel (vgl. Abschnitt IV.3).

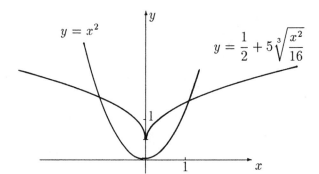

Fig. 2

Beispiel 2 (vgl. Fig. 3): Die Evolute der Ellipse mit der Parameterdarstellung

$$\begin{pmatrix} x \\ y \end{pmatrix} = \begin{pmatrix} a \cos t \\ b \sin t \end{pmatrix} \qquad (t \in [0; 2\pi[$$

hat die Parameterdarstellung

$$\begin{pmatrix} x \\ y \end{pmatrix} = (a^2 - b^2) \begin{pmatrix} \frac{1}{a} \cos^3 t \\ -\frac{1}{b} \sin^3 t \end{pmatrix} \qquad (t \in [0; 2\pi[).$$

Nach Elimination des Parameters t ergibt sich für die Evolute die Gleichung

$$(ax)^{\frac{2}{3}} + (by)^{\frac{2}{3}} = (a^2 - b^2)^{\frac{2}{3}}.$$

Dies ist die Gleichung einer *Asteroiden* (vgl. Aufgabe 1).

IV.5 Evoluten und Evolventen

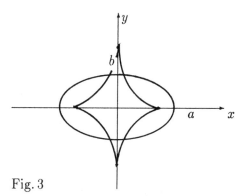

Fig. 3

Wir denken uns nun auf einer Kurve C einen Punkt A gegeben. Dann ordnen wir dem Kurvenpunkt P denjenigen Punkt Q zu, der auf der Tangente an C in P liegt und dessen Entfernung von P gleich der Länge des Kurvenbogens von P nach A ist (Fig. 4). Die Punkte Q liegen auf einer Kurve, die durch „Abwicklung" aus C entsteht; diese Kurve nennen wir eine *Evolvente* von C. Man beachte, daß zu verschieden gewählten Punkten A verschiedene Evolventen von C gehören. Ist C in Parameterdarstellung gegeben, etwa

$$\begin{pmatrix} x \\ y \end{pmatrix} = \begin{pmatrix} \varphi(t) \\ \psi(t) \end{pmatrix} \quad (t \in [a; b]),$$

dann hat die Evolvente von C zum Punkt $A = (\varphi(t_0), \psi(t_0))$ die Parameterdarstellung

$$\begin{pmatrix} x \\ y \end{pmatrix} = \begin{pmatrix} \varphi \\ \psi \end{pmatrix} - \frac{s}{\sqrt{(\varphi')^2 + (\psi')^2}} \begin{pmatrix} \varphi' \\ \psi' \end{pmatrix},$$

wobei wir zur Vereinfachung die Variable t unterdrückt haben, und wobei

$$s = s(t) = \int_{t_0}^{t} \sqrt{(\varphi'(\tau))^2 + (\psi'(\tau))^2} \, d\tau.$$

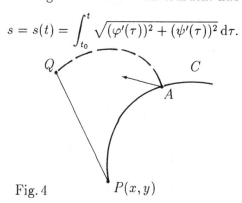

Fig. 4

Beispiel 3: Wir wollen die Evolvente des Kreises mit der Parameterdarstellung

$$\begin{pmatrix} x \\ y \end{pmatrix} = \begin{pmatrix} \cos t \\ \sin t \end{pmatrix} \quad t \in [0; 2\pi[$$

zum Anfangspunkt (1,0) bestimmen. Hier ist $s(t) = t$, es ergibt sich also als Parameterdarstellung der Evolvente

$$\begin{pmatrix} x \\ y \end{pmatrix} = \begin{pmatrix} \cos t + t \sin t \\ \sin t - t \cos t \end{pmatrix}.$$

Die Kreisevolvente ist ein spiralförmiges Kurvenstück (Fig. 5).

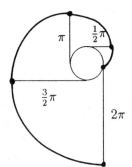

Fig. 5

Berechnen wir die Evolute der Spirale in Beispiel 4 (Aufgabe 2), dann ergibt sich wieder der Kreis, dessen Evolvente die Spirale ist. Allgemein besteht folgender Zusammenhang zwischen Evolvente und Evolute: *Jede Kurve ist die Evolute jeder ihrer Evolventen.* Dies läßt sich leicht plausibel machen: Wird die Kurve an einem Kurvenpunkt P mit dem zugehörigen Evolventenpunkt Q ein kleines Stück weiter abgewickelt, so liegen die zugehörigen Evolventenpunkte näherungsweise auf einem Kreisbogen um P mit dem Radius PQ. Der Krümmungskreis der Evolvente im Punkt Q hat also den Mittelpunkt P.

Aufgaben

1. Untersuche mit dem Methoden aus IV.3 die Asteroide mit der Gleichung

$$(rx)^{\frac{2}{3}} + (sy)^{\frac{2}{3}} = 1 \quad (r, s \in \mathbb{R}^+).$$

2. Zeichne die Kurve mit der Parameterdarstellung

$$\begin{pmatrix} x \\ y \end{pmatrix} = \begin{pmatrix} \cos t + t \sin t \\ \sin t - t \cos t \end{pmatrix} \quad t \in [0; 2\pi[$$

und bestimme ihre Evolute.

IV.6 Kurven und Flächen im Raum

So wie durch
$$\begin{pmatrix} x \\ y \\ z \end{pmatrix} = \begin{pmatrix} p + ta \\ q + tb \\ r + tc \end{pmatrix} \quad (t \in \mathbb{R})$$

mit $(a, b, c) \neq (0, 0, 0)$ eine Gerade im Raum beschrieben wird, wird auch allgemein durch
$$\begin{pmatrix} x \\ y \\ z \end{pmatrix} = \begin{pmatrix} \varphi(t) \\ \psi(t) \\ \chi(t) \end{pmatrix} \quad (t \in I)$$

eine Kurve im Raum beschrieben, wenn φ, ψ, χ auf dem Intervall I stetige Funktionen sind. Sind diese differenzierbar, dann ist
$$\begin{pmatrix} \varphi'(t) \\ \psi'(t) \\ \chi'(t) \end{pmatrix}$$

ein Tangentenvektor an der Stelle t. Ist $I = [a; b]$, dann ist die Länge der Raumkurve
$$\int_a^b \sqrt{(\varphi'(t))^2 + (\psi'(t))^2 + (\chi'(t))^2}\, dt.$$

Beispiel 1: Durch
$$\begin{pmatrix} x \\ y \\ z \end{pmatrix} = \begin{pmatrix} a\cos t \\ a\sin t \\ \dfrac{b}{2\pi} t \end{pmatrix} \quad (0 \leq t \leq 2\pi)$$

wird in einem kartesischen Koordinatensystem eine *Schraubenlinie* mit dem Radius a und der Höhe b beschrieben (Fig. 1).

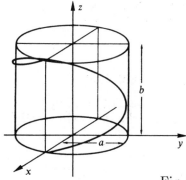

Fig. 1

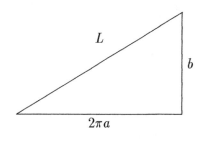

Fig. 2

Der Tangentenvektor ist
$$\begin{pmatrix} -a\sin t \\ a\cos t \\ \dfrac{b}{2\pi} \end{pmatrix},$$
wie man auch leicht der Anschauung entnehmen kann. Ebenfalls der Anschauung kann man die Länge L der Schraubenlinie entnehmen (Fig. 2), welche sich natürlich auch aus obiger Formel ergibt:

$$\int_0^{2\pi} \sqrt{(-a\sin t)^2 + (a\cos t)^2 + \left(\frac{b}{2\pi}\right)^2}\, dt$$
$$= \int_0^{2\pi} \sqrt{a^2 + \left(\frac{b}{2\pi}\right)^2}\, dt = \sqrt{(2\pi a)^2 + b^2}.$$

Im Raum, der mit einem affinen Koordinatensystem (x,y,z-Achsen) versehen ist, wird durch die Gleichung
$$z = ax + by + c$$
eine Ebene beschrieben (welche nicht parallel zur z-Achse ist). Ist nun allgemeiner f eine Funktion von zwei Variablen, dann wird durch
$$z = f(x,y)$$
eine Fläche beschrieben, welche von allen zur z-Achse parallelen Geraden in höchstens *einem* Punkt geschnitten wird.

Allgemeiner ist
$$ax + by + cz + d = 0$$
mit $(a,b,c) \neq (0,0,0)$ die Gleichung einer Ebene; entsprechend ist
$$f(x,y,z) = 0$$
die Gleichung einer Fläche, wobei f eine Funktion von drei Variablen ist. (Die Funktion f muß gewissen Bedingungen genügen, damit nicht wie z. B. bei der Gleichung $x^2 + y^2 + z^2 + 1 = 0$ die leere Menge beschrieben wird.)

Schließlich kann man eine Ebene auch in Parameterdarstellung angeben, also in der Form
$$\begin{pmatrix} x \\ y \\ z \end{pmatrix} = \begin{pmatrix} p + ua + vd \\ q + ub + ve \\ r + uc + vf \end{pmatrix} \qquad (u, v \in \mathbb{R})$$
mit $(a,b,c), (d,e,f) \neq (0,0,0)$. Dem entspricht die Beschreibung einer beliebigen Fläche im Raum durch
$$\begin{pmatrix} x \\ y \\ z \end{pmatrix} = \begin{pmatrix} \varphi(u,v) \\ \psi(u,v) \\ \chi(u,v) \end{pmatrix} \qquad (u \in I, v \in J),$$

IV.6 Kurven und Flächen im Raum

wobei I, J Intervalle aus $\mathbb{R}$ und φ, ψ, χ auf $I \times J$ stetige Funktionen sind.

Wir wollen die *Tangentialebene* einer in Parameterdarstellung gegebenen Fläche (s.o.) in dem Punkt mit den Parameterwerten $(u, v) \in I \times J$ bestimmen, wobei wir natürlich voraussetzen müssen, daß die partiellen Ableitungen von φ, ψ, χ in einer Umgebung von (u, v) existieren. Dazu betrachten wir zunächst die Ebene durch die drei Punkte mit den Parameterwerten

$$(u, v), \ (u + \Delta u, v), \ (u, v + \Delta v) \in I \times J,$$

wobei wir den Grenzübergang $\Delta u, \Delta v \to 0$ im Auge haben. Diese Ebene hat die Parameterdarstellung

$$\begin{pmatrix} x \\ y \\ z \end{pmatrix} = \begin{pmatrix} \varphi(u, v) \\ \psi(u, v) \\ \chi(u, v) \end{pmatrix} + r \begin{pmatrix} \varphi(u + \Delta u, v) - \varphi(u, v) \\ \psi(u + \Delta u, v) - \psi(u, v) \\ \chi(u + \Delta u, v) - \chi(u, v) \end{pmatrix}$$
$$+ s \begin{pmatrix} \varphi(u, v + \Delta v) - \varphi(u, v) \\ \psi(u, v + \Delta v) - \psi(u, v) \\ \chi(u, v + \Delta v) - \chi(u, v) \end{pmatrix} \quad (r, s \in \mathbb{R}).$$

Vervielfachen wir den ersten Richtungsvektor mit $\dfrac{1}{\Delta u}$ und den zweiten mit $\dfrac{1}{\Delta v}$, dann gehen diese Vektoren für $\Delta u \to 0$ bzw. $\Delta v \to 0$ in Tangentialvektoren über. Die Parameterdarstellung der gesuchten Tangentialebene ist also

$$\begin{pmatrix} x \\ y \\ z \end{pmatrix} = \begin{pmatrix} \varphi(u, v) \\ \psi(u, v) \\ \chi(u, v) \end{pmatrix} + r \begin{pmatrix} \varphi_u(u, v) \\ \psi_u(u, v) \\ \chi_u(u, v) \end{pmatrix} + s \begin{pmatrix} \varphi_v(u, v) \\ \psi_v(u, v) \\ \chi_v(u, v) \end{pmatrix} \quad (r, s \in \mathbb{R}),$$

wobei der Index u bzw. v die partielle Ableitung nach u bzw. v angibt.

Beispiel 2: Durch

$$\begin{pmatrix} x \\ y \\ z \end{pmatrix} = \begin{pmatrix} a \cos u \cosh v \\ b \sin u \cosh v \\ c \sinh v \end{pmatrix} \quad (u \in [0, 2\pi[, \ v \in \mathbb{R})$$

wird ein einschaliges Hyperboloid beschrieben, denn

$$\frac{x^2}{a^2} + \frac{y^2}{b^2} - \frac{z^2}{c^2} = (\cos^2 u + \sin^2 u) \cosh^2 v - \sinh^2 v = \cosh^2 v - \sinh^2 v = 1.$$

(Dabei ist $\sinh x := \frac{1}{2}(e^x - e^{-x})$ und $\cosh x := \frac{1}{2}(e^x + e^{-x})$; vgl. Abschnitt IV.1, Beispiel 2). Die Tangentialebene im Punkt (x_0, y_0, z_0) mit den Parameterwerten u_0, v_0 hat die Richtungsvektoren

$$\begin{pmatrix} -a \sin u_0 \cosh v_0 \\ b \cos u_0 \cosh v_0 \\ 0 \end{pmatrix} = \begin{pmatrix} -\dfrac{a}{b} y_0 \\ \dfrac{b}{a} x_0 \\ 0 \end{pmatrix}$$

und
$$\begin{pmatrix} a\cos u_0 \sinh v_0 \\ b\sin u_0 \sinh v_0 \\ c\cosh v_0 \end{pmatrix} = \begin{pmatrix} \dfrac{\sinh v_0}{\cosh v_0}x_0 \\ \dfrac{\sinh v_0}{\cosh v_0}y_0 \\ \dfrac{\cosh v_0}{\sinh v_0}z_0 \end{pmatrix}.$$

Die beiden Richtungsvektoren sind orthogonal zu

$$\begin{pmatrix} \dfrac{x_0}{a^2} \\ \dfrac{y_0}{b^2} \\ -\dfrac{z_0}{c^2} \end{pmatrix},$$

wie man durch Berechnen der Skalarprodukte feststellen kann. Daraus argibt sich die aus der Analytischen Geometrie bekannte Gleichung der Tangentialebene an das Hyperboloid im Punkt (x_0, y_0, z_0):

$$\frac{xx_0}{a^2} + \frac{yy_0}{b^2} - \frac{zz_0}{c^2} = 1.$$

Aufgaben

1. Zeige, daß

$$\begin{pmatrix} x \\ y \\ z \end{pmatrix} = \begin{pmatrix} r\cos u \cos v \\ r\sin u \cos v \\ r\sin v \end{pmatrix} \qquad (u \in [0, 2\pi[, \; v \in [-\tfrac{\pi}{2}; \tfrac{\pi}{2}])$$

die Parameterdarstellung einer Kugel vom Radius r ist.

2. Zeige, daß durch

$$\begin{pmatrix} x \\ y \\ z \end{pmatrix} = \begin{pmatrix} a\cosh v \\ b\cos u \sinh v \\ c\sin u \sinh v \end{pmatrix} \qquad (u \in [0, 2\pi[, \; v \in \mathbb{R})$$

ein zweischaliges Hyperboloid beschrieben wird. Bestimme eine Parameterdarstellung der Tangentialebene im Punkt mit den Parameterwerten u, v.

3. Bestimme eine Parameterdarstellung für den Kreis mit dem Mittelpunkt $M(3, 5, 1)$ und dem Radius 7, der auf der Ebene mit der Gleichung $2x + y - 3z = 6$ liegt.

Lösungshinweise zu den Aufgaben

Zu I.1

1. $\Sigma\langle(2n+1)^2\rangle = 4\Sigma\langle n^2\rangle + 4\Sigma\langle n\rangle + \Sigma\langle 1\rangle = \ldots$

2. a) $a_n = a + nd$ b) $a_n = aq^n$

3. a) $a_{n+1}b_{n+1} - a_n b_n = (a_{n+1} - a_n)b_{n+1} + a_n(b_{n+1} - b_n)$
b) $\Delta^2\langle a_n\rangle \cdot \langle b_{n+2}\rangle + 2\Delta\langle a_n\rangle \cdot \Delta\langle b_{n+1}\rangle + \langle a_n\rangle \cdot \Delta^2\langle b_n\rangle$

4. Aus $(D_n - D_{n-1})(D_n + D_{n-1}) = D_n^2 - D_{n-1}^2 = n^3$ folgt mit $D_0 = 0$
$\langle D_n^2\rangle = \Sigma\Delta\langle D_{n-1}^2\rangle = \Sigma\langle n^3\rangle$.

Zu I.2

1. a) $2n+1 < 2^n \Rightarrow 2n+3 = 2n+1+2 < 2^n + 2 < 2^n + 2^n = 2^{n+1}$
b) $(n+1)^3 = n^3 + 3n^2 + 3n + 1 < 3^n + 3^n + 3^n = 3^{n+1}$
c) $2^{3(n+1)} - 1 = 8 \cdot 2^{3n} - 1 = 7 \cdot 2^{3n} + (2^{3n} - 1)$
d) $10^{n+1} + 3 \cdot 4^{n+3} + 5 = 9 \cdot 10^n + 9 \cdot 4^{n+2} + (10^n + 3 \cdot 4^{n+2} + 5)$

2. $a_{n+1} > \sqrt{2+5} > 2$; $a_{n+1} = \sqrt{a_n + 5} < \sqrt{a_{n-1} + 5} = a_n$

3. a) $a_n = 2n^2 - 2n + 1$ b) $a_n = 3^{n-1}$

4. Der $(n+1)^{\text{te}}$ Schnitt zerlegt einen Teil in zwei Teile, wenn er zwei Begrenzungslinien dieses Teils schneidet; er kann aber höchstens $n+2$ solcher Linien schneiden, die Anzahl der Teile wächst also höchstens um $n+1$.

5. a) $\dfrac{1}{(2n+1)(2n+3)} = \dfrac{n+1}{2n+3} - \dfrac{n}{2n+1}$ b) $(n+1)\left(\dfrac{1}{2}\right)^{n+1} = \dfrac{n+2}{2^n} - \dfrac{n+3}{2^{n+1}}$

c) $(2n+1)^2 = \dfrac{(n+1)(4(n+1)^2 - 1)}{3} - \dfrac{n(4n^2 - 1)}{3}$

6. a) $q^{n+1} = \dfrac{1 - q^{n+2}}{1-q} - \dfrac{1 - q^{n+1}}{1-q}$

b) $(n+1)q^{n+1} = \dfrac{q - (1 + (n+1)(1-q))q^{n+2}}{(1-q)^2} - \dfrac{q - (1 + n(1-q))q^{n+1}}{(1-q)^2}$

7. a) $\text{ggT}(F_n, F_{n+1}) = \text{ggT}(F_n, F_n + F_{n-1}) = \text{ggT}(F_n, F_{n-1}) = \text{ggT}(F_{n-1}, F_n)$
b) $\langle F_{n+1}(F_{n+2} - F_n)\rangle = \langle F_{n+1}F_{n+2} - F_n F_{n+1}\rangle$

8. Beachte $\left(\dfrac{1 \pm \sqrt{5}}{2}\right)^2 = \dfrac{1 \pm \sqrt{5}}{2} + 1$.

Zu I.3

1. Aus $\dfrac{a_{n-1} + a_{n+1}}{2} = \sqrt{a_{n-1}a_{n+1}}$ folgt durch Quadrieren $(a_{n-1} - a_{n+1})^2 = 0$.

2. a) $f(x) = 10^x$ b) $f(x) = \lg x$ c) $f(x) = \dfrac{1}{x}$

d) $f(x) = \dfrac{1}{x}$ e) $f(x) = \dfrac{1}{\lg x}$ f) $f(x) = 10^{\frac{1}{x}}$

3. a) $s = 3$; $n > \dfrac{6 + \lg 3}{\lg 1,5} - 1 \approx 35,8$, also $n_0 \geq 36$.

b) $s = 240$; $n > \dfrac{6 + \lg 240}{-\lg 0,95} \approx 377,2$, also $n_0 \geq 378$.

Zu I.4

1. $(100 + 3)^4 = 112\,550\,881$; $(1000 - 2)^3 = 994\,011\,992$

2. Die Anzahl der geradanzahligen Teilmengen einer n-Menge ist die Summe über alle $\binom{n}{i}$ mit geradem i, die Anzahl der ungeradzahligen Teilmengen einer n-Menge ist die Summe über alle $\binom{n}{i}$ mit ungeradem i. Wegen $\sum_{i=0}^{n}(-1)^i\binom{n}{i} = 0$ für $n > 0$ folgt die Behauptung.

3. $\dfrac{m!}{i!(m-i)!} + \dfrac{m!}{(i+1)!(m-i-1)!} = \dfrac{m!}{i!(m-i-1)!} \cdot \dfrac{m+1}{(i+1)(m-i)}$.

4. Ist $p(n) = a_r n^r + \ldots$, dann ist auch $p(n+1) = a_r n^r + \ldots$, wobei die Pünktchen jeweils ein Polynom vom Grad $\leq r - 1$ angeben.

5. Zwei Polynome in der natürlichen Variablen n liefern genau dann für jeden Wert von n denselben Wert, wenn ihre Koeffizienten gleich sind: Setzt man in
$$a_0 + a_1 n + a_2 n^2 + \ldots + a_k n^k = b_0 + b_1 n + b_2 n^2 + \ldots + a_k n^k$$
$n = 0$, dann folgt $a_0 = b_0$. Streicht man a_0, b_0 und kürzt n, dann liefert dasselbe Argument $a_1 = b_1$ usw.

6. $\Sigma\langle D_n\rangle = \dfrac{1}{2}\Sigma\langle n^2\rangle + \dfrac{1}{2}\Sigma\langle n\rangle = \ldots = \dfrac{1}{6}\langle n(n+1)(n+2)\rangle$.

7. $\sum\limits_{i=0}^{n} 1 = n + 1 = \binom{n+1}{1}$; $\sum\limits_{i=0}^{n}(i+1) = \dfrac{(n+1)(n+2)}{2} = \binom{n+2}{2}$;

$\sum\limits_{i=0}^{n} \dfrac{(i+1)(i+2)}{2} = \ldots = \binom{n+3}{3}$.

Es gilt allgemein $\sum\limits_{i=0}^{n}\binom{n+k}{k} = \binom{n+k+1}{k+1}$, denn $\binom{k+1}{k+1} = \binom{k}{k}$ und

$\binom{k+n+1}{k+1} = \binom{k+n}{k} + \binom{k+n}{k+1}$

$= \binom{k+n}{k} + \binom{k+n-1}{k} + \binom{k+n-1}{k+1}$

Lösungshinweise zu den Aufgaben

$$= \binom{k+n}{k} + \binom{k+n-1}{k} + \binom{k+n-2}{k} + \binom{k+n-2}{k+1} = \ldots$$

8. $P_n^{(k)} = (k-2)\sum_{i=1}^{n} i - (k-3)\sum_{i=1}^{n} 1.$

9. $\dfrac{k-2}{2}\sum_{i=1}^{n} i^2 - \dfrac{k-4}{2}\sum_{i=0}^{n} i = \dfrac{k-2}{2} \cdot \dfrac{n(n+1)(2n+1)}{6} - \dfrac{k-4}{2} \cdot \dfrac{n(n+1)}{2} = \ldots$

Zu I.5

1. Aus $|a_n| \le K$, $|b_n| \le L$ folgt $|a_n + b_n| \le |a_n| + |b_n| \le K + L$ und $|a_n b_n| = |a_n||b_n| \le KL$.

2. Aus $a_{2n-2} < a_{2n}$ folgt $a_{2n+2} = 1 + \dfrac{1}{1+\frac{1}{a_{2n}}} > 1 + \dfrac{1}{1+\frac{1}{a_{2n-2}}} = a_{2n}$.

3. Für $n \in \mathbb{N}$ gilt mit $s := \lim \Sigma\langle a_n \rangle$

$$|a_n| = \left|\left(s - \sum_{i=0}^{n} a_i\right) - \left(s - \sum_{i=0}^{n-1} a_i\right)\right| \le \left|s - \sum_{i=0}^{n} a_i\right| + \left|s - \sum_{i=0}^{n-1} a_i\right|.$$

4. Aus $a_n \le b_n \le a_n'$ folgt $|b_n - a| \le \max(|a_n - a|, |a_n' - a|)$.

5. $\sqrt{n^2 + 2n} - n = \dfrac{2n}{\sqrt{n^2+2n}+n} = \dfrac{2}{\sqrt{1+\frac{2}{n}}+1}$

6. $\left\langle \dfrac{n(n+1)}{2}\right\rangle \approx \dfrac{1}{2}\langle n^2 \rangle$, $\left\langle \dfrac{n(n+1)(2n+1)}{6}\right\rangle \approx \dfrac{1}{3}\langle n^3 \rangle$, $\left\langle \left(\dfrac{n(n+1)}{2}\right)^2\right\rangle \approx \dfrac{1}{4}\langle n^4 \rangle$.

7. $4\langle a_n b_n \rangle = \langle a_n + b_n \rangle^2 - \langle a_n - b_n \rangle^2$

8. Für $0 < a_n, b_n < \varepsilon$ gilt $\dfrac{a_n^2 + b_n^2}{a_n + b_n} < \dfrac{a_n \varepsilon + b_n \varepsilon}{a_n + b_n} = \varepsilon$.

9. Ist $|a_n - a| < \varepsilon$ für $n > N_\varepsilon$, dann gilt für diese n:

$$\left|\dfrac{1}{n}\sum_{i=0}^{n} a_i - a\right| \le \dfrac{1}{n}\sum_{i=0}^{n} |a_i - a| < \dfrac{1}{n}\left(\sum_{i=0}^{N_\varepsilon} |a_i - a| + (n - N_\varepsilon)\varepsilon\right),$$

und dies konvergiert für $n \to \infty$ gegen ε.

10. Der Umfang der n^{ten} Figur ist $3\left(\dfrac{4}{3}\right)^n$ (unbeschränkt wachsend). Der Inhalt der n^{ten} Figur ist (mit $A_0 :=$ Inhalt des Ausgangsdreiecks) $A_0\left(1 + \dfrac{1}{3}\sum_{i=0}^{n-1}\left(\dfrac{4}{9}\right)^i\right)$, und diese Folge konvergiert gegen $\dfrac{8}{5}A_0$.

11. Die Wahrscheinlichkeit beträgt

$$\frac{2}{9} + \frac{1}{6} \cdot \frac{1}{12} \sum_{i=0}^{\infty} \left(\frac{3}{4}\right)^i + \frac{2}{9} \cdot \frac{1}{9} \sum_{i=0}^{\infty} \left(\frac{13}{18}\right)^i + \frac{5}{18} \cdot \frac{5}{36} \sum_{i=0}^{\infty} \left(\frac{25}{36}\right)^i = \frac{488}{990}.$$

Zu I.6

1. Es sei $\sqrt[k]{n} = \frac{a}{b}$ ($a, b \in \mathbb{N}$), und die kanonischen Primfaktorzerlegungen von n, a, b seien $a = p_1^{\alpha_1} p_2^{\alpha_2} p_3^{\alpha_3} \ldots$, $b = p_1^{\beta_1} p_2^{\beta_2} p_3^{\beta_3} \ldots$, $n = p_1^{\nu_1} p_2^{\nu_2} p_3^{\nu_3} \ldots$. Dann gilt $\nu_i = \alpha_i k - \beta_i k$, also $k | \nu_i$ für $i = 1, 2, 3, \ldots$.

2. Aus $\lg 7 = \frac{a}{b}$ bzw. $b \lg 7 = a$ ($a, b \in \mathbb{N}$) folgt $10^a = 7^b$, was aufgrund des Satzes von der eindeutigen Primfaktorzerlegung nicht möglich ist.

3. a) $\frac{1}{7} \quad \frac{1}{42} \quad \frac{1}{105} \quad \frac{1}{210} \quad \frac{1}{105} \quad \frac{1}{42} \quad \frac{1}{7}$

b) $\left\langle \frac{6}{n(n+1)(n+2)(n+3)} \right\rangle$, $\left\langle \frac{24}{n(n+1)(n+2)(n+3)(n+4)} \right\rangle$

c) Erste Schräglinie: Harmonische Reihe, divergent.

Zweite Schräglinie: $\lim \Sigma \left\langle \frac{1}{n(n+1)} \right\rangle = 1$ (vgl. Text).

Dritte Schräglinie: $\lim \Sigma \left\langle \frac{2}{n(n+1)(n+2)} \right\rangle = \frac{1}{2}$;

beachte $\frac{2}{n(n+1)(n+2)} = \frac{1}{n(n+1)} - \frac{1}{(n+1)(n+2)}$.

4. a) Die Behauptung ist äquivalent mit $n^2 \leq 2^n$.

b) Ist $a^k \geq 2$, dann gilt für $n \leq mk$: $\sum_{i=1}^{n} \frac{i}{a^i} \leq \frac{k^2}{1} + \frac{2k^2}{2} + \ldots + \frac{mk^2}{2^{m-1}} = 2k^2 \sum_{j=1}^{m} \frac{j}{2^j}$

c) $\frac{n^2}{2^n} = \frac{n}{\sqrt{2}^n} \cdot \frac{n}{\sqrt{2}^n} \leq \frac{n}{\sqrt{2}^n}$ für $n \geq 4$.

5. Menge der Häufungspunkte: $\left\{ \frac{1}{n} \,\middle|\, n \in \mathbb{N} \right\}$; $\inf M = 0$; $\sup M = 1$.

6. $\inf M = -1$, $\sup M = 1$; keiner dieser Werte gehört zu M.

Zu I.7

1. $8! = 40\,320$.

2. $(5,5) \mapsto 41$; $50 \mapsto (6,5)$. Das Paar (n,n) trägt die Nummer $2n^2 - 2n + 1$.

3. Dem Paar (a,b) ordne man den Bruch $\frac{a}{b}$ zu, streiche diesen im Fall $\operatorname{ggT}(a,b) \neq 1$ und durchlaufe dann den in Aufgabe 2 angedeuteten Weg.

4. $(4,4) \mapsto 57$; $60 \mapsto (1,4)$. Das Paar (n,n) trägt die Nummer $4n^2 - 2n + 1$.

5. Vgl. Lösung zu Aufgabe 3.

Lösungshinweise zu den Aufgaben

6. Numeriere der Reihe nach die (endlichen) Mengen mit dem größten Element 1 bzw. 2 bzw. 3 usw.

7. Höhe 10: $\left\{\frac{-9}{1}, \frac{-7}{2}, \frac{-3}{7}, \frac{-1}{9}, \frac{1}{9}, \frac{3}{7}, \frac{7}{3}, \frac{9}{1}\right\}$; zugeordnete Nummern 62 bis 69.
Man beachte: Zur Höhe n gehören $2\varphi(n)$ Zahlen, wobei $\varphi(n)$ die Anzahl der zu n teilerfremden natürlichen Zahlen zwischen 1 und n ist.

8. Schon die Teilmenge der Dezimalbrüche, die nur zwei verschiedene Ziffern enthalten, ist überabzählbar.

9. a) $|M_0| = 1; |M_1| = 6; |M_2| = 18$
b) M_n kann man in einem kartesischen Koordinatensystem als die Menge der Gitterpunkte auf einer Oktaederfläche verstehen. Eine solche hat 8 Seitenflächen, 12 Kanten und 6 Ecken. Es ist
$$|M_n| = 8 \cdot \frac{(n+1)(n+2)}{2} - 12(n+1) + 6 = 4n^2 + 2.$$

10. $x_0 \in U \Rightarrow x_0 \notin \overline{U}$; $x_0 \notin U \Rightarrow x_0 \in \overline{U}$.

11. $f : \mathbb{R} \mapsto]0;1[$ ist bijektiv.

12. Der Gast aus Nr. n zieht nach Nr. $n + 100$; dann zieht der Gast aus Nr. n nach Nr. $2n$. Schließlich hilft eine Bijektion $\mathbb{N} \times \mathbb{N} \mapsto \mathbb{N}$ wie etwa in Aufg. 2.

Zu I.8

1. Beachte $\lim\langle\sqrt[n]{n}\rangle = 1$.

2. $\lim\langle a_n\rangle + \lim\langle b_n\rangle = \lim\langle a_n + b_n\rangle$ usw.

3. $b^{\log_b a_1 a_2} = a_1 a_2$ und $b^{\log_b a_1 + \log_b a_2} = b^{\log_b a_1} b^{\log_b a_2} = a_1 a_2$

4. $1{,}25^x = 80$, also $x = \dfrac{\lg 80}{\lg 1{,}25} \approx 19{,}6$

5. $(a, b, c) = (1, -\frac{63}{2}, \frac{81}{2})$

6. $\langle a_n\rangle$ darf keine Nullfolge sein.

7. Der Logarithmus der Zahl ist $(7\lg 241 + 3\lg 39 - 2\lg 107) : 5 = 3{,}4777$; der zugehörige Numerus ist 3004. Der Taschenrechner liefert 3004,06.

Zu I.9

1. a) und b) $\left|\dfrac{a_{n+1}}{a_n}\right| \leq \sqrt{\dfrac{1}{2}}$; c) $\lim\left\langle\dfrac{a_{n+1}}{a_n}\right\rangle = \dfrac{1}{e}$
d) $\sqrt[n]{n^\alpha q^n} \to q$, also Konvergenz für $q < 1$.

2. $\left|\displaystyle\sum_{i=1}^{m} a_i - \sum_{i=1}^{n} a_i\right| = \left|\displaystyle\sum_{i=m+1}^{n} a_i\right| \leq \sum_{i=m+1}^{n} |a_i| = \left|\displaystyle\sum_{i=1}^{m} |a_i| - \sum_{i=1}^{n} |a_i|\right|$

3. $\displaystyle\sum_{i=1}^{2n}(-1)^{i-1}a_i = \sum_{i=1}^{2n}\frac{(-1)^{i-1}}{i} + \sum_{i=1}^{n}\frac{1}{2i-1} > \sum_{i=1}^{n}\frac{1}{2i-1} > \frac{1}{2}\sum_{i=2}^{n}\frac{1}{i}$

4. a) Für $n > 1$ gilt:

$$1 > 1 - \frac{1}{\sqrt[4]{n+1}} = \sum_{i=1}^{n} \frac{\sqrt[4]{i+1} - \sqrt[4]{i}}{\sqrt[4]{i}\sqrt[4]{i+1}} = \sum_{i=1}^{n} \frac{\sqrt{i+1} - \sqrt{i}}{\sqrt[4]{i}\sqrt[4]{i+1}(\sqrt[4]{i+1} + \sqrt[4]{i})}$$

$$= \sum_{i=1}^{n} \frac{1}{\sqrt[4]{i}\sqrt[4]{i+1}(\sqrt[4]{i+1} + \sqrt[4]{i})(\sqrt{i+1} + \sqrt{i})}$$

$$> \sum_{i=1}^{n} \frac{1}{\sqrt[4]{i}\sqrt[4]{i+1} \cdot 2\sqrt[4]{i+1} \cdot 2\sqrt{i+1}}$$

$$= \frac{1}{4} \sum_{i=1}^{n} \frac{1}{(i+1)\sqrt[4]{i}} > \frac{1}{4} \sum_{i=1}^{n} \frac{1}{(i+1)\sqrt[4]{i+1}} > \frac{1}{4} \left(\sum_{i=1}^{n} \frac{1}{i\sqrt[4]{i}} - 1 \right)$$

b) Für $n > 1$ gilt (vgl. a)):

$$1 > 1 - \frac{1}{\sqrt[2^r]{n+1}} = \sum_{i=1}^{n} \frac{\sqrt[2^r]{i+1} - \sqrt[2^r]{i}}{\sqrt[2^r]{i}\sqrt[2^r]{i+1}} = \ldots$$

$$= \sum_{i=1}^{n} \frac{1}{\sqrt[2^r]{i}\sqrt[2^r]{i+1}(\sqrt[2^r]{i+1} + \sqrt[2^r]{i})(\sqrt[2^{r-1}]{i+1} + \sqrt[2^{r-1}]{i})\ldots(\sqrt{i+1} + \sqrt{i})}$$

$$> \frac{1}{2^r} \sum_{i=1}^{n} \frac{1}{(i+1)\sqrt[2^r]{i}} > \frac{1}{2^r} \left(\sum_{i=1}^{n} \frac{1}{i\sqrt[2^r]{i}} - 1 \right)$$

c) Ist $1 < \alpha \leq 1,5$, dann gibt es ein $r \in \mathbb{N}$ mit $1 < \alpha < 1 + \frac{1}{2^r}$. Damit gilt $\frac{1}{n^\alpha} \leq \frac{1}{n\sqrt[2^r]{n}}$, so daß die Behauptung aus derjenigen in b) folgt.

5. Für $n > a$ ist $\sum_{i=1}^{n} \frac{a}{i^2 + ai} = \sum_{i=1}^{n} \frac{a}{i(i+a)} = \sum_{i=1}^{n} \left(\frac{1}{i} - \frac{1}{i+a} \right) = \sum_{i=1}^{a} \frac{1}{i}$

6. Benutze $\sum_{i=1}^{n} (\sqrt{i+1} - \sqrt{i}) = \sum_{i=1}^{n} \frac{1}{\sqrt{i+1} + \sqrt{i}}$

Zu I.10

1. $\left\langle \left(1 + \frac{1}{n}\right)^{n+1} \right\rangle$ ist monoton fallend:

$$\frac{x_{n-1}}{x_n} = \left(1 + \frac{1}{n^2 - 1}\right)^n \frac{n}{n+1} > \left(1 + \frac{n}{n^2 - 1}\right) \frac{n}{n+1} = \frac{n^3 + n^2 - n}{n^3 + n^2 - n - 1} > 1.$$

2. e^2, e^3, e^{-1}, 1.

3. Für $r \in \mathbb{Z}$, $s \in \mathbb{N}$ gilt $\left(1 + \frac{r}{sn}\right)^n = \sqrt[s]{\left(1 + \frac{r}{sn}\right)^{sn}} \xrightarrow{n \to \infty} \sqrt[s]{e^r}$.

4. Benutze $3n < \sqrt{3 + 9n^2} < 3n + \frac{1}{n}$.

Zu I.11

1. $\exp\left(\sum_{i=2}^{n}\log\left(1+\frac{1}{i^2-1}\right)\right) = \prod_{i=2}^{n}\left(1+\frac{1}{i^2-1}\right)$

$= \prod_{i=2}^{n}\frac{i^2}{(i-1)(i+1)} = \frac{2n}{n+1} \longrightarrow 2.$

2. Die Faktoren haben die Form $1+a_n$, wobei $\Sigma\langle a_n\rangle$ konvergiert.

3. Der Grenzwert ist 2.

Zu II.1

1. a) Für $|x-x_0| < \dfrac{\varepsilon}{L}$ ist $|f(x)-f(x_0)| < \varepsilon$.

b) (1) $\left|\dfrac{1}{x_1(x_1-2)} - \dfrac{1}{x_2(x_2-2)}\right| = \left|\dfrac{x_1+x_2-2}{x_1x_2(x_1-2)(x_2-2)}\right||x_1-x_2| \leq \dfrac{2}{3}|x_1-x_2|$

(2) $\left|\dfrac{x_1^2+1}{x_1^2-2} - \dfrac{x_2^2+1}{x_2^2-2}\right| = \left|\dfrac{3(x_1+x_2)}{(x_1^2-2)(x_2^2-2)}\right||x_1-x_2| \leq 6|x_1-x_2|$

(3) $|x_1\sqrt{x_1} - x_2\sqrt{x_2}| = \left|\dfrac{x_1^2+x_1x_2+x_2^2}{x_1\sqrt{x_1}+x_2\sqrt{x_2}}\right||x_1-x_2| \leq 6|x_1-x_2|$

(4) $\left|\sqrt[3]{x_1^2} - \sqrt[3]{x_2^2}\right| = \left|\dfrac{\sqrt[3]{x_1}+\sqrt[3]{x_2}}{(\sqrt[3]{x_1})^2+\sqrt[3]{x_1}\sqrt[3]{x_2}+(\sqrt[3]{x_2})^2}\right||x_1-x_2| \leq \dfrac{2}{3}\sqrt[3]{2}|x_1-x_2|$

2. $f(0) = 7 > 0 > -9 = f(1)$.

3. (1) $\left\{\dfrac{1}{2}, \dfrac{1}{3}, \dfrac{1}{4}, \ldots\right\}$ (2) $\{\sqrt{n} \mid n \in \mathbb{N}\}$

4. $|\sqrt{x-1} - 2| < 10^{-6}$ gilt für $|x-5| < 4 \cdot 10^{-6}$.

5. Genau an den Stellen 0 und 1 ist die Funktion stetig.

Zu II.2

1. a) $\dfrac{1-x^2}{(1+x^2)^2}$ b) $-\dfrac{1}{5}\left(\sqrt[5]{\dfrac{1}{1+x}}\right)^6$ c) $(7x^6+2x^8)e^{x^2}$

d) $2x(\ln(x^2+1)+1)(x^2+1)^{x^2+1}$

2. An der Stelle 0 ist die linksseitige Ableitung gleich der rechtsseitigen Ableitung ($=0$); es gilt $f'(x) = 3x^2$ für $x<0$ und $f'(x) = 2x$ für $x \geq 0$. An der Stelle 0 ist f' nicht differenzierbar: die linksseitige Ableitung von f' ist 0, die rechtsseitige 2.

3. $f(x) = ae^{-x} + be^x + ce^{2x}$ mit $a, b, c \in \mathbb{R}$.

4. $\left(\prod_{i=1}^{n} f_i\right)' : \prod_{i=1}^{n} f_i = \sum_{i=1}^{n} \dfrac{f_i'}{f_i}$

5. Induktionsschritt:

$$(f \cdot g)^{(n+1)} = \sum_{i=0}^{n} \binom{n}{i}(f^{(i+1)}g^{(n-i)} + f^{(i)}g^{(n-i+1)})$$

$$= f^{(0)}g^{(n+1)} \sum_{j=1}^{n+1} \left(\binom{n}{j-1} + \binom{n}{j}\right) f^{(j)}g^{(n+1-j)} = \sum_{j=0}^{n+1} \binom{n+1}{j} f^{(j)}g^{(n+1-j)}$$

6. a) Vgl. I.10 Aufgabe 1.

b) $\left(1 + \frac{1}{n^2}\right)^n = 1 + \binom{n}{1}\frac{1}{n^2} + \ldots > 1 + \frac{1}{n}$

c) Der Folgenterm ist größer als 1 und kleiner als $1 + \frac{1}{n} + \frac{1}{n^2}$.

d) Betrachte $\frac{1}{n+1} < h \leq \frac{1}{n}$.

7. b) Hyperbel $x^2 - y^2 = 1$; daher der Name!   c) $(\text{Tanh})' = \frac{1}{\text{Cosh}^2}$

8. a) $f(x) = \cos x$ b) $f(x) = \text{Cosh}\, x$

Zu II.3

1. Es gilt $f(x) = xf'(\xi)$ mit $0 < \xi < x$ für

a) $f(x) = e^x - (1+x)$ und $f(x) = 1 - (1-x)e^x$

b) $f(x) = \ln(1+x) - \frac{x}{1+x}$ und $f(x) = x - \ln(1+x)$

2. a) $\left(\frac{x-1}{x \ln x}\right)' = -\frac{x - 1 - \ln x}{(x \ln x)^2}$ und $x - 1 > \ln x$ für $x > 1$ (vgl. Aufg. 1 b)).

b) $\left(\left(1 + \frac{1}{x}\right)^x\right)' = \left(1 + \frac{1}{x}\right)^x \left(\ln\left(1 + \frac{1}{x}\right) - \frac{1}{1+x}\right)$

und $\ln\left(1 + \frac{1}{x}\right) > \frac{\frac{1}{x}}{1 + \frac{1}{x}} = \frac{1}{x+1}$ (vgl. Aufg. 1 b)).

c) 1 bzw. e

3. f ist an der Stelle 0 genau dreimal differenzierbar; $f'''(x) = -6\,\text{sgn}\,x$.

4. $f^2 - g^2$ ist konstant $(= c)$; Einsetzen der Stelle $\frac{a+b}{2}$ liefert $c = 1$.

5. $\lim\limits_{t \to 0^+} \frac{f(\frac{1}{t})}{g(\frac{1}{t})} = \lim\limits_{t \to 0^+} \frac{f'(\frac{1}{t})(-\frac{1}{t^2})}{g'(\frac{1}{t})(-\frac{1}{t^2})} = \lim\limits_{t \to 0^+} \frac{f'(\frac{1}{t})}{g'(\frac{1}{t})}$

6. a) $\ln 3 - \ln 2$ b) -2

c) 0 für $r < 2$, -1 für $r = 2$, existiert nicht für $r > 2$ d) e^{-1}

7. a) 0   b) 1   c) 1

Lösungshinweise zu den Aufgaben

Zu II.4

1. Für $n \geq 1$ ist $1 + \frac{1}{3} \leq x_n \leq 1 + \frac{1}{2}$ (Induktion); also ist

$$|x_{m+1} - x_{n+1}| = \frac{|x_m - x_n|}{(1 + x_m)(1 + x_n)} \leq \frac{9}{16}|x_m - x_n|.$$

2. a) $0{,}6823\ldots$ b) $0{,}8767\ldots$

3. a) $x_{n+1} = \dfrac{1 + x_n}{1 + \lg x_n}$; $x_0 = 3$; $x = 2{,}506\ldots$

b) $x_{n+1} = \dfrac{x_n^2 - (x_n - 1)e^{x_n}}{2x_n - e^{x_n}}$; $x_0 = -0{,}5$; $x_1 = -0{,}722$; $x_2 = -0{,}704$

c) $x_{n+1} = \dfrac{1 + x_n}{3 + \ln x_n}$; $x_0 = 0{,}7$; $x_1 = 0{,}643$; $x_2 = 0{,}642$

4. $x_{n+1} = \dfrac{x_n^2 - 10}{2x_n - 7}$; $x_0 = 1$; $x_1 = 1{,}8$; $x_2 = 1{,}9882\ldots$ $\rightarrow$ 2

$x_0 = 7$; $x_1 = 5{,}571\ldots$; $x_2 = 5{,}0788\ldots$ $\rightarrow$ 5

Zu II.5

1. a) $\ln(x - 1)$ b) $\dfrac{1}{3}x^3 + x^2 + x$ c) $\operatorname{Cosh}^{-1} x$ d) $\dfrac{1}{\ln \frac{2}{3}} \cdot \dfrac{2^x}{3^{x+1}}$

e) $\left(\dfrac{\sqrt{2x+1}}{\ln 3} - \dfrac{1}{(\ln 3)^2}\right) \cdot 3^{\sqrt{2x+1}}$ f) $\left(\dfrac{1}{8}\ln x - \dfrac{1}{64}\right) \cdot x^8$

g) $(x^4 - 4x^3 + 12x^2 - 24x + 24) \cdot e^x$ h) $\left(\dfrac{x^2}{\ln 2} - \dfrac{2x}{(\ln 2)^2} + \dfrac{2}{(\ln 2)^3}\right) \cdot 2^x$

i) $-x^2 \cos x + 2x \sin x + 2 \cos x$ j) $\ln(\cos x)$

2. a) $2e^2 - 2$ b) $2(\ln 2)^3 - 6(\ln 2)^2 + 12\ln 2 - 6$ c) $2\ln 2 - 1$

3. a) $2(e^2 - e)$ b) $e^e - e$ c) $\dfrac{1}{2}(\ln 2)^2$

4. a) $I_n = 2^n e^2 - nI_{n-1}$ und $I_0 = e^2 - 1$ b) $I_n = e - nI_{n-1}$ und $I_0 = e - 1$

c) $I_n = \dfrac{1}{4}e^4 - \dfrac{n}{4}I_{n-1}$ und $I_0 = \dfrac{1}{4}(e^4 - 1)$

5. Die Substitution $u = 1 - x$ in a) bzw. $u = \dfrac{1}{x}$ in b) führt das erste in das zweite Integral über.

Zu II.6

1. $2\ln \dfrac{1 \cdot 3 \cdot 5 \cdot 7 \cdot 9}{2 \cdot 4 \cdot 6 \cdot 8 \cdot 10} = 2\ln \dfrac{63}{256} \approx -2{,}8$

2. a) Unstetigkeitsstellen sind die Zehnerbrüche $\dfrac{z}{10^n}$.

b) Das Integral ist $\left(1+\frac{1}{2}+\ldots+\frac{1}{9}\right)\sum_{i=1}^{\infty}\left(\frac{1}{10}\right)^{i}$.

3. a) Ist x_0 irrational, dann existieren zu jedem $n \in \mathbb{N}$ zwei aufeinanderfolgende gekürzte Brüche mit dem Nenner n, so daß x_0 zwischen ihnen liegt. Für jedes x zwischen diesen Brüchen gilt dann $|f(x) - f(x_0)| = |f(x)| < \frac{1}{n}$. Ist x_0 rational, dann liegt in jeder Umgebung von x_0 eine irrationale Zahl.

b) Numeriere die rationalen Stellen und schließe die n^{te} Stelle in ein Intervall der Länge $\frac{\varepsilon}{2^n}$ ein. Damit ist das Supremum der Obersummen $\leq \sum_{n=1}^{\infty}\frac{\varepsilon}{2^n} = \varepsilon$.

4. Berechne die Integrale für $x < 0$ und für $x > 0$.

5. Zerlege das Integral durch $0 < r_n < 1$ so, daß r_n^n gegen 0 konvergiert, etwa $r_n = 1 - \frac{1}{\sqrt{n}}$. Ferner sei K eine Schranke von $f(x)$ in $[0;1]$ und α_n das Infimum und β_n das Supremum von $f(x)$. Damit zeigt man:

$$\left|n\int_0^{r_n} x^n f(x)\,dx\right| \leq K\frac{nr^n}{n-1} \longrightarrow 0,$$

$n\int_{r_n}^{1} x^n f(x)\,dx$ liegt zwischen $\frac{n\alpha_n}{n+1}(1-r_n^{n+1})$ und $\frac{n\beta_n}{n+1}(1-r_n^{n+1})$.

6. a) $\xi = \pm\frac{1}{3}$ b) $\xi = \frac{2}{\ln 3} - 2$ c) $\xi = 0$

7. a) $\xi = \frac{7}{25}$ b) $\xi = \frac{1}{\ln 2} - 1$

Zu II.7

1. Beachte bei der Tangentenregel, daß man das Tangentenstück im Punkt $\left(\frac{x_{i-1}+x_i}{2}, f\left(\frac{x_{i-1}+x_i}{2}\right)\right)$ durch eine waagerechte Strecke durch diesen Punkt ersetzen darf.

2. $r = f(a)$, $s = \frac{f(a+h)-f(a)}{h}$,
$$t = \frac{(f(a+2h)-f(a+h))-(f(a+h)-f(a))}{2h^2}.$$

Bei der Integration von p benutze man beim dritten Summand die Produktregel.

3. a) $\frac{4}{3}$ b) $1,48$

4. $\pi \approx \frac{47}{15} = 3,1\bar{3}$; $(\pi - 3,1\bar{3}) : \pi \approx 0,00263$ (weniger als 0,3%!)

Zu II.8

1. a) Das Integral über $[\varepsilon; 1]$ mit $\varepsilon > 0$ beträgt $2\sqrt{1-\varepsilon}$.

Lösungshinweise zu den Aufgaben

2. Man benutze die Substitution $x = \sin t$.

3. a) $-1 < \alpha < \beta - 1$ b) $\alpha > 0$ c) $\alpha < 1 < \beta$

4. Die Reihe läßt sich durch $\int_1^\infty t^{-x} dt = \dfrac{1}{x-1}$ abschätzen; Grenzwert 1.

5. Schätze $\sum_{i=1}^n \dfrac{1}{i}$ durch $\int_1^n \dfrac{dx}{x} = \ln n$ ab; beachte $\ln(n+1) - \ln n < \dfrac{1}{n+1}$.

6. $\Gamma(1) = \Gamma(2) = 1,\ \Gamma(3) = 2,\ \Gamma(4) = 6;\ \Gamma(n) = (n-1)!$

Zu III.1

1. Beachte $\lim \left\langle \dfrac{n}{n+1} \right\rangle = 1$ bzw. $\lim \langle \sqrt[n]{n} \rangle = 1$.

2. a) $r = 1$; $x = 1$: Konvergenz für $a < -1$, sonst Divergenz; $x = -1$: Konvergenz für $a < 0$, sonst Divergenz.

b) $r = 1$; $x = 1$: Divergenz; $x = -1$: Konvergenz

c) $r = 0$ d) $r = e$ e) $r = 27$ f) $r = \infty$

3. $r = 1$; $0 < \displaystyle\sum_{n=2^{2k}}^{2^{2k+2}-1} \dfrac{a_n}{n \log n} < \dfrac{1}{2 \log 2}\dfrac{1}{k^2}$; $\Sigma \left\langle \dfrac{1}{n \log n} \right\rangle$ ist divergent.

4. Für $f(x) := \dfrac{x}{e^x - 1} + \dfrac{1}{2}x$ gilt $f(-x) = f(x)$.

n	0	1	2	3	4	5	6	7	8	9	10
B_n	1	$-\dfrac{1}{2}$	$\dfrac{1}{6}$	0	$-\dfrac{1}{30}$	0	$\dfrac{1}{42}$	0	$-\dfrac{1}{30}$	0	$\dfrac{5}{66}$

5. a) $r = \infty$ b) Man darf gliedweise differenzieren

c) Differenziere $C(x)C(a-x) - S(x)S(a-x)$ nach x.

d) Setze $x_1 = x,\ x_2 = -x$.

6. $\displaystyle\sum_{n=2}^\infty n(n-1)x^{n-2} = \left(\dfrac{1}{1-x} \right)'' = \dfrac{2}{(1-x)^3}$ für $x = \dfrac{1}{2}$

Zu III.2

1. a) $\displaystyle\sum_{i=0}^\infty (-1)^i x^{i+1}$; $r = 1$; $x = \pm 1$: Divergenz

b) $\displaystyle\sum_{i=0}^\infty 2^{i+1}(x - \dfrac{1}{2})^i$; $r = \dfrac{1}{2}$; $x = 0$ bzw. $x = 1$: Divergenz

c) $\sum_{i=0}^{\infty}(i+1)x^i$; $r=1$; $x=\pm 1$: Divergenz

d) $\sum_{i=0}^{\infty}(-1)^i\frac{(i+1)(i+2)}{2}(x-1)^i$; $r=1$; $x=0$ bzw. $x=2$: Divergenz

e) $-1+2\sum_{i=0}^{\infty}(-1)^i x^i$; $r=1$; $x=\pm 1$: Divergenz

f) $-2\sum_{i=0}^{\infty}\frac{1}{2i+1}x^{2i+1}$; $r=1$; $x=\pm 1$: Divergenz/Konvergenz

2. Allgemein: Ist $f'(x)$ ein Polynom vom Grad g, dann ist $f(x)$ ein Polynom vom Grad $g+1$.

3. a) Max$(0|0)$; Min$\left(\pm\sqrt{\frac{3}{2}} \mid -\frac{9}{4}\right)$

b) Max$(0|0)$; Min$\left(\sqrt[3]{\frac{32}{5}} \mid -\frac{48}{5}\left(\sqrt[3]{\frac{32}{5}}\right)^2\right)$ c) Min$\left(\frac{1}{e} \mid \left(\frac{1}{3}\right)^{\frac{1}{e}}\right)$

d) keine Extrema   e) Min$\left(\mu \mid \sum_{i=0}^{n}a_i(\mu-b_i)^2\right)$ mit $\mu := \frac{\sum a_i b_i}{\sum a_i}$.

f) Wendepunkt mit waagerechter Tangente an der Stelle -1.

Zu III.3

1. a) Die Gleichung $\left(\frac{10^x}{9}\right)\left(\frac{25}{24}\right)^y\left(\frac{81}{80}\right)^z = 2$ mit $x,y,z \in \mathbb{Z}$ hat aufgrund des Satzes von der eindeutigen Primfaktorzerlegung die eindeutige Lösung $(x,y,z) = (7,-2,3)$. Also ist

$$\ln 2 = 7\ln\frac{10}{9} - 2\ln\frac{25}{24} + 3\ln\frac{81}{80}.$$

b) $M = \ln 10 = \ln 2 + \ln 5$

2. a) $\sqrt{2} = \frac{141}{100}\left(1 + \frac{1}{2}\cdot\frac{119}{20\,000} + \frac{3}{8}\left(\frac{119}{20\,000}\right)^2\cdots\right)$

$\sqrt{2} \approx 1{,}41$; $\sqrt{2} \approx 1{,}41419475$ usw.

b) $\sqrt{3} \approx 1{,}732$; $\sqrt{3} \approx 1{,}732050805$ usw.

3. $\sqrt[3]{3} = \frac{10}{7}\left(1 + \frac{1}{3}\cdot\frac{29}{1000} - \frac{1}{9}\left(\frac{29}{1000}\right)^2 + \cdots\right)$

$\sqrt[3]{3} \approx \dfrac{10}{7} \approx 1,42857; \quad \sqrt[3]{3} \approx \dfrac{3029}{2100} \approx 1,44238$ usw.

Zu III.4

1. $c_n = \sum\limits_{i=0}^{n} \binom{n}{i} a_i b_{n-i}$

$$\sum_{n=0}^{\infty} 2^n \cdot \dfrac{x^n}{n!} = e^{2x} = (e^x)^2 = \left(\sum_{n=0}^{\infty} \dfrac{x^n}{n!}\right)^2 = \sum_{n=0}^{\infty} \left(\sum_{i=0}^{n} \binom{n}{i}\right) \cdot \dfrac{x^n}{n!}$$

2. $\sum\limits_{i=1}^{n} a_i \dfrac{x^i}{1-x^i} = \sum\limits_{i=1}^{n} a_i(x^i + x^{2i} + x^{3i} + \ldots) = \sum\limits_{i=1}^{n} \left(\sum\limits_{d|i} a_d\right) x^i + R_n$

mit $|R_n| \leq x^n \sum\limits_{i=1}^{n} a_i \dfrac{x^i}{1-x^i}$

3. $c_n = \sum\limits_{rs=n} a_r b_s; \quad (\zeta(x))^2 = \sum\limits_{n=1}^{\infty} \dfrac{\tau(n)}{n^x}$, wobei $\tau(n) =$ Anzahl der Teiler von n.

4. $f(x) = \dfrac{\pi}{2} - \dfrac{4}{\pi} \sum\limits_{n=1}^{\infty} \dfrac{\cos(2n-1)x}{(2n-1)^2}$

Für $x = 0$ ergibt sich $\sum\limits_{n=1}^{\infty} \dfrac{1}{(2n-1)^2} = \dfrac{\pi^2}{8}$;

es folgt $\sum\limits_{n=1}^{\infty} \dfrac{1}{n^2} = \sum\limits_{n=1}^{\infty} \dfrac{1}{(2n-1)^2} + \dfrac{1}{4} \sum\limits_{n=1}^{\infty} \dfrac{1}{n^2}$ und daraus $\sum\limits_{n=1}^{\infty} \dfrac{1}{n^2} = \dfrac{\pi^2}{6}$.

5. $f(x) = \dfrac{4}{\pi} \sum\limits_{n=1}^{\infty} \dfrac{\sin(2n-1)x}{2n-1}$. Für $x = \dfrac{\pi}{2}$ ergibt sich $\sum\limits_{n=1}^{\infty} \dfrac{(-1)^{n-1}}{2n-1} = \dfrac{\pi}{4}$.

6. $f(x) = \dfrac{2}{\pi} - \dfrac{4}{\pi} \sum\limits_{n=1}^{\infty} \dfrac{\cos 2nx}{4n^2 - 1}$; für $x = \dfrac{\pi}{2}$ erhält man die angegebene Formel.

Zu IV.1

1. Der Grenzwert ist 1; man benutze die Regel von de l'Hospital.

2. Halbkreislinie: $S\left(0 \,\Big|\, \dfrac{2r}{\pi}\right);$ Halbkreisfläche: $S\left(0 \,\Big|\, \dfrac{4r}{3\pi}\right)$

3. a) $\lim\limits_{x \to 0^+} \dfrac{\ln x}{\frac{1}{x}} = 0$ (Regel von de l'Hospital)

b) Folgt z. B. aus der Existenz von $\int_0^1 \ln x \, dx$ oder von $\int_0^\infty e^{-x} \, dx$.

4. a) $A = \dfrac{16}{3}$ b) $x_S = \dfrac{105}{64}$, $y_S = \dfrac{169}{80}$ c) $V_x = \dfrac{338}{15}\pi$; $V_y = \dfrac{27}{2}\pi$

Zu IV.2

1. a) $f(a-u) = f(a+u)$ b) $f(a-u) - b = f(a+u) + b$

2. Es ist $f''(x) = Ax + B$ mit $A, B \in \mathbb{R}$, also $f''(2u-x) + f''(x) = 2(Au+B) = 2f''(u)$. Genau dann ist also $f''(u) = 0$, wenn $f''(2u-x) + f''(x) = 0$. Dies ist genau dann der Fall, wenn $-f'(2u-x) + f'(x) = c$ mit einer Konstanten c; für $x = u$ erhält man $c = -f'(u) + f'(u) = 0$. Aus $-f'(2u-x) + f'(x) = 0$ folgt $f(2u-x) + f(x) = 2v$ mit einer Konstanten v; für $x = u$ ergibt sich $v = f(u)$.

3. a) $f'(\pm\sqrt{2}) = \pm 2\sqrt{2}$; $r = \dfrac{1}{2}$

b) $f'(0) = 0$, $f'(\dfrac{5}{2}) = \dfrac{125}{512}$, $r = 4$ c) $f'(0) = 0$; $r = 2$

d) $f'(1) = 0$; Extremstellen e^{-1} und 1, Krümmungsradius dort jeweils $0,5$.

Zu IV.3

1. $\dfrac{x_0 x}{a^2} + \dfrac{y_0 y}{b^2} = 1$ bzw. $y = -\dfrac{x_0 b^2}{y_0 a^2} x + \dfrac{b^2}{y_0}$, falls $y_0 \neq 0$.

2. Die Behauptung folgt aus dem Ansatz

$$\sqrt{(x+a)^2 + y^2} \cdot \sqrt{(x-a)^2 + y^2} = a^2.$$

3. Alle Gleichungen sind nach y auflösbar: $y = \pm x\sqrt{x(2-x)}$ usw.

4. a) $y = \pm(x-1)\sqrt{x}$ b) $y = \pm\sqrt{\dfrac{x}{2}(1 \pm \sqrt{1-4x^2})}$ $(0 \leq x \leq \dfrac{1}{2})$

c) $y = \pm\sqrt{2-x^2} \pm x$, $-2 \leq x \leq 1$ bzw. $-1 \leq x \leq 2$

Zu IV.4

1. Wende die Kettenregel auf $f(x) = \psi(\varphi^{-1}(x))$ an.

2. $x = t \ln t$

3. Spirale; Krümmungsradius $= \dfrac{(\theta^2 + 1)^{\frac{3}{2}}}{\theta^2 + 2}$

4. $\Delta A = \tfrac{1}{2} r^2 \Delta \theta$. Inhalt der Lemniskate $A = 2a^2$

5. Parameterdarstellung $x = r(\theta)\cos\theta$, $y = r(\theta)\sin\theta$

Zu IV.5

1. Betrachte für $x, y \geq 0$ den Ast $y = f(x) = \dfrac{1}{s}\left(1 - (rx)^{\frac{2}{3}}\right)^{\frac{3}{2}}$.

2. Spirale; die Evolute ist der Einheitskreis.

Zu IV.6

1. $x^2 + y^2 + z^2 = r^2$

2. $\dfrac{x^2}{a^2} - \dfrac{y^2}{b^2} - \dfrac{z^2}{c^2} = 1$

3. $\vec{u} = \dfrac{1}{\sqrt{5}} \begin{pmatrix} 1 \\ -2 \\ 0 \end{pmatrix}$ und $\vec{v} = \dfrac{1}{\sqrt{70}} \begin{pmatrix} 3 \\ 5 \\ 1 \end{pmatrix}$ sind orthogonale Einheitsvektoren orthogonal zum Normalenvektor der Ebene. Eine Parameterdarstellung des Kreises ist damit

$$\vec{x} = \vec{m} + \cos t\, \vec{u} + \sin t\, \vec{v},$$

wenn $\vec{m}$ der Ortsvektor von M ist.

Literatur

Die folgenden Bücher wurden bei der Bearbeitung des Textes benutzt bzw. sind für vorbereitende, ergänzende und vertiefende Studien zu empfehlen:

BLANKENAGEL, J., Elemente der angewandten Mathematik,
BI-Wissenschaftsverlag Mannheim 1992

BLUM, W. / TÖRNER, G., Didaktik der Analysis,
Vandenhoeck & Ruprecht Göttingen 1983

COURANT, R., Differential- und Integralrechnung I, II
Springer Berlin 1955

KABALLO, W., Einführung in die Analysis I
Spektrum Akademischer Verlag Heidelberg 1996

GLASER, H. ET AL. (HRG.), Sigma Einführungskurs Analysis,
Klett Stuttgart 1982

HISCHER, H. / SCHEID, H., Grundbegriffe der Analysis
Spektrum Akademischer Verlag Heidelberg 1995

KNOCHE, N. / WIPPERMANN, H., Vorlesungen zur Methodik und Didaktik der Analysis, BI-Wissenschaftsverlag Mannheim 1986

KNOPP, K., Theorie und Anwendung der unendlichen Reihen,
Springer Berlin 1947

LÜNEBURG, H., Vorlesungen über Analysis,
BI-Wissenschaftsverlag Mannheim 1981

LÜNEBURG, H., Leonardi Pisani liber abbaci oder Lesevergnügen eines Mathematikers, BI-Wissenschaftsverlag Mannheim 1992

SCHEID, H., Elemente der Arithmetik und Algebra,
Spektrum Akademischer Verlag Heidelberg 1996

SCHEID, H. / ENDL, K., Mathematik für Lehramtskandidaten IV: Analysis, Akademische Verlagsgesellschaft Wiesbaden 1977

STOWASSER, R. / MOHRY, B., Rekursive Verfahren,
Schroedel Hannover 1978

VOLKERT, K., Geschichte der Analysis,
BI-Wissenschaftsverlag Mannheim 1988

Index

Abbildungen 79 *(handwritten)*
Abel 136
Abelscher Grenzwertsatz 136
abgeschlossenes Intervall 51
Ableitung 91
Ableitungsfunktion 93
Ableitungsregeln 94
absolut konvergent 71
abzählbar 61
Abzählung 60
angeordneter Körper 53
äquivalente Folgen 48
arccos 84, 97
Archimedes 13
archimedisch angeordnet 53
arcsin 84, 97
arctan 84, 97
arithmetische Folge 24, 30, 34
arithmetische Reihe 31
arithmetisches Mittel 29
Asteroide 187, 194

Bernoulli, Jakob 140
Bernoulli, Johann 25
Bernoullische Ungleichung 25
Bernoullische Zahlen 140
beschränkt 41, 57
bestimmtes Integral 112
Betragsfunktion 86
bijektiv 81, 72 *(handwritten)*
Bildmenge 79
Binomialkoeffizient 35, 40
binomischer Lehrsatz 36
Bolzano 58

Cauchy 40
Cauchy-Folge 54
Cauchy-Kriterium 53
Cauchy-Produkt 139
Cavalieri 168
Cavalierisches Prinzip 168
cos 83, 97, 146
cosh 99

Definitionslücke 87
Definitionsmenge 79
Descartes 191
Descartessches Blatt 191
Differential 93
Differentialgleichung 98
Differentialquotient 93
Differentialrechnung 79
Differenzenfolge 21
Differenzenquotient 91
differenzierbar 91
Dirichlet 155
Dirichlet-Reihe 155
Dreiecksungleichung 43
Dreieckszahlen 38

Einschließungskriterium 47
einseitig differenzierbar 92
elementare Funktion 88, 117
elementar integrierbar 117
Ellipse 187, 194
Epaphroditus 40
Euler 73
Euler-Mascheroni-Konstante 130
Eulersche Gammafunktion 132
Eulersche Zahl 55, 73, 149
Evolvente 194
Evolute 193
Exponentialfunktion 82, 93, 114

Faktorregel 96
Fakultät 34
Fermat 39
Fibonacci 9, 10
Fibonacci-Zahlen 27
Fläche im Raum 198
Flächeninhaltsfunktion 111
Folge 18
Folium Cartesii 181
Fourier 156
Fourier-Reihe 156

Fundamentalfolge 54
Fünfeckszahlen 39
Funktion 79
Funktionsgleichung 80
Funktionsterm 80

ganzrationale Funktion 87
Ganzteilfunktion 48, 86
gebrochen-rationale Funktion 88
geometrische Folge 24, 30
geometrische Reihe 31
geometrisches Mittel 29
geschlossene Kurve 186
gleichmächtig 63
Graph 82
Gregory 144
Grenzwert 43, 84
Guldin 166
Guldinsche Regeln 167

harmonische Folge 30
harmonische Reihe 32
harmonisches Mittel 29
Häufungspunkt 58
Hauptsatz der Differential- und
   Integralrechnung 120
Hauptsatz über monotone Folgen 56
Heron 109
Heronsches Verfahren 109
höhere Ableitung 98
Huygens 70
hyperbolische Funktionen 99
Hyperboloid 199
Hypsikles 39

identische Funktion 81
Identitätssatz für Potenzreihen 137
implizite Differentiation 177
Induktion 25
Infimum 57 injektiv 47
Integral 111, 118, 119
Integration durch Substitution 113
integrierbar 118

Intervall 51
Intervalladditivität 112, 119
Intervallschachtelung 52
inverse Funktion 81
irrationale Zahl 51
Iterationsverfahren 105

Kehrfunktion 80
Kehrwertregel 94
Kepler 126
Keplersche Faßregel 126
Kettenlinie 164
Kettenregel 94
konvergent 43
Konvergenzgeschwindigkeit 108
Konvergenzintervall 135
Konvergenzradius 135
Kreiszahl 13, 150
Krümmumg 171
Krümmungsmittelpunkt 172, 188
Krümmungsradius 172, 188
Kurvendiskussion 173
Kurve im Raum 197

Lambert 154
Lambertsche Reihe 154
Länge einer Kurve 164
Leibniz 22
Leibniz-Kriterium 71
Leibnizsche Regel 99
Leibnizsche Reihe 71, 131, 138, 161
Leibnizsches Dreieck 59
Lem 64
Lemniskate 182. 191
L'Hospital 102
liber abbaci 9
liber quadratorum 9
Limes 43
lim inf 48
lim sup 48
linksseitiger Grenzwert 84
Logarithmus 66, 151
Logarithmusfunktion 82, 114, 146

Index

lokales Extremum 100, 147, 171

Maclaurin 144
Mascheroni 130
Mascheroni-Konstante 130
Mittelwertsatz der Differentialrechnung 100, 101
Mittelwertsatz der Integralrechnung 121, 123
monoton 41
Monotoniekriterium 101

Näherungslösung 108
Näherungsverfahren zur Integration 125
natürlicher Logarithmus 67
Neil 164
Neilsche Parabel 164
Newton 108
Newtonsches Verfahren 108
Nikolaus von Oresme 33
Normalenvektor 186
Nullfolge 45
Numerierung 60

obere Grenze 57
Obersumme 118
offenes Intervall 51

Parameterdarstellung 185
partielle Ableitung 178
partielle Integration 113
Pascal 36
Pascalsches Dreieck 36
Polarkoordinaten 191
Polygonalzahlen 38
Polynomfunktion 87
Potenz 65
Potenzfunktion 88, 97
Potenzmenge 62
Potenzreihe 134
Primzahlen 77
Produktfolge 75
Produktintegration 113

Produktregel 94
Pyramidalzahlen 40
Pyramidenvolumen 13

Quadratzahlen 9, 15, 38
Quotientenkriterium 69
Quotientenregel 96

rationale Funktion 88, 96
Rechtecksregel 125
rechtsseitiger Grenzwert 84
reelle Zahlen 51
Regeln von de l'Hospital 102
Regula falsi 109
Reihe 68
Rekursion 9, 19
rekursiv definierte Folge 19
Riemann 118
Riemannsches Integral 118
Riemannsche Zetafunktion 77, 132, 155
Ring 19
Rolle 100
Rotationskörper 167

Sattelpunkt 148, 171
Satz vom lokalen Extremum 100
Satz vom Minimum und Maximum 89
Satz von Bolzano-Weierstraß 58
Satz von der oberen Grenze 57
Satz von Rolle 100
Satz von Taylor 144
Schaubild 83
Schraubenlinie 197
Schwerpunkt einer Fläche 166
Schwerpunkt einer Kurve 165
Signumfunktion 86
Simpson 75, 126
Simpson-Formel 126
sin 83, 88, 93, 146, 153
sinh 99
Stammfunktion 111
stetige Funktion 86
Stirling 159

Stirlingsche Formel 159
Struktursätze 86, 87
Summenfolge 21
Summenformeln 23
Summenregel 94
Supremum 57
Swineshead 70

tan 84, 97
Tangentenregel 125
Tangentensteigung 91
Tangentenvektor 185
Tangentialebene 199
tanh 99
Taylor 144
Taylorsche Formel 144
Taylorsche Reihe 145
Taylorsches Restglied 144
Teilfolge 47
Torus 168
Trapezregel 125
trigonometrische Funktionen 97
Turm von Hanoi 26

überabzählbar 62
Umgebung 91
Umkehrfunktion 81
Umkehrregel 94
Umordnungssatz 72
unbestimmtes Integral 111
uneigentliches Integral 128
unendliche Reihe 68
unendliches Produkt 75
untere Grenze 57
Untersumme 118

Vektorraum 21
Vergleichskriterium 68
Verkettung 80
Vitruvius 40
vollständige Induktion 24
Vollständigkeitsaxiom 53
Volumen 169

Wallis 77
Wallissches Produkt 77, 159
Weierstraß 58
Wendepunkt 147, 171
Wurzelberechnung 152
Wurzelkriterium 68
Wurzelschnecke 10

Zinsrechnung 16
Zwischenwertsatz 89
Zykloide 190